U0175966

深入理解网络三部曲

深入理解
移动互联网

吴功宜 吴英 编著

IN-DEPTH
UNDERSTANDING
OF THE
MOBILE INTERNET

机械工业出版社
CHINA MACHINE PRESS

本书旨在全面介绍移动互联网的相关概念、关键技术、发展历程，并力求展现移动互联网技术研究的前沿和热点问题。本书由 9 章组成，包括移动互联网的基础知识、移动接入技术（Wi-Fi 和 5G）、移动 IP、移动互联网传输机制、移动云计算与移动边缘计算、移动互联网应用、QoS 与 QoE 以及移动互联网安全。

本书可以作为计算机、软件工程、物联网工程、信息安全及相关专业学生的教材或参考资料，也可以供信息技术领域的教师、工程技术人员与技术管理人员学习和研究网络技术时参考。

图书在版编目（CIP）数据

深入理解移动互联网 / 吴功宜，吴英编著 . —北京：机械工业出版社，2023.8
ISBN 978-7-111-73226-6

Ⅰ. ①深…　Ⅱ. ①吴…②吴…　Ⅲ. ①移动网　Ⅳ. ①TN929.5

中国国家版本馆 CIP 数据核字（2023）第 094078 号

机械工业出版社（北京市百万庄大街 22 号　邮政编码 100037）
策划编辑：朱　劼　　　　　　责任编辑：朱　劼
责任校对：郑　婕　　陈　越　　责任印制：常天培
北京铭成印刷有限公司印刷
2023 年 9 月第 1 版第 1 次印刷
186mm × 240mm・22.75 印张・476 千字
标准书号：ISBN 978-7-111-73226-6
定价：99.00 元

电话服务　　　　　　　　　　网络服务
客服电话：010-88361066　　　机 工 官 网：www.cmpbook.com
　　　　　010-88379833　　　机 工 官 博：weibo.com/cmp1952
　　　　　010-68326294　　　金 书 网：www.golden-book.com
封底无防伪标均为盗版　　　机工教育服务网：www.cmpedu.com

2019 年对我来说是很有纪念意义的一年，这个"意义"来自两个维度。

第一个维度是我的教学与研究方向——计算机网络。2019 年是互联网诞生 50 周年和我国全功能接入互联网 25 周年。回顾计算机网络的发展历程，计算机网络是沿着"互联网—移动互联网—物联网"的轨迹，由小到大地成长为覆盖全世界的互联网络，由表及里地渗透到各行各业与社会的各个角落，潜移默化地改变着我们的生活方式、工作方式与社会发展模式的。根据中国互联网络信息中心（CNNIC）第 44 次《中国互联网络发展状况统计报告》提供的数据，截至 2019 年 6 月，我国的网民规模已经达到 8.54 亿，互联网普及率达到 61.2%；手机网民规模已达到 8.47 亿，网民中使用手机访问互联网的比例上升到 99.1%。我国互联网与移动互联网的网民数量稳居世界第一，各种网络应用方兴未艾，互联网与移动互联网产业风生水起；物联网在政府的大力推动下，已经在很多方面走到了世界的前列。我国在"网络强国"的建设上向前迈进了一大步。

第二个维度是我读书和工作了 50 多年的南开大学。2019 年，南开大学喜迎百年华诞。计算机学院安排我作为计算机专业的老教师代表，在南开大学津南校区与返校的学生见面。我从 20 世纪 80 年代开始教授计算机网络课程，持续教授了近 30 年。和不同时期的学生见面的场景颇有喜剧色彩。20 世纪 80 年代上过我的课程的学生，见面时会异口同声地说"七层协议"；20 世纪 90 年代上过我的课程的学生，会不约而同地提到" TCP/IP "；2000 年前后上过我的课程的研究生，见面时的共同话题是"网络编程"。有一个学生告诉我："我到工作单位接到的第一个任务就是上课时编程训练中做过的习题。"那段学习经历已经成为学生们的共同回忆。作为一名教师，看到学生们事业有成，觉得付出任何艰辛都是值得的。

通过与学生们交流，我回忆起这 30 年教学的历程，感慨良多。记得 20 世纪 80 年代初，我在南开大学计算机系第一次开设计算机网络课程时，计算机系近百名学生中只有 7 名学生选修了这门课程。当时，没有人能预见计算机网络技术将在未来如此蓬勃地发展，并深刻地影响社会发展。在之后 30 多年的教学与科研工作中，我一直跟踪计算机网络技术的研究与发展，见证了计算机网络从互联网、移动互联网到物联网的发展过程。

1995 年，我参与研究、起草了《天津市信息港工程规划纲要》《天津市信息化建设"九五"规划》，对互联网技术产生了极大的兴趣。于是，在 1996 年到 1997 年，我以访问学者的身份，用将近一年的时间，在美国认真考察、研究、学习互联网技术与应用。1997 年，我在美国度过 50 岁生日，当夫人问到许下的愿望时，我的回答是：回国之后要为学生写一本好的网络教材——因为我在美国的大学了解网络课程的教学与实验后大受"刺激"。当时 Tanenbaum 的 *Computer Networks*（第 3 版）刚刚发行，美国学生抱着装订讲究的大部头教材坐在教室，听教授侃侃而谈，下课后要读五六篇文献，还要完成网络编程作业。而且，网络编程作业的难度与编程量都不小。那时国内大学的计算机网络课程教学水平与美国的差距之大是不言而喻的，作为一名网络课程的任课教师，我深感不安。"知耻而后勇"，这就是我后来规划本科计算机网络课程体系并编写《计算机网络》教材的初衷和动力。我编写的《计算机网络》教材在 2008 年被评为精品教材，现在已经出版到第 5 版。之后，我又规划了研究生的计算机网络课程体系，将科研成果转化为近似实战的网络教材与实践训练内容，编写出版了《计算机网络高级教程》《计算机网络高级软件编程技术》与《网络安全高级软件编程技术》系列教材。其中的网络编程教材共给出了 34 个不同难度级的编程训练题目，编程训练内容覆盖了计算机网络的各层与网络安全的不同方面。

我在参与天津市城市信息化建设"十五""十一五"规划的研究与制定时，也将"互联网思维"融入我国城市信息化建设实践中。作为相关科技奖项的评审专家与信息技术项目立项、结题评审专家，我不断与同行交流，向同行学习，理解不同行业和领域对互联网的应用需求，体会计算机网络与互联网这一领域的学术积淀，这也开阔了我的学术视野。我参与或主持了多项市级大型网络应用系统的规划、设计、实施，均取得了成功，这些系统目前还在稳定地运行，我从中获得了很多宝贵的实践经验。我还与南开大学网络实验室的科研教学团队一起开展了无线传感器网、无线车载网、移动互联网与网络安全课题的研究。

我曾担任南开大学信息技术科学学院院长多年，经常与学院的计算机、自动化、通信工程、电子科学、光学工程、信息安全等多个一级学科的教师们交流，聆听国内外相关领域专家的报告，参加各个学科科研开题与结题会议，这些工作使我学到了很多相关领域的知识，也使我对交叉学科发展产生了浓厚的兴趣。这些经历使我跳出了"纯粹"的计算机专业教学和科研工作的局限，逐渐掌握将技术、教育、产业与社会发展相结合的思考方法。

2010 年，物联网异军突起。面对这一新生事物，有人兴奋，有人怀疑，更多的人则想深入了解物联网是什么，它来自哪里，将会向哪个方向发展。基于在计算机网络与信息技术领域多年的知识与经验积累，我编写了《智慧的物联网——感知中国和世界的技术》一书，阐述了自己对物联网的理解和认识。书中的很多观点得到了同行和读者的认同，这些观点也在物联网的后续发展中得到了印证。

同年，教育部批准成立了第一批物联网工程专业。作为面向战略新兴产业的新专业，物联网工程专业在教学与学科建设方面没有成熟的经验可借鉴，更没有适应专业培养目标的配套教材。当时，教育部高等学校计算机类专业教学指导委员会邀请我参与相关的专业建设研讨，并邀请我编写一本物联网导论教材，为物联网工程专业的学生和教师介绍物联网技术。基于教育工作者的使命感，我接受了这个任务，并基于多年的知识积累和对物联网的认识，与吴英合作完成了《物联网工程导论》的编写任务。之后，根据高校教师和学生的授课、学习需求，我们又编写了《物联网技术与应用》与《解读物联网》两书。这四本书形成了关于物联网的综述性质的系列著作，我们也在编写过程中不断深化对物联网技术的理解。现在，《物联网工程导论》和《物联网技术与应用》已出版到第 2 版，并且入选"'十二五'国家重点图书"项目；《物联网工程导论》还入选了教育部"'十二五'国家级规划教材"。

计算机网络技术的快速发展，必然会对高校教育产生重大的影响，广大教师都在思考高校计算机专业的课程如何适应网络时代的要求。从 2011 年开始，我应邀参与教育部高等学校计算机类专业教学指导委员会"计算机类专业系统能力培养"专家研究组的活动，之后又参与了"智能时代计算机教育研究"专家研究组的活动，并负责"计算机网络"相关课程改革的研究。研究组以培养系统能力为核心构建计算机类专业课程体系的想法与我多年来的探索不谋而合。在与参与改革的试点校、示范校沟通的过程中，我认真研究了各个学校的成功经验，进一步找出计算机网络课程存在的问题，明晰智能时代以系统能力培养为核心的计算机网络课程的改革方向。

基于作者与教学、科研团队开展的前期研究，我们确定了计算机网络课程的改革思路：

第一，贴近计算机发展与计算模式演变，从"系统观"的视角分析网络技术发展过程。

第二，在云计算、大数据、人工智能与 5G 发展的大趋势下分析网络技术的演变。

第三，关注 SDN 与 NFV、云计算与移动云计算、边缘计算与移动边缘计算、QoS 与 QoE、区块链等新技术的发展与应用。

第四，坚持以网络软件编程为切入点的能力培养方法。

计算机网络是一个交叉学科，覆盖面广，技术发展迅速，形成适应智能时代的新的网络课程知识体系绝非易事。因此，作者决定首先将前期研究与思考总结出来，形成《深入理解互联网》《深入理解移动互联网》与《深入理解物联网》三部著作呈现给读者。通过规划和构思这三部著作，我们希望能研究计算机网络技术发展中"变"与"不变"的关系，并根据互联网、移动互联网与物联网的不同特点，规划了三部著作的重点与知识结构。

计算机网络技术发展过程中的"变"与"不变"可以归纳为：

- **变**："网络应用""系统功能""实现技术"与"协议体系"发生了很大的变化。
- **不变**："层次结构模型""端 - 端分析原则"与"进程通信研究方法"没有发生本质性的变化。

如果用"开放、互联、共享"来描述互联网的特点，用"移动、社交、群智"来描述移动互联网的特点，那么物联网的特点可以用"泛在、融合、智慧"来描述。"开放"的体系结构、协议与应用成就了互联网，促进了全世界计算机的"互联"，成为全球范围信息"共享"的基础设施。"移动"使互联网与人如影随形，移动互联网应用基本上都具有"社交"功能，这也使大规模、复杂社会的"群智"感知成为可能。物联网使世界上万事万物的"泛在"互联成为可能，推动了大数据、智能技术与各行各业的深度"融合"，使人类在处理物理世界问题时具有更高的"智慧"。

在《深入理解互联网》《深入理解移动互联网》与《深入理解物联网》三部著作中，作者力求用"继承"的观点描述网络发展中"不变"的研究方法，以"发展"的观点阐述网络发展中"变"的技术，勾画计算机网络技术体系的演变，描绘计算机网络技术发展的路线图。

《深入理解互联网》系统地介绍互联网发展的历程，讨论层次结构模型和网络体系结构抽象方法的演变过程；结合网络类型与特点，深入剖析 Ethernet 工作原理；以网卡硬件设计为切入点，从计算机组成原理的角度来剖析计算机如何接入网络；以操作系统为切入点，从软件的角度来剖析网络中计算机之间如何实现分布式协同工作；通过对比 IPv4 与 IPv6，介绍网络层协议设计方法的演变与发展；通过分析 TCP/UDP 与 RTP/RTCP 的设计方法与协议内容，回答网络环境中分布式进程通信实现方法的发展；归纳和剖析主要的应用层协议设计思想与协议内容，以常用的 Web 应用为例对计算机网络工作原理进行总结和描述；系统地讨论云计算、虚拟化技术，重点介绍云计算与 IDC 网络系统设计方法；介绍 SDN/NFV 技术的研究与发展，对 SDN/NFV 的体系结构、工作原理与应用领域进行系统的讨论；从网络安全中的五大关系出发，总结网络空间安全体系与网络安全技术研究的基本内容，讨论云安全、SDN 安全、NFV 网络安全、软件定义安全等新的网络安全技术问题。最终，诠释互联网"开放、互联、共享"的特点。

《深入理解移动互联网》系统地介绍移动互联网的发展历程；以 Wi-Fi 与 5G 为切入点，深入剖析无线网络的工作原理与组网方法；讨论移动通信网的发展与演变、5G 技术特征与指标、应用场景，以及 6G 技术的发展愿景；介绍移动 IPv4 与移动 IPv6，以及移动 IP 的关键技术；分析无线 TCP 传输机制、传输层 QUIC 协议的设计方法与协议内容，以及容迟网技术的体系结构与应用；以云计算到移动云计算再到移动边缘计算为路径，讨论计算迁移的基本概念、原理和系统功能结构；以移动云存储、移动流媒体、移动社交网络、移动电子商务，以及基于移动云计算的移动位置服务、基于移动边缘计算的增强现实与 CDN 应用为例，讨论移动互联网的应用系统设计方法与实现技术；在介绍 QoS 的概念与发展的基础上，系统地讨论 QoE 的基本概念、定义、影响因素、评价方法与标准化问题；在分析移动互联网面临的安全威胁的基础上，系统地讨论移动终端硬件、软件、应用软件安全和 5G 通信系统的安全与挑战，以及移动云计算与移动边缘计算的安全。最终，诠释移动互联网"移动、社交、群智"的特点。

《深入理解物联网》在分析和比较国际知名学术机构与主要厂商提出的物联网定义、层次结构模型与体系结构的基础上，根据物联网技术与应用发展的现状，阐述物联网的定义、技术特征、层次结构模型与体系结构；系统地讨论感知技术的研究与发展，分析传感器与执行器接入技术，以及无线传感器网络的发展与演变；介绍物联网核心传输网络的设计方法，5G 与物联网的关系和 SDN/NFV 技术的应用；讨论大数据、智能技术在物联网中的应用；探讨云计算与移动云计算、边缘计算与移动边缘计算、QoS/QoE、区块链等新技术在物联网中的应用；以工业物联网、移动群智感知、智能网联汽车等为例，讨论物联网应用的发展；在分析物联网面临的安全威胁的基础上，讨论物联网终端硬件、软件、应用软件和应用系统的安全性与挑战。最终，诠释物联网"泛在、融合、智慧"的特点。

这三部著作的内容各有侧重，互不重叠，相互补充，旨在形成一个能够全面描述计算机网络技术发展的知识体系。

作者希望这三部著作能够对以下读者有所帮助：

- 计算机相关专业的本科生 / 研究生：这三部著作可以作为本科生 / 研究生计算机网络教材的补充读物。现有的计算机网络教材大多关注网络原理和协议，对计算机网络的一些新技术则只做了解性介绍。读者可以通过阅读这三部著作，体会计算机网络为什么会发展成今天的样子，未来又会往什么方向发展，理解计算机网络发展中的"变"

与"不变",掌握计算机网络技术发展的脉络。

- 从事计算机网络技术的研究者：这三部著作梳理了互联网、移动互联网和物联网的热点研究领域与问题，从事计算机网络技术研究的读者可以了解当前热点问题研究的现状与趋势，从中发现自己感兴趣的问题，找到进一步开展研究的课题和方向。

- 从事计算机网络课程授课的教师：在多年的教学中，我深深体会到"要给学生一勺水，自己就要准备一桶水"。因此，希望这三部著作能够帮助从事计算机网络课程教学的老师梳理网络知识体系，为教学准备更多的素材，做好知识储备，进一步提高计算机网络课程的教学水平。

- 从事计算机网络研发工作的技术人员：知识的更新、迭代速度越来越快，涉及的知识面越来越广，终身学习已成为一种常态。很多技术人员困惑于技术发展太快，不知道如何跟上技术发展的步伐。在跟踪计算机网络技术发展的几十年中，面对错综复杂的网络技术，我的经验是只要自己的研究思路清晰，就可以梳理出新技术发展的传承关系，找到技术的发展规律。我希望通过这三部著作，将自己对网络技术发展的理解分享给技术人员，帮助大家把握技术发展方向，更好地适应技术的飞速发展。

在习近平总书记关于网络强国重要思想的指引下，我国正从网络大国向网络强国阔步迈进。要实现网络强国的目标，必须培养大批优秀的网络人才，让我们为实现这个伟大的目标共同努力！

祝各位阅读愉快！

吴功宜

2023 年 3 月

前　言 ●—○—●—○—●

移动互联网技术与应用的发展可谓日新月异。尤其是在移动通信网技术方面，我国已经实现从"2G 跟随、3G 突破、4G 同步"到"5G 引领"的历史性跨越。

移动互联网的终端移动性使用户可以采取"随时、随地、永远在线"与"碎片化"的方式访问互联网，让互联网触达社会生活的每个角落。"带着体温"的智能手机已成为访问互联网最主要的移动终端设备，其使用对象覆盖各个年龄段，与用户须臾不离、如影随形。移动互联网已成为用户上网的"第一入口"，并发展成无处不在、无所不包、无所不能的泛在网络。移动互联网中的业务不是简单地通过智能终端延伸到互联网的应用，而是衍生出更多的业务形式、商业模式和合作模式，催生出很多新的产业和应用形态，呈现出与云计算、大数据、人工智能等新技术以及各行各业深度融合的趋势。

随着 5G 技术的大规模应用，各种新的移动互联网应用像雨后春笋一样蓬勃发展。在这样的大背景之下，完成本书的编写并非易事。在知识点结构与内容取舍上，我们着重注意处理以下三个关系。

1. 无线通信底层技术与高层知识、技能培养的关系

计算机网络是计算机与通信技术交叉融合的产物，它涉及计算机与通信两方面的知识，以及两者之间的融合。计算机网络课程的教学可以从计算机技术的角度切入，也可以从通信技术的角度切入。计算机、电子工程相关专业都会开设计算机网络课程，但是这两类专业开设的计算机网络课程在内容与教学侧重点上是有差异的。如果我们在计算机专业的移动互联网课程教学中，用比较多的篇幅介绍底层通信知识，让学生去理解无线传输的路径损耗模型、多径效应，理解天线的特征阻抗、增益、方向图，以及讨论移动通信网与 5G 的通信原理，那么就会陷入"详细介绍则学时不够、符合学时要求则难以讲透"的两难境地。

在本书内容的取舍中，我们试图从计算机技术的角度切入，对于底层通信的知识，以"基本、够用"为讲授原则，从而发挥计算机专业的优势和特长，将学习重点放到高层的应用知识和技能的讲授方面，培养读者的移动互联网应用设计与实现能力。

2. 移动互联网中 5G 与 Wi-Fi 的关系

对于计算机专业的学生而言，移动互联网知识是其知识结构中不可或缺的内容。学习移动互联网知识，绕不过 5G 与 Wi-Fi 这两种技术。但是，先讲 5G 再讲 Wi-Fi，还是先讲 Wi-Fi 再讲 5G，其实是有讲究的。蜂窝移动通信网、5G 是通信工程专业的核心知识，它有一套完整的知识体系，需要开设多门课程，并且学习起来并不容易。那么，我们能否换一个思路，注意一下 Wi-Fi 网络的发展基础与特点。Wi-Fi 协议属于 IEEE 802 协议体系，它是计算机专业的技术人员研究出的成果。Wi-Fi 网络又称为"无线 Ethernet"，它是在我们熟

悉的 IEEE 802.3 协议与 Ethernet 的基础上发展起来的。因此，我们可以先介绍 Wi-Fi 网络，在计算机专业学生已有的知识结构与思维方式（流程图、数据结构、计算机体系结构、操作系统、进程通信、编程）的基础上，结合平时使用的 Wi-Fi 网络来介绍无线网络的相关知识（如频段、小区、漫游、MAC 协议与组网方法）。这样做的好处是读者看得见、摸得着 Wi-Fi 网络，理解和接受知识比较容易，同时便于讲透蜂窝移动通信网相关的知识，为进一步学习移动通信网与 5G 知识奠定基础，收到事半功倍的效果。

3. 互联网到移动互联网发展中的"变"与"不变"的关系

纵观计算机网络技术从互联网到移动互联网的发展过程，网络的系统功能、实现技术与协议体系在变化，但是层次结构模型、端 - 端分析原则与进程通信研究方法没有发生本质性变化。基于这个认识，在本书中，我们力求用"继承"的观点描述移动互联网在网络技术上"不变"的规则，以"发展"的观点阐述移动互联网中"变"的技术。

基于以上考虑，我们在内容取舍方面尽量使本书与《深入理解互联网》内容互补、互不重叠，两者形成一个有机的整体。

本书包括 9 章。

第 1 章系统地介绍了移动分组网技术、无线网络技术、移动通信与互联网的融合，以及我国移动互联网的发展。

第 2 章在介绍无线局域网概念的基础上，系统地讨论了 IEEE 802.11 的发展与演变过程、MAC 层访问控制方式、IEEE 802.11 数据帧，以及无线网络设备与 Wi-Fi 组网方法。以无线网卡硬件为切入点，从计算机组成原理的角度介绍计算机如何接入无线网络；以操作系统为切入点，从软件的角度介绍无线网络中计算机之间如何协同工作。

第 3 章在介绍蜂窝移动通信网概念的基础上，系统地讨论了蜂窝移动通信网与移动互联网、蜂窝移动通信网的发展历程，以及 5G 技术的发展与应用。

第 4 章在介绍移动 IP 基本概念的基础上，系统地讨论了移动 IPv4、移动 IPv6，以及移动 IP 的关键技术。

第 5 章在介绍 TCP/UDP 的基础上，系统地讨论了无线 TCP 传输机制、QUIC 协议，以及容迟网技术的研究背景和体系结构。

第 6 章沿着"云计算 - 移动云计算 - 移动边缘计算"的思路，系统地讨论了计算迁移的基本概念、分类，以及移动边缘计算的研究与产业发展。

第 7 章以移动云存储、移动流媒体、移动社交网络、移动电子商务与移动支付、基于移动云计算的位置与导航服务、基于移动边缘计算的增强现实应用、基于移动边缘计算的 CDN 应用为例，系统地讨论了移动互联网中的应用系统设计方法与实现技术。

第 8 章在介绍 QoS、QoSR、QoE 的概念和体系结构的基础上，系统地讨论了 QoE 的定义、影响因素、体验质量形成过程、体验质量管理、用户体验系统的设计，以及移动互联网的 QoE 评价方法和 QoE 应用。

第 9 章在介绍移动互联网安全基本概念的基础上，系统地讨论了移动终端的硬件 / 软件安全、移动互联网应用软件的安全、IEEE 802.11 安全协议、5G 通信系统的安全与挑战，以及移动云计算与移动边缘计算的安全。

本书第 1~5 章由吴功宜执笔完成，第 6~9 章由吴英执笔完成，全书由吴功宜统稿。吴英设计并绘制了多幅具有创意的插图，为本书增色不少。

在本书思路形成与写作过程中，王志英教授、马殿富教授、傅育熙教授、周兴社教授、金海教授、庄越挺教授、臧斌宇教授、安虹教授、袁春风教授、陈向群教授、陈文光教授的观点给了作者很多启发。与徐敬东教授、张建忠教授、王劲松教授、张健教授、郝刚教授、牛晓光教授、许昱玮副教授的讨论与交流，让作者获得了很多创作灵感。

在本书写作与出版的过程中，作者得到了机械工业出版社编辑们的帮助与支持，他们提出了很多意见与建议，在此表示感谢。

移动互联网技术仍在迅速发展，尤其是 5G 技术正处于高速发展和标准化阶段，新的技术、标准与应用不断涌现，在这样的大环境下，限于作者的水平，书中难免有不妥之处，希望读者批评指正。

吴功宜　wgy@nankai.edu.cn

吴英　wuying@nankai.edu.cn

2023 年 3 月

第 1 章

移动互联网概论

在过去十年中，互联网与移动通信网技术、电信业务不断融合，催生了移动互联网，未来十年将是移动互联网技术与应用快速发展的历史机遇期。本章将系统地讨论移动互联网的发展历史、技术特征与发展趋势。

1.1 移动分组网技术

移动分组网是移动互联网发展的基础。移动分组网的研究可追溯到 20 世纪 60 年代末，其中有两个代表性的研究工作，一个是无线分组交换网 ALOHANET，另一个是与 ARPA 相关的无线分组网 PRNET。

1.1.1 无线分组交换网 ALOHANET

ALOHANET 出现在 20 世纪 60 年代末。为了在位于夏威夷各个岛屿上的不同校区之间进行计算机通信，夏威夷大学的诺曼·艾布拉姆森（Norman Abramson）教授和同事们研究了一种以无线广播方式工作的分组交换网——ALOHANET。图 1-1 给出了 ALOHANET 的结构。

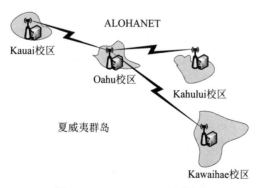

图 1-1　ALOHANET 的结构

ALOHANET 使用一个共用的无线信道，支持多个节点对这个共用的无线信道进行多路访问。ALOHANET 的中心节点是一台位于夏威夷大学瓦胡岛（Oahu）校区的 IBM 360 主机，它通过学校的无线通信网与分布在各个岛屿校区的终端通信。

ALOHANET 最初设计时的最大传输速率为 4800bit/s，以后提高到 9600bit/s。ALOHANET 的信道方向规定是以 IBM 360 主机为基准，从 IBM 360 主机到终端的无线信道为下行信道，从终端到 IBM 360 主机的无线信道为上行信道。下行信道将 IBM 360 主机的数据分组广播到各个校区的终端，这里不存在冲突问题。但是，当不同校区的终端利用上行信道向 IBM 360 主机传输数据分组时，就可能出现因同时有两个或两个以上的终端争用一个无线信道而产生冲突的情况。

解决冲突的办法有两种：一种是集中控制的方法，另一种是分布式控制的方法。集中控制是一种传统的方法，需要在系统中设置一个用于控制的中心节点，由中心节点决定哪个终端可以使用共享的上行信道发送数据。但是，由于系统中存在一个中心节点，因此这个中心节点会成为系统性能与可靠性瓶颈。ALOHANET 的 MAC 层采用的是分布式控制的方法，它被称为载波侦听多路访问（Carrier Sense Multiple Access，CSMA）方法。

对于之后出现的 Ethernet 的载波侦听多路访问 / 冲突检测（CSMA/CD）方法、Wi-Fi 的载波侦听多路访问 / 冲突避免（CSMA/CA）方法，以及物联网 RFID 标签与读写器的通信控制方法的研究，CSMA 方法具有重要的奠基作用。

从技术传承与发展的角度看，ALOHANET 研究为无线分组通信网的技术研究奠定了理论与实验基础。

1.1.2　无线分组网 PRNET 与卫星分组网 SATNET

20 世纪 70 年代初，ARPA 资助了无线分组网（PRNET）与卫星分组网（SATNET）项目。

美国旧金山的左德酒吧是很多互联网历史事件的发生地，它是斯坦福研究所（SRI）最早的 PRNET 实验场所。1976 年 8 月，一辆厢式货车停在左德酒吧门口，SRI 的研究人员从货车上抬出一台终端并放在酒吧的一张木桌上，通过一根电缆将终端连接到货车上的无线通信设备，从而接入 PRNET。研究人员在终端上输入一条消息，并通过 PRNET 发送，ARPANET 终端上很快就显示了这条消息。这标志着 PRNET 与 ARPANET 互连成功。

1975 年 9 月，ARPA 决定利用位于美国与英国的民用国际通信 4 号卫星地面站启动 SATNET 大西洋网络研究计划。

到 20 世纪 70 年代中后期，ARPA 建立了三个可运行的网络：ARPANET、PRNET 与 SATNET。ARPANET 与 PRNET、SATNET 的异构特点表现在通信信道、传输速率、分组结构与长度、报头格式与语义的不同上。因此，研究 ARPANET、PRNET 与 SATNET 三个网络的互连，实际上是为了解决异构的有线分组网与无线分组网的互联问题。

1977 年 6 月，研究人员第一次实地进行无线分组跨洋传输的实验。研究人员在一辆行驶在旧金山海滨公路上的厢式货车中，用一台 LSI-11 计算机通过 PRNET 向 ARPANET 的 SRI 节点发送数据分组，SRI 节点将数据分组通过 ARPANET 发送到东海岸，通过 SATNET 的地面站与卫星将数据分组发到挪威，从挪威经海底电缆将数据分组转发到伦敦；伦敦的计算机再通过 SATNET 的地面站与卫星将数据分组传回美国 USC 的 DECKA-10 计算机。数据分组经过如此远距离的传输，没有发生传输错误，证明了 TCP/IP 的有效性。当时实验系统使用的 IP 地址中，网络地址长度为 8 位，主机地址长度是 24 位。图 1-2 给出了 PRNET 与 SATNET 的示意图。

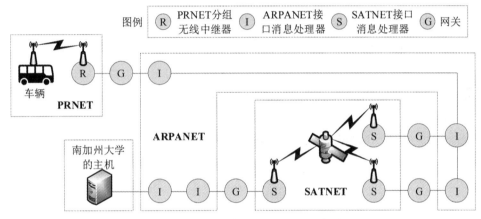

图 1-2　PRNET 与 SATNET 的示意图

"互联网之父"温顿·瑟夫（Vinton G. Cerf）对无线分组网技术的研究很感兴趣，他在 1976 年加入 ARPA 之后，主持了 PRNET、SATNET 与 ARPANET 等异构网络互联的研究。

1977 年 11 月，斯坦福研究院的一辆厢式货车载着无线分组网的电台行驶在加州高速公路上，车上的无线电设备通过 PRNET 的一台网关接入 ARPANET，数据分组通过 ARPANET 到达美国东岸的一台网关并接入 SATNET，再通过地面站与卫星中转到英国，然后通过 ARPANET 返回加州。为了监测网络传输的真实效果，车上的计算机屏幕根据接收到的数据生成图像。数据传输是否有错误可以直接从图像的瑕疵中看出来。可喜的是，无线网络的性能很稳定，遇到桥梁等阻挡无线信号的物体时，屏幕上的图像也只是暂停一下，然后在重新收到信号后恢复，没有出现其他错误。这次实验横跨三个网络和两个大洲。温顿·瑟夫回忆，这些数据分组的传送距离达 94 000 英里⊖，连一个比特都没有丢失。这个实验证明分组交换技术在无线网络中应用的可行性与通信协议设计的正确性。

另一次实验是模拟实战环境，将接入 SATNET 的计算机放置在美国空军的飞机上，模

⊖　1 英里＝1609.344 米。

拟在 ARPANET 受到严重破坏时,是否可以通过空中的无线网络系统实现空中无线分组网与地面 ARPANET 的通信。实验结果表明,在极端的环境下,无线电、卫星、陆上分组网之间的互联方案也是可行的。

PRNET、SATNET 开启了无线网络技术研究的先河,证明了分组交换理论在无线通信领域应用的可行性。此后,计算机网络领域的研究人员与移动通信网领域的技术人员分别从不同角度开展了更广泛的无线网络与移动互联网技术的前期研究。

1.1.3 军用无线分组网

1972 年,ARPA 启动了将分组交换技术移植到军用无线分组网的项目,该项目研究了无线分组交换技术在战场环境的数据通信中的应用。

1. 残存性自适应网络

在 PRNET 项目结束后,ARPA 认为尽管 PRNET 的可行性得到了验证,但是仍然不能支持大型网络环境的工作需要,无线移动分组网技术有几个关键技术问题有待解决。在这样的背景下,ARPA 在 1983 年启动了残存性自适应网络(Survivable Adaptive Network,SURAN)项目。SURAN 研究如何将 PRNET 技术用于支持更大规模的网络,并开发了能够适应战场快速变化的自适应网络协议。SURAN 项目的 3 个具体目标是:

- 开发一种体积小、成本低、功耗少,并能支持更复杂情况的无线分组网协议。
- 开发适合上万个节点的组网方法。
- 开发在有复杂电子干扰条件下可生存的分组无线网技术。

该项目的研究成果之一是研制出了低成本的分组无线电台(LPR)。这是一种数字控制的直接序列扩频无线电台,它的微处理器采用 Intel 8086 芯片。在 LPR 的基础上,研究人员提出了支持大规模网络的动态分群网络拓扑分层组网方案。

20 世纪 70 年代末,美国海军研究实验室(NRL)完成了短波自组织网络(HF-ITF)的研究。该系统是采用跳频方式组网的低速无线自组网,通过使用短波频段,采用 ALOHANET 信道访问控制 CSMA 方法,将 500km 范围内的舰艇、飞机、潜艇组成一个无线自组网(Ad Hoc)。

2. 全球移动信息系统

1994 年,ARPA 启动了全球移动信息系统(Global Mobile Information System,GloMo)研究项目。GloMo 项目的研究范围几乎覆盖无线通信的所有领域。其中,无线自适应移动信息系统(WAMIS)是基于 PRNET 研究的一种在多跳、移动环境下支持实时多媒体业务的高速无线分组网。另一个与无线自组网有关的项目是 WING。该项目开始于 1996 年,完成于 2000 年。WING 项目的主要研究目标是如何将无线自组网与互联网无缝连接。

　　IEFT 的移动无线自组网（Mobile Ad Hoc Network，MANET）工作组研究了互联网框架下的无线自组网技术规范。这个工作组在前期工作中开展了适合无线自组网的路由和性能研究，提出了一系列路由算法与改进的协议，为进一步在无线自组网基础上开展无线传感器网络的研究奠定了坚实的基础。

1.2　无线网络技术

　　随着个人计算机与局域网的应用日趋广泛，人们渐渐觉得台式计算机与笔记本计算机以固定方式接入互联网不够方便，为了满足用户在移动状态下随时随地访问互联网的需求，无线网络与无线接入技术的研究成为热点，无线广域网、无线城域网、无线局域网与无线个人区域网、无线人体区域网技术与标准逐渐成熟，并进入实用阶段。

1.2.1　无线网络的分类

　　无线网络的分类如图 1-3 所示。

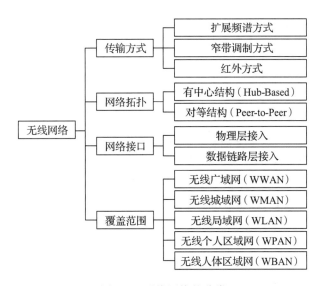

图 1-3　无线网络的分类

可以从传输方式、网络拓扑、网络接口、覆盖范围 4 个方面来认识无线网络。

1. 传输方式

传输方式涉及无线网络采用的载波类型、频段与调制方式。目前，无线网络主要采用无线频段与红外频段。调制方式可以进一步分为扩展频谱方式、窄带调制方式与红外方式。

采用扩展频谱方式的无线网络一般选择 ISM 频段，如跳频扩频（FHSS）与直接序列扩频（DSSS）。在窄带调制方式中，数据基带信号的频谱不做任何扩展，而是将基带信号的频谱直接调制在载波上并发射出去。由于红外传输技术在视距范围内传输，不易受干扰，因此在近年得到了很大的发展，目前的智能家电控制几乎全部使用红外方式传输。在以上三种传输方式中，扩展频谱方式与红外方式不需要申请频段，而窄带调制方式需要向国家无线电管理委员会申请频段。

2. 网络拓扑

无线网络的网络拓扑分为两类：有中心结构（Hub-Based）与对等结构（Peer-to-Peer）的无线网络。例如，在 IEEE 802.11 标准中，WLAN 方式需要设置基站（即 AP），移动终端采用"一跳"与"竞争"方式通过 AP 接入网络；而 Ad hoc 方式采用"对等"与"多跳"方式，以自组织方式构成移动的无线网络。

3. 网络接口

无线网络中的节点接入可以选择在物理层或数据链路层（即 MAC 层）接入。物理层接入是用无线信道代替有线网络中的有线信道。数据链路层接入采用适合无线信道的 MAC 访问控制协议。数据链路层以上的网络层、传输层与应用层协议可基本保持不变或只做局部调整。

4. 覆盖范围

根据覆盖范围的不同，无线网络可以分为：

- 无线广域网（Wireless Wide Area Network，WWAN）。
- 无线城域网（Wireless Metropolitan Area Network，WMAN）。
- 无线局域网（Wireless Local Area Network，WLAN）。
- 无线个人区域网（Wireless Personal Area Network，WPAN）。
- 无线人体区域网（Wireless Body Area Network，WBAN）。

图 1-4 给出了不同无线网络对应的协议标准。

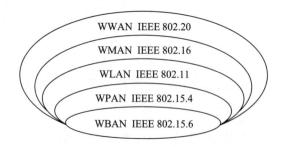

图 1-4　不同无线网络对应的协议标准

图 1-5 给出了各种无线网络技术的比较，包括各种无线网络的覆盖范围、带宽及主要的协议标准。

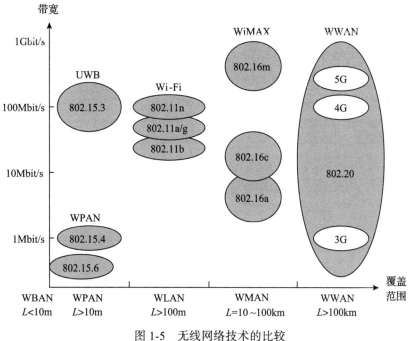

图 1-5　无线网络技术的比较

网络运营商通过采用各种无线网络技术，可以组成覆盖全球、随时随地为用户提供通信与接入互联网服务的移动互联网。

1.2.2　无线网络技术的研究

1. 无线广域网

无线广域网主要包括两类技术：卫星通信网与移动通信网。

（1）卫星通信网

从计算机网络发展历史的讨论中可以看出，20 世纪 70 年代初与 ARPANET 同期研究的无线分组网 PRNET 与分组卫星网 SATNET 实际上都属于早期的无线广域网。

由于卫星通信具有通信距离远、费用与通信距离无关、覆盖面积大、不受地理条件的限制、通信信道带宽大、可进行多址通信与移动通信的优点，因此它在最近 30 多年得到了快速发展，并成为现代主要的通信手段之一。

商用通信卫星一般被发射到赤道上方 36 000km 的同步轨道上。这就意味着，当地球自转时，同步卫星也以一个适当的速度沿地球自转方向绕轨道运行，地球与卫星之间可以保持相对静止。三颗这样的卫星均匀沿轨道分布，就可以覆盖整个地球表面。

20 世纪 90 年代初，随着小卫星技术的飞速发展，出现了中、低轨道卫星移动通信的新方法。中、低轨道卫星不是同步卫星，它作为陆地移动通信系统的补充和扩展，能够与地面公用通信网有机结合，从而实现全球个人移动通信。通过低轨道卫星移动通信系统实现通信的优点是：卫星轨道高度低可以缩短传输延迟，多个卫星组成的星座可以真正覆盖全球。卫星移动通信系统将形成一个空间的通信子网，实现物理层、数据链路层与网络层的功能。当时，提出低轨道卫星方案的公司主要有 8 家，其中代表性的低轨道卫星移动通信系统主要有 Iridium、Globalstar、Arics、Leo-Set、Coscon、Teledesic 等。

Iridium 系统是美国 Motorola 公司提出的一种利用低轨道卫星群实现全球卫星移动通信系统的建设计划，耗资约 34 亿美元。该系统由 66 颗小型智能卫星组成，这些卫星均匀有序地分布在离地面 785km 上空的 6 个轨道平面上。每颗卫星可以提供 48 个点波束，每个波束包含 80 个信道，共有 3840 个全双工信道。每颗卫星投射的多波束在地球表面上形成 48 个蜂窝区，每个蜂窝区的直径约为 667km，总覆盖直径约为 4000km，全球共有 2150 个蜂窝系统。同时，智能卫星可以利用卫星之间的通信实现空间数据交换与路由的功能。图 1-6 给出了典型的全球低轨道卫星通信网的示意图。

图 1-6　典型的全球低轨道卫星通信网

1990 年 6 月，Iridium 系统建设计划宣布启动。1992 年 9 月，Iridium 系统获得美国 FCC 的许可证。1998 年 11 月，Iridium 系统开始提供通信服务。但是，受到地面移动电话（如 GSM 系统）的挤压，加上自身昂贵的通信费用，因此 Iridium 系统的使用率不高。1999 年 8 月，Iridium 系统建设计划宣布失败。但是，部分在轨的 Iridium 通信卫星仍在为美国军方提供通信服务。尽管 Iridium 系统建设的商业计划失败，但是科学家还在坚持低轨道卫星通信网的理论研究。同时，Iridium 系统的研究成果对于目前开展的平流层无线通信网与星际网络的研究工作仍然起到了重要的指导作用。

1963 年，美国国家航空航天局（NASA）启动了深空网（Deep Space Network，DSN）

的研究。1998 年，NASA 在 DSN 的基础上开始了星际互联网（Inter Planetary Internet，IPN）的研究。作为互联网的 IPNSIG 工作组成员，从 2002 年开始，NASA 的研究人员一直在推进容迟网（DTN）体系结构、技术与标准的研究。

（2）移动通信网

移动通信网的设计涉及 OSI 参考模型的物理层、数据链路层与网络层。3G/4G/5G 移动通信系统充分利用地面移动通信网、卫星通信网、光纤通信网与固定电话交换网，组成了一个覆盖全球的移动通信网，也为构成无线广域网提供了重要的技术支持。作为在全球范围内正在加快研发的新一代移动通信技术，5G 的全时空、全现实、全连接技术将深刻改变人类的生产与生活，驱动人类社会进入万物互联的时代。

我国的移动通信网技术经历了"2G 跟随、3G 突破、4G 同步"的历程，正在迎来"5G 引领"的历史性跨越。我国政府高度重视 5G 产业发展。在 2015 年发布的实施制造强国战略的第一个十年行动纲领——《中国制造 2025》中指出：要全面突破第五代移动通信（5G）技术；在 2016 年发布的《国家信息化发展战略纲要》中明确指出：5G 要在 2020 年取得突破性进展；在《中华人民共和国国民经济和社会发展第十三个五年规划纲要》中要求：加快构建高速、移动、安全、泛在的新一代信息基础设施，积极推进 5G 商用；在 2017 年发布的《关于进一步扩大和升级信息消费持续释放内需潜力的指导意见》中要求：进一步扩大和升级信息消费，力争 2020 年启动 5G 商用。

根据中国信息通信研究院发布的《5G 经济社会影响白皮书》中的数据：预计到 2030 年，我国 5G 商用带动经济总产出达 10.6 万亿元，就业岗位超过 1150 万个。5G 部署几乎对所有的经济部门都会产生积极的影响。

2. 无线城域网与 IEEE 802.16 标准

IEEE 802.20 是无线广域网（WWAN）的重要标准。IEEE 802.20 标准研究首先由 802.16 工作组在 2002 年 3 月提出，并于 2002 年 9 月成立 802.20 工作组。IEEE 802.20 标准是为了有效解决无线广域网中移动性与传输速率的矛盾问题而研究出的一种适用于高速移动环境下宽带无线接入系统的空中接口规范。

IEEE 802.20 模型覆盖 OSI 参考模型的物理层与数据链路层。IEEE 802.20 标准在设计理念上采用基于数据分组的纯 IP 结构，能适应互联网的突发性数据业务，其性能优于 3G 技术。但是，从技术的角度看，IEEE 802.20 是对 3G 和 IEEE 802.16e 标准的补充。至于 IEEE 802.20 标准是否能取代二者的地位，前景并不明朗。从经济可行性角度考虑，移动运营商已经在移动通信系统 3G/4G/5G 中投入巨资购买牌照、部署网络，不可能放弃已有投资而重新部署新的网络。从目前的实际情况看，IEEE 802.20 标准本身仍有待完善，而且没有形成产品市场与产业链，很难判定它在未来移动通信网市场中的位置。这也是造成 IEEE 802.20 标准与技术发展缓慢的主要原因。

　　由于在城市的一些大楼和分散的社区里铺设电缆与光纤的费用往往高于建设无线通信设施的费用，因此人们开始研究如何在市区范围的高楼之间利用无线通信手段解决局域网之间，以及固定或移动的个人计算机接入互联网的问题。1999年7月，IEEE 802委员会成立了一个工作组，专门研究宽带无线城域网（WMAN）的标准。2002年，该工作组发布了 IEEE 802.16 宽带无线城域网（WiMAX）标准，目前讨论的无线城域网一般是指WiMAX。图1-7给出了 WiMAX 的概念与结构示意图。

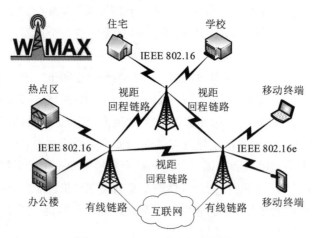

图 1-7　WiMAX 的概念与结构

　　按照 IEEE 802.16 标准建设的无线网络需要在每个建筑物上建立基站。基站之间采用全双工、宽带通信方式工作，以便满足固定节点以及火车、汽车等移动物体的无线通信需求。2011年4月，IEEE 通过了 802.16m 标准，它是为下一代无线城域网而设计的。IEEE 802.16m 标准可在固定的基站之间提供 1Gbit/s 的数据传输速率，为移动用户提供100Mbit/s 的数据传输速率。

3. 无线局域网与 Wi-Fi

（1）无线局域网（WLAN）的基本概念

　　我们在学校、机场、车站、商场、咖啡厅等很多场合随处可见"Wi-Fi"标记，这也从一个方面说明了 Wi-Fi 技术的普及程度和重要性。了解 Wi-Fi 技术的概念、特点与应用时，需要注意以下几个问题。

　　1）无线局域网以微波、激光与红外等无线载波作为传输介质，取代了传统局域网中的同轴电缆、双绞线与光纤，实现了移动节点的物理层与数据链路层功能。无线局域网（WLAN）是实现移动计算的关键技术之一，其技术与标准的发展速度相当快。IEEE 802 委员会成立了 802.11 工作组专门从事无线局域网的研究，并于 1997 年公布了 IEEE 802.11 标准。与 IEEE 802.11 标准几乎同时研究与发布的是欧洲电信标准协会（ETSI）的宽带无线接入网 HiperLAN 标准。尽管 HiperLAN 具有很好的性能，并且与 3G 系统兼容，但是由于技术复杂、造价较高，因此在无线局域网市场上的占有率远落后于 IEEE 802.11。

2）无线局域网术语 Wi-Fi（Wireless Fidelity）有"无线相容性认证"的意义。业界组成了 Wi-Fi 联盟来推动无线局域网技术的应用，该联盟最初的名字是 Wireless Ethernet Compatibility Alliance（WECA），2002 年 10 月正式更名为 Wi-Fi Alliance。联盟成员希望通过业界自发的组织来推动无线网络标准的应用，因此经常有人将 802.11 无线局域网简称为"Wi-Fi"或"WiFi"。

3）Wi-Fi 的无线相容性体现在能够将计算机、移动终端（如 PDA、智能手机、可穿戴设备、物联网移动终端）以无线局域网方式互联起来。Wi-Fi 联盟也致力于解决符合 IEEE 802.11 标准的产品生产和设备兼容性问题，它推动了 IEEE 802.11 标准制定与产业化。Wi-Fi 联盟制定的标准草案在 IEEE 批准后成为无线局域网国际标准。

4）IEEE 802.11 标准的 MAC 层支持两种无线信道访问控制方式。一种访问控制方式需要架设无线局域网基础设施，即无线基站——接入点（Access Point，AP），这就是我们在学校、机场、车站、商场、咖啡厅使用的 Wi-Fi 工作方式。另一种访问控制方式是不需要架设无线局域网基础设施，所有节点以无线自组网方式工作。一般在不特别说明的情况下，Wi-Fi 是指第一种方式，即基于基础设施的无线局域网。两种方式的最大区别是无线局域网中的所有节点都通过 AP 以"一跳"方式通信，而无线自组网中的节点之间一般需要采用对等、自组织与多跳方式通信。

5）从 1999 年到 2006 年是 Wi-Fi 技术发展最快的时期，共有几十项 IEEE 802.11 协议标准（如 IEEE 802.11a、IEEE 802.11b、IEEE 802.11n 等）颁布，涉及不同无线频段、不同速率、不同组网方式与不同安全认证方式的 Wi-Fi 技术。

6）在 5G 时代，Wi-Fi 与 5G 技术之间不但不矛盾，而且会出现协同发展的局面。例如，在 2019 年 10 月的华为 5G 终端及全场景新品发布会上，发布了一款 5G 随行 Wi-Fi 设备。该设备可以将 5G 信号随时随地转换为 Wi-Fi 接入点，使得非 5G 的手机、平板电脑等终端在高铁等高速移动场景中能接收到更稳定的信号，享受到与 5G 相差不多的传输速率。由于 Wi-Fi 使用的是 ISM 频段，无须付费，因此它与 5G 具有互补关系。可以预见，在 5G 时代，Wi-Fi 流量和用户数非但不会降低，反而会有小幅度的提升。

（2）无线局域网的应用

无线局域网可以作为传统局域网的扩充，也可以用于漫游访问、建筑物之间的互连等。图 1-8 给出了 Wi-Fi 标志与应用场景。目前，很多大学都在一些没有预先布设局域网接口的教室、图书馆，以及校园内的公共空间安装了无线局域网的接入点。学生们可以在校园中的任意位置随时随地使用笔记本计算机、智能手机、iPad、PDA 查阅校园网中的教学文档、检索图书馆的文献资料、提交作业、发送和接收电子邮件，以及访问 Web 网站。

目前，Wi-Fi 已经广泛应用于办公楼、家庭、咖啡厅、商场、火车站、候机楼等场所，甚至用于火车、飞机等交通工具。

图 1-8　Wi-Fi 标志与应用场景

4. 无线个人区域网

无线个人区域网技术、标准与应用是当前网络技术研究的热点之一。尽管 IEEE 希望将 802.15.4 推荐为近距离范围内移动办公设备之间的低速互连标准，但是业界已经存在两个有影响力的无线个人区域网技术与协议，即蓝牙技术和 ZigBee 技术。

（1）蓝牙技术与标准

1994 年，Ericsson 公司看好移动电话与无线耳机的连接，以及笔记本计算机与鼠标、键盘、打印机、投影仪的无线连接技术与市场前景，对近距离的无线连接产生了浓厚的兴趣。Ericsson 公司与 IBM、Intel、Nokia 和 Toshiba 等公司发起开发一个短距离、低功耗、低成本通信标准和技术的倡议，并将它命名为"蓝牙"（Bluetooth）无线通信技术。蓝牙通信技术可以解决各种智能设备（例如，笔记本计算机、键盘、鼠标、智能手机、PDA、数码相机、摄像机、耳机）之间的无线通信问题。

蓝牙通信采用不需要专门申请的工业、科学与医学（ISM）频段。工作频率在 2.4GHz 时，数据传输速率最高为 1Mbit/s，通信距离一般为 10cm～10m，支持点对点、点对多点的通信。目前，采用蓝牙技术开发的键盘、鼠标、耳机、投影仪（笔）、音箱等设备已经广泛使用（如图 1-9 所示）。

大多数无线网络通信协议不涉及应用层的问题。IEEE 802.3 与 IEEE 802.11 是根据计算机网络体系结构的思想而设计的，仅解决物理层与数据链路层的问题，并不涉及高层协议。蓝牙技术的设计思路则不一样。蓝牙规范 1.0 规定了 13 种应用所需的专门协议集。由于蓝牙系统的工作范围不大，从网络层到传输层都必须设计得足够简单，有可能在一个通信协议的设计中考虑支持某种应用。但是，这种做法会导致协议过于庞大与复杂，蓝牙规范 1.0 也因此而长达 1500 页。

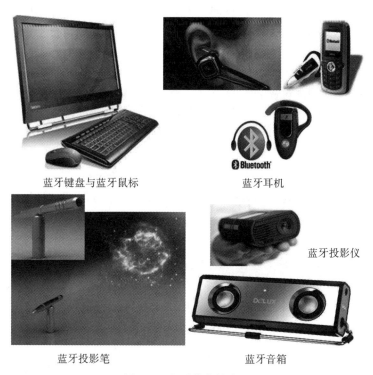

蓝牙键盘与蓝牙鼠标　　　　　　蓝牙耳机

蓝牙投影仪

蓝牙投影笔　　　　　　　　蓝牙音箱

图 1-9　蓝牙技术的应用

　　1998 年 5 月，Ericsson、Intel、IBM、Nokia、Toshiba 等公司发起成立蓝牙技术联盟（SIG）。目前，SIG 有 1800 多个成员，包括消费类电子产品制造商、芯片制造商、电信设备制造商等。SIG 的主要任务是推广蓝牙技术。目前，蓝牙技术已出现了很多版本，传输速率高达 480Mbit/s、传输距离可达到几十米。

　　（2）ZigBee 技术与标准

　　ZigBee 是一种面向自动控制的低速、低功耗、低价格的无线网络技术，目前已经有一些物联网系统应用了 ZigBee 技术。

　　ZigBee 协议标准的第 1 版于 2004 年完成，第 2 版于 2006 年颁布。ZigBee 设备的通信速率要求低于蓝牙，由电池供电，在不更换电池情况下，能够工作几个月甚至几年。同时，ZigBee 网络的节点数量、覆盖规模比蓝牙技术支持的网络大得多。ZigBee 无线设备工作在公共频道，在 2.4GHz 时传输速率为 250kbit/s，在 915MHz 时传输速率为 40kbit/s。ZigBee 的传输距离为 10～75m。

芯片制造商、OEM 厂商、应用系统开发商与无线传感器网开发商共同成立了 ZigBee 联盟。ZigBee 联盟是一个国际性的非营利技术团体，任务是开发和推广 ZigBee 标准与技术。ZigBee 适用于数据采集与控制节点多、数据传输量不大、覆盖范围广、造价低的应用领域，在家庭网络、安全监控、医疗保健、工业控制、无线读表、智能玩具、智能农业等方面展现出广阔的应用前景。

5. 无线人体区域网

在近距离无线通信领域，虽然已经存在个人区域网（PAN）的概念，但是针对医疗及保健等仅限人体周边更短传输距离的应用有其特殊性。随着物联网在医疗健康、疾病监控和预防中的应用越来越广泛，可穿戴设备与植入人体内的生物传感器组成的无线人体传感器网（Wireless Body Sensor Network，WBSN）成为无线传感器网的研究热点。无线人体传感器网也称为生物医疗传感器网（Biomedical Sensor Network，BSN）或无线人体区域传感器网（Wireless Body Area Sensor Network，WBASN）。无线人体区域传感器网也经常简写为体域网（Body Area Network，BAN）或无线人体区域网（WBAN）。2012 年，IEEE 正式批准了无线体域网标准 IEEE 802.15.6。

WBSN 的研究希望为健康医疗监控应用提供一个集成硬件、软件的无线通信平台，特别强调适应可穿戴与可植入的生物传感器的尺寸，以及低功耗的无线通信要求。

2007 年，IEEE 的 802.15 工作组 TG6 开始了无线人体区域网及通信标准的研究，经过约 5 年时间完成了标准制定工作。IEEE 802.15.6 标准的最大传输速率为 10Mbit/s、最长传输距离为 1m。

IEEE 802.15.6 除了可以应用于医疗保健与疾病控制领域，还可以用于日常生活中便携播放器与无线耳机等人体身边便携式装置之间的通信，以及消防、探险、军事等特殊场合。图 1-10 给出了 WBSN 的概念与应用场景。

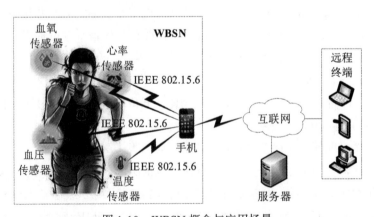

图 1-10　WBSN 概念与应用场景

目前，在 IEEE 802.15.6 基础上开展的研究主要集中在以下方面：WBSN 中的情景感知和周围环境感知；WBSN 可穿戴性、可扩展性和资源优化；基于多种通信方式构建混合式 WBSN；移动 WBSN 中的跟踪和能量感知 MAC 算法；从低能耗和通信角度构建新型 WBSN 架构；WBSN 中的数据融合技术；WBSN 对人体活动的监控；WBSN 的自适应性、可调节性与可靠性；中间件、信号处理算法、健康及活动监控。

1.3　移动通信与互联网的融合

移动互联网的发展历程与 ARPANET 向互联网的发展过程有两个相似之处：一是当军用无线通信网技术研究与应用发展到一定阶段，研究人员自然会将这种研究思路转移到民用领域，开始研究民用移动通信网与互联网技术的融合问题，这是移动互联网研究的技术背景；二是推动互联网发展的力量来自计算机业与电信业，推动移动互联网发展的力量同样来自计算机业与电信业。因此，诠释移动互联网的形成与发展可从以下两个切入点着手。

1.3.1　从 PC 发展看移动通信与互联网的融合

21 世纪对人类生活影响最大、普及程度最高的两种信息服务设备是个人计算机（PC）与手机。如图 1-11 所示，从 1979 年出现的 IBM PC 开始，个人计算机的 CPU 沿着 16 位的 8088、32/64 位的 Pentium 的路径快速发展，功能不断增强。但是，个人计算机作为计算机产业的重要组成部分，一直定位在办公、个人信息处理应用，同时也是网络用户访问互联网应用的主要接入设备，但不具备语音通话功能。语音通话一直是由电信业传统的电话业务实现的。1995 年，在个人计算机上开发的 IP 电话出现，标志着互联网跨界进入电信业，实现与电信业主营业务、技术的融合。

1.3.2　从手机发展看移动通信与互联网的融合

1983 年，全球第一款商用手机 Motorola DynaTAC 8000X 问世。作为电信业移动通信的重要工具，手机功能定位在移动状态下人与人之间的语音通话。在互联网快速发展的形势下，1997 年 6 月，移动通信界的四大公司——爱立信、摩托罗拉、诺基亚和无线星球发起了无线应用协议（Wireless Application Protocol，WAP）论坛，其目的是建立一套通过手机访问互联网的协议规范。1998 年 5 月，WAP 1.0 推出；2001 年 8 月，WAP 2.0 发布。2001 年，我国第一个 WAP 网站（wap.sina.com.cn）上线。WAP 协议的出现标志着移动通信与互联网的业务、技术开始融合，意味着手机不再只是移动状态的语音通信工具，而是成为接入互联网、共享信息的重要工具。图 1-12 描述了从手机发展看移动通信技术与互联网技术的融合历程。

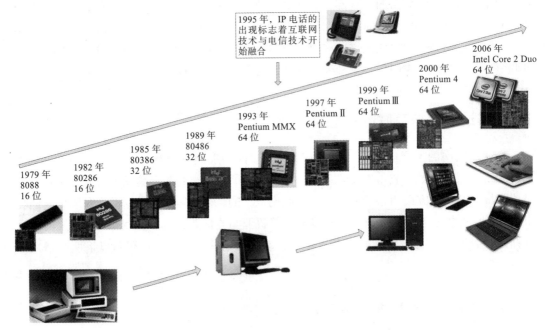

图 1-11　从 PC 发展看移动通信与互联网融合

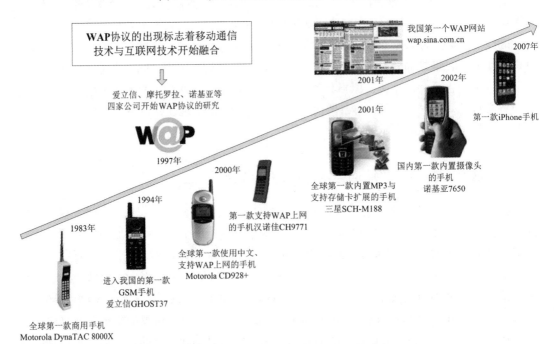

图 1-12　从手机发展看移动通信与互联网的融合

移动通信与互联网的融合衍生出两个基本的研究课题。

1. 网络层协议的研究

由于互联网的地址结构和路由算法都建立在 IP 的基础上，IP 是针对传统互联网而设计的，因此 IP 不能适应移动节点和无线网络。移动计算网是对 IP 提出的大挑战。为了满足移动计算网的要求，IETF 的移动 IP 工作组制定了标准协议——移动 IPv4，用来支持移动节点在互联网中的操作。移动 IPv4 与下一代的移动 IPv6 的研究、产品开发已经成为当前研究中的热点课题之一。

2. 应用层协议的研究

WAP 是一个开放、全球化的协议，它使用户可以通过内置浏览器的智能手机访问互联网。WAP 是智能手机从基本的通话业务迈入互联网接入业务的关键技术。WAP 开发遵循的原则是基于互联网广泛应用的标准（例如 TCP/IP、HTTP、SSL 与 XML 等）提供一个移动互联网解决方案与开放的标准。

1.3.3　移动互联网的特点

5G 与人工智能、云计算、大数据、区块链技术的深度融合，将为我国移动互联网的发展、转型与升级注入强劲的动力，同时充分体现移动互联网移动、融合、社交的特点。

1. 指尖上的场景革命

移动互联网是互联网与移动通信应用高度融合的产物。移动互联网正在以超常规的速度向各行各业与社会各个方面渗透。以 5G 为基础的移动互联网不再是一项技术的"单打独斗"，而是云计算、大数据、人工智能、区块链等新技术一起产生的"核聚变"，能够促进传统产业的升级与变革，孵化新的应用，催生新的业态。移动互联网将对人们的上网行为以及社会的经济和文化的发展产生深刻的影响。图 1-13 给出了移动互联网应用发展的示意图。

移动互联网掀起了一场"指尖上"的场景革命。智能手机、App、可穿戴计算设备、大数据、云计算、智能技术正在以前所未有的速度创造新的产品和新的服务。

Maribel Lopez 在《指尖上的场景革命：打造移动终端的极致体验感》一书中列举了几个经典的场景。

场景 1：从我们的实际经验来看，开车出行发生交通事故之后，后续的事故处理将耗费当事人巨大的精力。由于事发突然，我们无法精确报告自己的当前位置，可能延误医疗救援与道路救援的时机。我们也没有办法及时向保险公司报告出险状况，只能等勘察人员赶到现场，随后则是一个漫长的理赔流程。但是，法国一家保险公司开发了一款交通事故处理 App，这个 App 为客户提供了一键式服务，直接引导客户联系对口的部门。在发生交通事故之后，App 从手机 GPS 模块中获取事故发生的确切位置，车主通过手机发送现场拍摄的人员受伤与车辆受损视频，立即报告事故情况，向急救中心、交通事故处理中心发出求助信息，从而最大限度地减少受伤人员等待救助的时间，缩短因车辆事故造成的交通堵塞时间。手机拍摄的车辆受损情况视频会直接传送给保险公司的经纪人，由于保险公司保存着车主购买的险种与金额信息，因此可以大大缩短车辆受损理赔的处理时间。这款 App 创造了前所未有的体验，引起了众多客户的兴趣，19 个月内下载量就达到 2.4 万次。

接入互联网的移动终端设备　　　　无线接入技术　　　　　移动互联网应用

图 1-13　移动互联网应用的发展

　　场景 2：拉斯维加斯的米高梅百乐宫酒店安装了 Wi-Fi 网络，如果发现某位顾客在餐饮区停留十分钟，App 就会向酒店的市场营销软件上传这一信息。市场营销软件根据这位顾客的预订信息，了解到他正在同家人一起旅行。软件还会根据他以前停留的地点获知其饮食偏好，于是市场营销软件会通过酒店的 App 向他发送消息，例如："你好，在当前餐厅吃面条，如果需要 4 人位，可能要等待一小时。但是，如果在百乐宫餐厅就餐，只需要等待十五分钟。你想订位子吗？"如果配合室内定位与导航功能，顾客手机上会立即显示到百乐宫餐厅的行走路线，使顾客到百乐宫餐厅就餐更方便。

　　场景 3：亚马逊公司在平板电脑 Kindle Fire HDX 设置了一个按键，当用户按下这个按键就会进入一项被称为"Mayday"的支持服务。技术顾问可以远程和用户一起操控平板设备，并介绍设备的各项功能，带领客户完成操作，或者为客户完成操作。亚马逊公司一年 365 天、每周 7 天、每天 24 小时免费提供 Mayday 服务。在使用 Mayday 服务的过程中，用户在屏幕上能够看到技术顾问的一举一动，但是技术顾问看不到用户。亚马逊要求技术顾问对服务请求做出响应的时间不超过 9 秒。

场景 4：乐购公司在应用电子货架标签之前，需要手工更换的纸质标签数量在 500 万个至 1000 万个，这样做既耗时又不能为顾客或商家增值。电子货架标签具备的价格更改的敏捷性为乐购公司运营带来了极大的便利，能够帮助零售商对存货变动和竞争对手定价变化做出快速反应，以价格为手段进行短期促销。例如，乐购公司订购了大量草莓，但是在某个门店或某个地区，喜欢草莓的顾客不多，草莓滞销。草莓保存时间短，如果不能尽快卖出，草莓将会烂掉。于是，管理人员可以决定某个门店或几个门店降价销售草莓，优惠时间限定为 6 小时，其他门店的草莓价格保持不变。顾客在门店显示板或手机 App 上能够看到草莓降价促销的信息，收银台也实时按新的价格收款。这种敏捷的定价策略使得商家拥有近乎实时的弹性定价能力，让顾客享受基于场景信息而量身订制的价格优惠。

场景 5：华盛顿医疗中心（WHC）通过指尖上的场景革命，将世界一流水平的医疗服务外延到应急医疗车辆上。WHC 与移动通信运营商合作开发了一款称为 CodeHeart 的App。当救护车到达抢救现场后，抢救人员发起实时的音频或视频对话，与医疗中心的医师远程共享患者病情和检查信息。通过 App，WHC 能提前做好患者救治的准备工作，待派遣的医师到达现场后，能就地处置不宜运送的患者。在患者到达医院后，急救中心立即调配医师优先抢救病情危重者，开展针对性的救治。CodeHeart 能够为患者提供医疗服务领域的良好体验。

这几个案例只是场景革命的缩影。目前，已经出现遍及各行各业的数以百计、千计的指尖场景革命应用，使用户获得更好的体验。因此，基于移动互联网的指尖上的场景革命，将"顾客就是上帝"的目标推进了一大步。

2. 移动互联网的技术特点

电信业比互联网业发展得早，在互联网还没有普及之前，电信业基本上是一个垄断行业，电信网结构与技术是封闭的。互联网的出现给电信业带来了巨大的冲击。面对互联网势不可挡的发展趋势，国际电信联盟（ITU）的领导人深刻地认识到：必须研究互联网发展对电信业技术、业务与运营模式的影响及应对措施。从 1997 年起，ITU 组织技术人员研究互联网发展对电信业的影响，并且每年发布一份"世界互联网发展年度报告"。

实际上，20 世纪 90 年代初电信业提出的 ATM 传输技术就试图在网络层用独有的协议与互联网的 IP 抗衡，结果是和所有试图抵制 IP 的传输网技术一样失败了。电信网最终选择了"IP 化"的道路。"IP 化"是指电信承载网放弃传统的 TDM 技术，采用互联网的IP、路由器，在路由器之间用光纤线路连接，语音、图像与视频的数字信号都封装成 IP分组在光纤上传输，传输层采用 TCP/UDP。应用层采用 HTTP 等协议，应用层软件开发采用 C/S 模式。电信运营商结合自身的网络条件，逐步构造基于全 IP 承载的电信网，将原来基于 TDM 承载的话务与信令转移到 IP 网络上运行。电信网"IP 化"体现在"承载网 IP 化、话务网软交换化、信令网 IP 化"三个关键技术环节上。在电信网"IP 化"的基础上发展起来的移动互联网，具有以下三个技术特点：

1）终端智能化。早期以手机为代表的移动终端是封闭的系统，用户无法在手机上开发新的功能。随着智能手机与开放的移动终端操作系统的出现，开发者可以利用开放的操作系统环境，开发出各种类型的 App，用户可以自行加载 App，以扩展智能手机的功能。终端的智能、开放与可扩展的特点已成为移动通信业和其他行业联合、跨行业融合的纽带。

2）网络 IP 化。网络 IP 化是移动通信传输网向适应移动互联网需求的方向发展的结果。网络 IP 化使移动互联网具备了打破传统电信业疆域的能力，通过与互联网使用相同的网络层 IP，在高层使用相同的传输层 TCP/UDP 以及应用层 HTTP 等协议，促进了移动通信网与互联网的网络融合、业务融合和运营管理融合，深刻地影响和推动了移动通信的发展。

在移动互联网中，网络 IP 化提高了网络应用的丰富性、组网的灵活性、系统的高扩展性、业务和网络的可管理性。同时，它也带来一个很大的问题，那就是将互联网存在的网络安全威胁（如恶意代码、病毒，以及分布式拒绝服务等网络攻击手段）引入移动互联网中。

3）业务多元化。移动互联网的业务多元化特点越来越突出，应用创新、跨界合作、商业模式创新等成为显著的特点。移动互联网的业务不是简单通过移动终端使互联网的应用得到延伸，而是衍生出更多的业务形式、商业模式和合作模式，催生了很多新的产业和应用形态。

3. 移动互联网应用的特点

移动互联网应用的特点主要表现在以下几个方面：

1）移动互联网的终端移动性，使用户可以采取"随时、随地、永远在线"与"碎片化"方式访问互联网，让互联网的触角延伸到社会生活的每个角落。移动互联网应用正在以移动场景为主体，悄然推动着计算机、手机与电视机的"三屏融合"。

2）智能手机已成为访问互联网最主要的移动终端设备，使用对象覆盖各个年龄段，与用户须臾不离、如影随形，移动互联网已经成为用户上网的"第一入口"。

3）移动互联网加快了互联网与传统产业跨界融合的速度，催生了现代服务业的新业态与新的经营模式。移动新闻、移动搜索、移动电子商务、移动支付、移动位置服务、移动学习、移动社交网络、移动视频、移动音乐、移动游戏与移动即时通信等应用发展迅速，移动互联网正在发展成"无处不在、无所不包、无所不能"的泛在网络。

4）移动互联网的无线传输网包括计算机网络的 Wi-Fi 与电信网的 4G/5G，推动了电信（Telecommunication）、信息技术（Information Technology）、互联网（Internet）、媒体（Media）、娱乐（Entertainment）等产业相互渗透，形成融合的 TIIME 业务环境，促使产业生态结构、价值创造与分配方式的演变。

如果说互联网的特点可以描述"开放、互联、共享"，那么移动互联网的特点就可以总结为"移动、融合、社交"。

移动互联网发展使互联网应用呈现出以下发展趋势：

- 人们获取信息与享受互联网服务的方式从固定向移动转变。
- 移动互联网的很多应用会根据用户漫游过程中的位置来提供服务。
- 移动终端已成为移动互联网用户社交的主要工具，各种社交网络与应用方兴未艾。

1.3.4　手机功能与结构的演变

手机研发的初衷是让用户随时随地能打电话，因此语音通信是手机的基本功能。随着移动互联网的发展，手机也从单纯的语音通信工具向语音通信、信息处理与访问互联网融合的智能化方向发展，手机功能与结构随之发生了根本性变化。手机的概念与功能的变化主要表现在以下三个方面：

1）智能手机已经成为移动上网、移动购物、网上支付与社交网络最主要的移动终端，甚至逐步取代了人们随身携带的名片、银行卡、钱包、公交卡、照相机、摄像机、录音机、定位与导航设备。正是因为智能手机的应用范围不断扩大，促使嵌入式技术研究人员不断改进智能手机的超级电池、快速充电、柔性显示屏、数据加密与安全认证技术。

2）智能手机必然成为集移动通信、计算机软件、嵌入式系统、互联网应用等技术为一体的电子设备。手机设计、制造与后端网络服务技术呈现跨领域、综合化的趋势，不同领域技术的磨合与标准化的复杂度明显增加。

3）智能手机功能的演变是电信网、电视广播网与互联网三网融合的结果，它标志着电信网、电视广播网与互联网在技术、业务与网络结构上的融合，也为移动互联网应用的推广创造了重要的手段与通信环境。

1.4　我国移动互联网的发展

1.4.1　从网络流量变化看我国移动互联网的发展

图 1-14 给出了 2008～2012 年通过台式计算机访问互联网的流量与通过移动互联网设备访问互联网的流量对比图。从图中可以看出，从 2008 年 12 月到 2012 年 6 月，用户通过台式计算机访问互联网的流量在下降，而通过移动设备访问互联网的流量在上升。2012年 6 月，通过台式计算机访问互联网的流量与通过移动设备访问互联网的流量相等。此后，通过移动设备访问互联网的流量超过了通过台式计算机以传统方式访问互联网的流量。从这组数据中可以看出，移动互联网的规模已经超过传统意义上的互联网，将推动全

球信息与通信产业重大的变革。

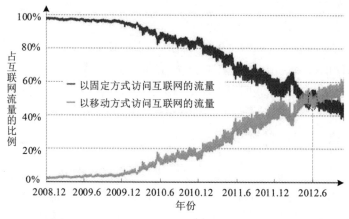

图 1-14 2008～2012 年移动互联网的发展趋势

1.4.2 从网络规模变化看我国移动互联网的发展

从 1994 年 4 月我国通过一条 64kbit/s 的国际专线连接，成为接入互联网的第 77 个国家之日算起，时隔 28 年，到 2022 年 6 月，我国网民规模已达到 10.51 亿，互联网普及率已达到 74.4%。从 2007 年开始，我国移动互联网应用进入快速发展阶段。图 1-15 与图 1-16 分别给出了 2007～2022 年我国手机网民规模与手机上网普及率增长的趋势图。

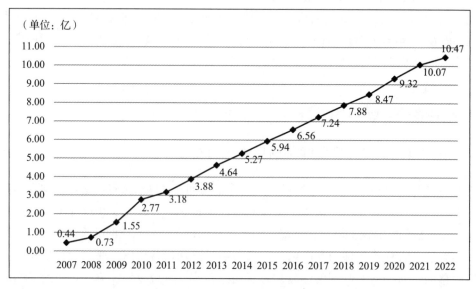

图 1-15 2007～2022 年我国手机网民规模的增长趋势

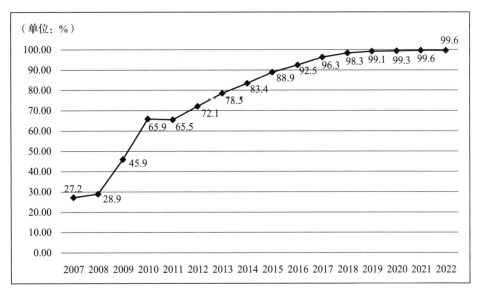

图 1-16 2007～2022 年我国手机上网普及率的增长趋势

从图中可以看出，2007 年，我国手机网民数量约为 4400 万，网民中使用手机访问互联网的比例仅占 27.2%。经过 15 年的发展，2022 年 6 月，我国手机网民规模达到 10.47 亿，增长了大约 23.8 倍，同期网民中使用手机访问互联网的比例上升到 99.6%。

1.4.3 从网络应用变化看我国移动互联网的发展

近年来，随着智能手机、笔记本计算机、平板电脑、各种移动终端的快速发展，以及 Wi-Fi、3G/4G/5G 技术的大规模应用，互联网用户的移动性越来越显著。互联网用户可通过无线网络随时、随地、方便地访问互联网，使用互联网的各种服务。智能手机等各种移动终端在处理器芯片、操作系统、应用软件、存储、屏幕、电池与服务方面不断完善，改变着用户的上网方式与人机交互方式。这种改变表现在以下三个方面：

- 移动互联网已成为用户上网的"第一入口"。
- 移动互联网应用悄然地推动着计算机、手机与电视机的"三屏融合"。
- 移动阅读、移动视频、移动音乐、移动搜索、移动电子商务、移动支付、移动位置服务、移动学习、移动社交网络、移动游戏等各种移动互联网服务发展迅速。

表 1-1 给出了 CNNIC 统计的 2017 年 6 月与 2022 年 6 月的移动互联网应用的用户规模与使用率的排序与比较。

表 1-1 移动互联网应用的用户规模与使用率的排序与比较

排序	2017 年移动互联网应用			2022 年移动互联网应用		
	应用类型	用户规模（亿）	使用率	应用类型	用户规模（亿）	使用率
1	即时通信	6.68	92.3%	即时通信	10.27	97.7%
2	网络新闻	5.96	82.4%	网络视频	9.95	94.6%
3	搜索引擎	5.93	81.9%	网络支付	9.04	86%
4	网络视频	5.25	72.6%	网络购物	8.41	80%
5	网络支付	5.02	69.4%	搜索引擎	8.21	78.2%
6	网络音乐	4.89	67.6%	网络新闻	7.88	75%
7	网络购物	4.8	66.4%	网络音乐	7.28	69.2%
8	手机地图	4.41	60.9%	网络直播	7.16	68.1%
9	网络游戏	3.85	53.3%	网络游戏	5.52	52.6%
10	网上银行	3.5	48.4%	网络文学	4.93	46.9%

从表 1-1 给出数据中可以看到以下两个明显的变化：

（1）移动互联网应用的社交特性凸显

截至 2022 年 6 月，即时通信用户规模达到 10.27 亿，占用户整体的 97.7%。即时通信应用的小程序、视频号等功能日趋成熟，社会价值和商业价值进一步凸显。截至 2022 年 6 月，网络视频用户规模达到 9.95 亿，占用户整体的 94.6%。其中，短视频用户规模为 9.62 亿，占用户整体的 91.5%。截至 2022 年 6 月，网络直播用户规模达 7.16 亿，占用户整体的 68.1%。其中，电商直播用户规模为 4.69 亿，游戏直播的用户规模为 3.05 亿，真人秀直播的用户规模为 1.86 亿，演唱会直播的用户规模为 1.62 亿，体育直播的用户规模为 3.06 亿。截至 2022 年 6 月，网络游戏用户规模达到 5.52 亿，占用户整体的 52.6%。各类移动互联网应用的社交特性凸显。

（2）手机网络支付与网络购物发展迅速

截至 2022 年 6 月，网络支付用户规模达到 9.04 亿，占用户整体的 86%。网络支付市场秩序不断规范，支付服务质量持续提升。2022 年第一季度，银行共处理网络支付业务 235.70 亿笔，金额达 585.16 万亿元；移动支付业务 346.53 亿笔，金额达 131.58 万亿元。截至 2022 年 6 月，网络购物用户规模达到 8.41 亿，占用户整体的 80%。网络消费渠道多元化特征明显。随着越来越多的互联网平台涉足电商业务，网购用户的线上消费渠道逐步从淘宝、京东等传统电商平台向短视频、社区团购、社交平台扩散。最近半年仅在传统电商平台消费的用户占网购用户的比例为 27.3%，在短视频直播、生鲜电商、社区团购及微信等平台进行网购消费的用户比例分别为 49.7%、37.2%、32.4% 和 19.6%。

移动互联网应用的特点是随时、随地与永远在线。正是由于移动互联网具有这样的特点，使社交网络类应用以超常规的速度向各行各业渗透，对人们的社会生活与经济生活产生了重大的影响。社交网络是由多个节点交织构成的社会结构，节点是社交网络的参与人。多个节点通过互联网交换信息、共享资源、购买和提供服务等活动，节点之间建立起网状结构的社交网络。社交网络可以链接微信中的一个群，可以链接偶尔聊天的几个陌生人，可以链接购物网站与客户，也可以链接政府管理者与服务对象。社交网络已经成为互联网时代维系社会关系和信息共享的重要结构。社交网络的起源可以追溯到 20 世纪 80 年代初出现的 UseNet、BBS 等互联网上的社交应用。

2022 年 1 月，全球社交平台的用户已经达到 39.6 亿。随着移动设备的使用和移动社交网络的继续普及，这些数字仍将增长。Facebook 是全球第一个注册账户超过 10 亿的社交平台，每月活跃用户数近 29 亿。另外几个大型社交平台（WhatsApp、Instagram 与 Messenger）的每月活跃用户数均超过 10 亿。大多数拥有超过 1 亿用户的大型社交平台来自美国和中国。我国的微信、QQ、微博等社交平台以及抖音、快手等短视频平台也拥有大量用户。抖音在中国的流行促使其发布国际版本 TikTok，每月活跃用户数超过 10 亿。智能手机一直是社交网络的关键要素，约 60% 的活跃用户是通过智能手机访问社交网络的。

社交网络问题的研究涉及计算机、社会学、传播学、管理学、心理学等多个学科，也是当今信息技术领域的一个重要研究方向。

参考文献

[1] 库罗斯，罗斯 . 计算机网络：自顶向下方法：第 8 版 [M]. 陈鸣，译 . 北京：机械工业出版社，2022.

[2] 特南鲍姆，费姆斯特尔，韦瑟罗尔 . 计算机网络：第 6 版 [M]. 潘爱民，译 . 北京：清华大学出版社，2022.

[3] 彼得森，戴维 . 计算机网络：系统方法：第 6 版 [M]. 王勇，薛静锋，王李乐，等译 . 北京：机械工业出版社，2022.

[4] 科默 . 计算机网络与因特网：第 6 版 [M]. 徐明伟，译 . 北京：电子工业出版社，2019.

[5] 瑞安 . 离心力：互联网历史与数字化未来 [M]. 段铁铮，译 . 北京：电子工业出版社，2018.

[6] 中国网络空间研究院 . 世界互联网发展报告（2019）[M]. 北京：电子工业出版社，2019.

[7] 中国网络空间研究院 . 中国互联网 20 年发展报告 [M]. 北京：人民出版社，2017.

[8] 罗华，唐胜宏 . 中国移动互联网发展报告（2019）[M]. 北京：社会科学文献出版社，2019.

[9] 崔来中，傅向华，陆楠 . 计算机网络与下一代互联网 [M]. 北京：清华大学出版社，2015.

[10] 傅洛伊，王新兵 . 移动互联网导论 [M]. 4 版 . 北京：清华大学出版社，2022.

[11] 崔勇，张鹏 . 移动互联网：原理、技术与应用 [M]. 2 版 . 北京：机械工业出版社，2018.

[12] 黄劲安，曾哲君，蔡子华，等 . 迈向 5G：从关键技术到网络部署 [M]. 北京：人民邮电出版社，2018.

[13] 吴功宜，吴英 . 计算机网络高级教程 [M]. 2 版 . 北京：清华大学出版社，2015.

[14] 吴功宜，吴英 . 物联网工程导论 [M]. 2 版 . 北京：机械工业出版社，2018.

[15] 吴功宜，吴英 . 深入理解互联网 [M]. 北京：机械工业出版社，2020.

[16] 吴建平 . 互联网体系结构的演进、创新和发展 [J]. 中国计算机学会通讯，2019,15(12)：11-16.

[17] 崔勇，王莫为 . 网络遇见机器学习：回顾与展望 [J]. 中国计算机学会通讯，2018，14(10)：54-60.

[18] 中国互联网络信息中心 . 第 51 次中国互联网络发展状况统计报告 [R/OL].(2023-03-02)[2023-03-20].http://www.cnnic.cn/NMediaFile/2023/0322/MAIN16794576367190GBA2HA1KQ.pdf.

移动接入技术：Wi-Fi

在讨论移动互联网的接入网技术时，我们无法绕过无线局域网（Wi-Fi）。目前，Wi-Fi已成为与水、电、气、路同样重要的"第五类公共设施"。Wi-Fi覆盖率也是我国"智慧城市"与"无线城市"建设水平的重要指标之一。本章将在介绍无线局域网概念的基础上，系统地讨论 IEEE 802.11 协议的发展过程、不同版本与特点，以及 Wi-Fi 网络的工作原理与组网方法。

2.1 无线局域网的基本概念

2.1.1 无线局域网的发展背景

无线局域网（WLAN）是支撑移动互联网发展的关键技术之一。无线局域网以微波、激光与红外线等无线信道作为传输介质，取代了传统局域网中的同轴电缆、双绞线与光纤，实现无线局域网的物理层与介质访问控制（MAC）子层的功能。

1997 年，IEEE 公布了 IEEE 802.11 无线局域网标准。由于标准对技术细节不可能规定得非常周全，因此不同厂商设计和生产的无线局域网产品一定会出现不兼容的问题。针对这个问题，1999 年 8 月，350 家相关企业（如 Cisco、Intel 与 Apple 等）组成了 Wi-Fi联盟（Wi-Fi Alliance，WFA），致力于推广 IEEE 802.11 标准。其中，术语"Wi-Fi"或"WiFi"（Wireless Fidelity）有"无线兼容性认证"的含义。

WFA 是一个非营利的组织，它授权在 8 个国家建立了 14 个独立的测试实验室，针对不同厂商生产的遵循 IEEE 802.11 标准的无线局域网设备，以及采用 802.11 接口的笔记本计算机、Pad、智能手机、照相机、电视机、RFID 读写器进行互操作性测试，以解决不同厂商设备之间的兼容性问题。凡是测试通过的网络设备都准许打上"Wi-Fi CERTIFIED"标记。尽管"Wi-Fi"是厂商联盟推广 IEEE 802.11 标准时使用的标记，但是人们已习惯将"Wi-Fi"作为 IEEE 802.11 无线局域网的代名词。同时，将接入点（Access Point，AP）称为无线基站（base station）或无线热点（hot spot），将多个无线热点覆盖的区域称为热区

（hot zone）。

接入无线局域网的节点一般称为无线主机（wireless host）。无线主机可以是移动的，也可以是固定的；可以是台式计算机、笔记本计算机，也可以是智能手机、家用电器、可穿戴计算设备、智能机器人或物联网终端等。目前，无论在大学校园、宾馆、餐厅、机场、车站、体育场、购物中心，还是在火车、公交车上，随处可见"Wi-Fi"或"Wi-Fi Free"图标（如图 2-1 所示）。

图 2-1　各种 Wi-Fi 标识

人们自然会提出一个问题：既然已有 3G/4G/5G 移动通信网，为什么还要研发无线局域网？

解释这个问题，需要理解下面两点：

1）为了维护无线通信的有序性，防止不同通信系统之间相互干扰，世界各国都要求无线电频段使用者向政府管理部门提出申请，获得批准后才可以使用特定的频段。

同时，国际电信联盟无线通信局（ITU-R）要求世界各国专门划出免予申请的工业、科学与医药的 ISM 频段（Industrial Scientific Medical Band），即专门将某些频段开放给工业、科学和医学机构使用。原则上，使用这些频段的用户不需要事先申请许可证，也不需要缴纳费用，只需要遵守一定的发射功率限制（一般低于 1W），并且不能对其他频段造成干扰。

ISM 频段在世界各国的规定并不统一。例如，美国支持使用 3 个 ISM 频段（902～928MHz、2.4～2.484GHz 及 5.725～5.85GHz），而欧洲将 902～928MHz 的部分子频段分配给 GSM 通信。目前，2.4GHz 是世界各国共同认可的 ISM 频段。因此，无线局域网（IEEE 802.11b/IEEE 802.11g）、蓝牙、ZigBee 等无线网络均可工作在 2.4GHz 频段。

表 2-1 给出了 ITU-R 指定的 ISM 频段。

表 2-1　ISM 频段分配

频率范围	中心频率	可用性
6.765～6.795MHz	6.78MHz	取决于本地
13.553～13.567MHz	13.56MHz	—

（续）

频率范围	中心频率	可用性
26.957~27.283MHz	27.12MHz	—
40.66~40.70MHz	40.68MHz	—
433.05~434.79MHz	433.92MHz	仅限于区域 1
902~928MHz	915MHz	仅限于区域 2
2.4~2.5GHz	2.45GHz	
5.725~5.875GHz	5.8GHz	
24~24.25GHz	24.125GHz	
61~61.5GHz	61.25GHz	取决于本地
122~123GHz	122.5GHz	取决于本地
244~246GHz	245GHz	取决于本地

2）蜂窝移动通信不使用 ISM 频段。电信运营商为了获得移动通信网服务资质，需要向无线电管理委员会申请有偿使用无线频谱并为此花费大笔资金，因此移动通信网不可能提供免费的服务，必然要采用收费的商业运营模式。而 Wi-Fi 恰恰选用了免于申请和付费的 ISM 频段，因此它成为广大网民以移动方式免费接入互联网的基础设施。

目前，已出现了一批无线互联网接入服务提供商（WISP），它们通过无线局域网方式接入互联网，为用户提供服务。在很多农村的网络基础设施建设中，采用"光缆到村、无线到户"的方式，通过 Wi-Fi 为农民提供方便、快捷、低费用的宽带入户方式，从而有效地推进了农村与边远地区的信息化建设。

2.1.2 基于 Wi-Fi 的移动互联网层次结构

根据计算机网络体系结构与层次结构模型分析，图 2-2 给出了基于 Wi-Fi 的移动互联网层次结构。

理解基于 Wi-Fi 的移动互联网层次结构与工作原理时，需要注意以下几个问题：

1）移动互联网的传输网由无线接入网与核心交换网组成。从图 2-2 可以看出，无线接入网由 Wi-Fi 接入点（AP）与用户接入设备组成。无线接入网一端连接用户接入设备，另一端连接核心交换网。由于核心交换网采用 IP，又称为 IP 传输网，因此通常将无线接入网与 IP 传输网统称为移动 IP 网（如图 2-3 所示）。

2）Ethernet 交换机在无线接入网与核心交换网之间充当网桥。用户接入设备通过无线网卡与无线信道接入到 AP；AP 通过 RJ-45 接口与双绞线连接 Ethernet 交换机，Ethernet 交换机与路由器 A 连接；路由器 A 接入 IP 传输网。接入端设备的无线网卡与 AP 连接端的无线网卡采用 IEEE 802.11 通信；AP 的另一端通过 Ethernet 网卡与一个端口采用 IEEE 802.3 通信。因此，AP 实际上起到了网桥的功能，实现了 IEEE 802.11 与 IEEE 802.3 的转换。

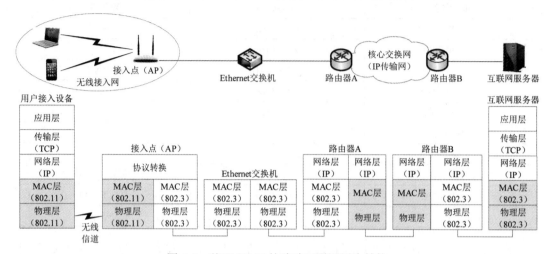

图 2-2 基于 Wi-Fi 的移动互联网层次结构

图 2-3 移动 IP 网的基本概念

3）在这样的网络结构中，用户接入设备利用传输层协议 TCP 或 UDP 实现应用层软件进程通信功能，访问互联网的各种网络应用。

4）无论有多少个无线接入网接入核心交换网，也不管核心交换网内部拓扑结构多么复杂，只要保证直接连接的相邻设备（例如用户接入设备、无线 AP、Ethernet 交换机及路由器设备）的物理层与 MAC 层协议相同，用户接入设备就可以通过移动 IP 网实现对互联网的访问。

2.1.3 IEEE 802.11 标准的发展过程

1. IEEE 802.11 标准

1997 年 6 月，IEEE 公布了第一个无线局域网标准（IEEE 802.11—1997），之后出现的其他无线局域网标准都基于这个标准修订。IEEE 802.11 标准定义了使用 ISM 的 2.4GHz 频段、最大传输速率为 2Mbit/s 的无线局域网物理层与介质访问控制层协议。

2. IEEE 802.11a/b/g 标准

IEEE 802.11 标准颁布后，IEEE 陆续成立了新的任务组，对 IEEE 802.11 标准进行补充和扩展。1999 年发布了 IEEE 802.11a 标准，它采用 5GHz 频段，最大传输速率为 54Mbit/s。后来，研制出了 IEEE 802.11b 标准，它采用 2.4GHz 频段，最大传输速率为 11Mbit/s。由于 IEEE 802.11a 产品造价比 IEEE 802.11b 高很多，同时 IEEE 802.11a 与 IEEE 802.11b 产品不兼容，因此 2003 年 IEEE 发布了 IEEE 802.11g 标准。IEEE 802.11g 标准采用与 IEEE 802.11b 相同的 2.4GHz 频段，最大传输速率提高到 54Mbit/s。当用户从 IEEE 802.11b 过渡到 IEEE 802.11g 时，只需要购买 IEEE 802.11g AP，原有的 IEEE 802.11b 无线网卡仍可使用。由于 IEEE 802.11g 与 IEEE 802.11b 兼容，又能够提供与 IEEE 802.11a 相同的速率，并且产品造价比 IEEE 802.11a 低，导致 IEEE 802.11a 的产品逐渐淡出市场。

3. IEEE 802.11n 标准

尽管从 IEEE 802.11b 标准过渡到 IEEE 802.11g 标准已经是 Wi-Fi 带宽的一次"升级"，但是 Wi-Fi 仍然需要解决带宽不够、覆盖范围小、漫游不便、网管不强、安全性不好等问题。2009 年发布的 IEEE 802.11n 标准对于 Wi-Fi 来说可谓一次"换代"。

IEEE 802.11n 标准具有以下特点：

1）IEEE 802.11n 标准工作在 2.4GHz 与 5GHz 两个频段，最大传输速率可达到 600Mbit/s。

2）IEEE 802.11n 标准采用智能天线技术，通过多组独立的天线组成天线阵列，可以动态调整天线的方向图，达到减少噪声干扰、提高无线信号的稳定性、扩大覆盖范围的目的。一个 IEEE 802.11n 接入点的覆盖范围可达几平方千米。

3）IEEE 802.11n 标准采用软件无线电技术，解决不同的工作频段和信号调制方式带来的不兼容问题。IEEE 802.11n 标准不但与 IEEE 802.11a/b/g 标准兼容，而且与无线城域网 IEEE 802.16 标准兼容。

由于 IEEE 802.11n 标准具有以上特点，因此它已成为"无线城市"建设中的首选技术，并且广泛应用到家庭与办公室环境中。

4. 千兆 Wi-Fi 标准（IEEE 802.11ac、IEEE 802.11ad、IEEE 802.11af、IEEE 802.11ax 与 IEEE 802.11ah）

随着 IEEE 802.11n 标准的应用，无线局域网的用户规模不断扩大，接入的无线终端设备的计算能力、显示功能不断提升，用户对流媒体、网络视频应用的需求越来越高。尽管 IEEE 802.11n 标准可以实现 600Mbit/s 的传输速率，但是 IEEE 802.11 工作组想实现的是"千兆 Wi-Fi"。最初出现的"千兆 Wi-Fi"标准是 IEEE 802.11ac 与 IEEE 802.11ad，此后陆续推出 IEEE 802.11af、IEEE 802.11ax 与 IEEE 802.11ah 标准。

（1）IEEE 802.11ac 标准

IEEE 802.11ac 标准的工作频段为 5GHz，最大传输速率为 3.2Gbit/s，室内传输距离为 30m。IEEE 802.11ac 标准的应用推动了家庭视频产品的发展，它支持用无线方式将高清视频从一个移动终端传送到一台电视机，也可以同时支持多台电视机播放高清视频。

（2）IEEE 802.11ad 标准

家庭多媒体高清视频应用要求的传输速率很高，但是传输距离一般不太远，例如要在很短时间内将一个数据量巨大的 4K 电影视频文件从 Pad 等移动终端设备传送到电视机。在这类应用中，数据传输速率越大，用户体验越好，于是 IEEE 802.11ad 标准应运而生。为了避开拥挤的 2.4GHz 与 5GHz 频段，IEEE 802.11ad 标准选择 60GHz 频段，最大传输速率可达 7Gbit/s。60GHz 无线信号的穿透能力差，信号在空间衰减大，因此 IEEE 802.11ad 标准的室内传输距离为 5m。IEEE 802.11ad 标准适用于室内多个设备之间大文件的高速无线传输。

（3）IEEE 802.11af

2014 年通过的 IEEE 802.11af 标准又称为"超级 Wi-Fi"或" White-Fi"。IEEE 802.11af 标准的工作频率是 470～710MHz。由于该频段在 1GHz 以下，因此可以扩展信号覆盖范围，有利于在地广人稀的农村和边远地区提供高速数据传输服务。当信道带宽为 8MHz 时，最大传输速率为 36.5Mbit/s；在信道带宽为 6～7MHz 时，最大传输速率为 26.7Mbit/s。IEEE 802.11af 标准采用认知无线电、地理遥控与信道捆绑等技术。利用认知无线电技术，可以避免干扰相邻电视信号的传输。利用地理遥控技术，可通过地理数据库提前知道该地区的信道频率分布，主动避免干扰相邻信道。利用信道捆绑技术，最多可将 4 个带宽为 6～8MHz 的信道捆绑起来，以便提供更大的传输速率。

（4）IEEE 802.11ax

有一种看法认为，IEEE 802.11ax 标准是 IEEE 802.11ac 标准的拓展。IEEE 802.11ax 针对的是球赛现场、机场、车站、列车等应用场景。这类应用场景的特点是：异构设备多、用户密集、室内外混合。IEEE 802.11ax 标准力求在拥挤的无线环境中为更多用户提供一致和可靠的数据吞吐量，因此也被称为高效能无线局域网（High Efficiency WLAN，HEW）。2014 年启动 IEEE 802.11ax 标准研究时设定的目标是：

- 兼容 IEEE 802.11a/b/g/n/ac 标准。
- 在用户密集的环境中将平均吞吐率提高 4 倍。
- 更好地进行电源管理，延长电池的使用寿命。
- 与其他授权频段（如移动通信网 LET）共存。
- 适用于室内与室外混合的环境。

IEEE 802.11ax 标准的工作频段为 2.4GHz 与 5GHz，最大传输速率可达到 9.6Gbit/s。为了实现设计指标，研究人员需要在空间重利用、频谱共享、增强 CSMA/CA 机制、信号调制方式、多天线技术等方面加以改进。

（5）IEEE 802.11ah

为了提升 Wi-Fi 信号的绕射能力，扩大覆盖范围，常规的方法是选用 2.4GHz、5GHz 频段，2016 年发布的 IEEE 802.11ah 标准的工作频率在 1GHz 以下，以便适应传感器和智能抄表等应用场景。IEEE 802.11ah 标准的物理层是 IEEE 802.11ac 标准的降频版本，定义的信道带宽包括 2MHz、4MHz、8MHz 与 16MHz。它还定义了 1MHz 信道带宽，用于更远距离的无线传输。

1GHz 频谱中的可用频段因国家而异。IEEE 802.11ah 标准的物理层设计分为两类：第 1 类是高于 2MHz 的信道带宽，第 2 类是 1MHz 的信道带宽。高于 2MHz 的模式包括 4MHz、8MHz 与 16MHz。IEEE 802.11ac 标准物理层时钟的 1/10 等于 IEEE 802.11ah 标准的速率。由于 IEEE 802.11ah 标准最多可支持 8 条空间流，因此它能够支持更多的用户终端接入，提高了无线局域网的吞吐量。

千兆 Wi-Fi 标准一直处于快速发展中，更多的研究进展信息可以从无线千兆联盟（Wi-Gig）的网站（http://wirelessgigabitalliance.org）上获取。

表 2-2 给出了几个主要的 IEEE 802.11 标准（或草案），包括标准名称、工作频段、支持的最大传输速率、公布时间等数据。

表 2-2　主要的 IEEE 802.11 标准

IEEE 标准	工作频段	最大传输速率	公布时间
802.11	2.4GHz	2Mbit/s	1997 年
802.11a	5GHz	54Mbit/s	1999 年
802.11b	2.4GHz	11Mbit/s	1999 年
802.11g	2.4GHz	54Mbit/s	2003 年
802.11n	2.4GHz、5GHz	600Mbit/s	2009 年
802.11ac	5GHz	1Gbit/s	2011 年
802.11ad	60GHz	7Gbit/s	2012 年
802.11af	470～710MHz	568.9Mbit/s	2014 年
802.11ax	2.4GHz、5GHz	9.6Gbit/s	2014 年
802.11ad	<1GHz	100Mbit/s	2016 年

另外，IEEE 还成立了多个工作组，对 IEEE 802.11 标准的服务质量、互联与安全性方面的工作进行补充和完善，推出了包括 IEEE 802.11c～IEEE 802.11x 标准的多个 Wi-Fi 协议标准与草案。

2.1.4　无线信号强度的表示方法

在无线通信中，描述无线信号的参数主要是频率与信号强度。接入无线网络的主机要正常工作必须满足两个基本条件：一个是接收的发射信号频率在接收机的接收频率范围内；另一个是接收的无线信号强度大于接收机的接收灵敏度。例如，主机 B 与 C 的接收机频段为 2.45～2.48GHz，主机 A 发送的信号频率为 2.465GHz，处于主机 B 与 C 接收信号频段内，满足第一个基本条件。主机 B 与 C 的灵敏度为 –60dBm，如果主机 B 接收的无线信号强度为 –50dBm，则大于接收机的灵敏度；主机 C 接收的无线信号强度为 –70dBm，小于主机 C 的灵敏度。那么，主机 B 能接收主机 A 发送的无线信号，而主机 C 不能接收主机 A 发送的无线信号。这时，我们可以说：主机 B 处于主机 A 的无线信号覆盖范围内，而主机 C 不在主机 A 的无线信号覆盖范围内。

　　这里所说的信号强度是指信号功率。信号功率的单位是瓦（W）或毫瓦（mW）。在 IEEE 802.11 标准的讨论中，通常使用的是信号功率的相对值，即 dBm。dBm 是指信号功率相对于 1mW 的 dB 值。计算公式为：$dBm=10 \times \lg(P_{mW})$，其中 P_{mW} 是信号以 mW 为单位的功率值。表 2-3 给出了 dBm 与 P_{mW} 的对照表。

　　从表 2-3 中可以看出，1mW 是一个参考点，0dBm 表示信号强度为 1mW。如果测量值是 +dBm，表示信号强度大于 1mW；如果测量值是 –dBm，表示信号强度小于 1mW。大部分 IEEE 802.11 接入点的无线信号发射功率都在 100mW 之内，可以表示为 +20dBm；无线网卡接收到的信号功率一般只有 0.0001mW，可以表示为 –40dBm。

表 2-3　dBm 与 P_{mW} 的对照表

dBm	P_{mW}
+20dBm	100mW
+10dBm	10mW
0dBm	1mW
–10dBm	0.1mW
–20dBm	0.01mW
–30dBm	0.001mW
–40dBm	0.0001mW
–50dBm	0.00001mW
–60dBm	0.000001mW
–70dBm	0.0000001mW
–80dBm	0.00000001mW

由于距离增加与其他因素引起信号强度衰减，接收信号功率仅为 0.0000000001mW，即 –100dBm 是一种很常见的情况，显然，用 –100dBm 表示是一种简洁且不容易出错的方法。在 IEEE 802.11 网络的现场勘测中，使用的信号强度测量仪器以 dBm 为单位来测量不同地理位置的无线信号强度。

2.1.5　动态速率调整机制

　　我们研究 IEEE 802.11 网络层标准时会发现一种情况，即每种 IEEE 802.11 标准都规定了多个传输速率，例如 IEEE 802.11b 标准规定了 4 种传输速率（11Mbit/s、5.5Mbit/s、2Mbit/s 与 1Mbit/s）。无线网络的实际传输速率与 AP 的覆盖范围紧密相关。当无线主机在移动过程中与 AP 的距离不断增大时，无线主机接收的 AP 发送的无线信号强度不断减小，传输速率也随之降低。不同的 IEEE 802.11 标准中都给出了单个 AP 的覆盖范围与传输速率的关系，以便网络工程师在设计无线网络时参考。表 2-4 给出了 IEEE 802.11b 标准的单个 AP 的覆盖范围与传输速率的关系。表中的"接收灵敏度"可以理解为 AP 发射的信号在对应距离的信号强度，并且室内与室外是不一样的。

表 2-4 AP 的覆盖范围与传输速率的关系

传输速率	接收灵敏度	室外覆盖范围	室内覆盖范围
11Mbit/s	−79dBm	250m	111m
5.5Mbit/s	−83dBm	277m	130m
2Mbit/s	−84dBm	287m	136m
1Mbit/s	−87dBm	290m	140m

从表 2-4 中可以看出：在室外环境中，无线主机与 AP 之间的距离达到 250m 时，接收的信号强度为 -79dBm，可用的传输速率为 11Mbit/s；距离达到 277m 时，信号强度减小到 −83dBm，传输速率减小到 5.5Mbit/s；距离达到 287m 时，信号强度减小到 −84dBm，传输速率减小到 2Mbit/s；距离达到 290m 时，信号强度减小到 −87dBm，传输速率减小到 1Mbit/s。图 2-4 给出了 AP 的覆盖范围与传输速率的关系。

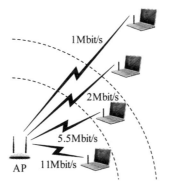

图 2-4 AP 的覆盖范围与传输速率的关系

这样，符合 IEEE 802.11b 标准要求的 AP 允许主机的无线网卡建立关联，或主机在 AP 覆盖范围内移动的过程中，需要根据实际情况来协商选择合适的传输速率，以便保证无线数据传输的正常进行，这个过程称为动态速率调整（Dynamic Rate Switching，DRS）。

理解动态速率调整机制时，需要注意以下几个问题：

1）DRS 是移动主机中的无线网卡发送数据的速率随着接收到发送端 AP 的信号质量下降而下调的一种反馈控制机制。设计 DRS 的目标是通过协调传输距离与数据传输速率的矛盾来保证无线主机与无线 AP 之间的数据帧传输质量。但是，IEEE 802.11 协议并没有对 DRS 算法做具体的规定，而是由无线网络设备生产厂商自行定义。多数无线网络厂商的 DRS 机制是根据主机无线网卡接收信号的强度、信噪比与帧传输错误率来决定数据速率的调整策略。

2）单个 AP 能接入的用户数有限制。例如，IEEE 802.11 标准限制每个 AP 最多可以接入的用户终端为 2016 个。但是，"接入"与"关联"的概念是不同的。接入数量是 AP 能够识别的用户终端数量。实际上，每个 AP 可以建立关联的用户数远小于标准允许接入的终端数量。可建立关联并提供支持服务的用户数受每个 AP 最大连续吞吐量的限制。例如，IEEE 802.11b 标准的标称速率为 11Mbit/s，理论估算的每个 AP 最大连续吞吐量可达 6Mbit/s。如果为每个用户终端提供 1Mbit/s 的传输速率，那么每个 AP 最多可服务 6 个用户终端。但是，由于网络流量具有突发性，一般估算时采用 2∶1 到 3∶1 的比例是合适的，因此单个 AP 最多能够服务 12～18 个用户。

3）以不同传输速率发送相同长度的数据帧，占用信道的时间是不同的。例如，发送一个长度为 1500B 的数据帧，采用 11Mbit/s 速率需占用信道约 300ms，而采用 1Mbit/s 可能需要占用信道 3300ms。如果一个无线局域网中的多数无线主机采用低速率，那么采用高速率的无线主机的等待时间必然长，就会大大降低无线网络的带宽利用率。这是在设计 Wi-Fi 网络与 DRS 机制时需要注意的问题。

2.1.6 无线信道的划分与复用

1. 2.4GHz 频段的信道划分与复用

（1）2.4GHz 频段的信道划分

了解 IEEE 802.11 物理层标准的特点之前，需要了解 IEEE 802.11 标准对频道划分的基本方法。图 2-5 给出了 IEEE 802.11 标准将 2.4GHz 频段划分为 14 个独立信道的频率分配情况。

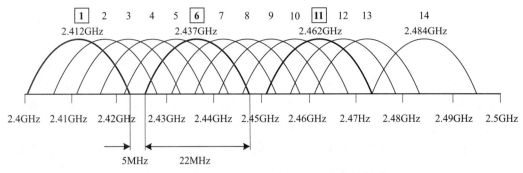

图 2-5　IEEE 802.11 标准对 2.4GHz 频段的划分

计算信道的中心频率与频率范围（每个信道带宽为 22MHz，相邻两个信道之间的频率间隔为 5MHz）。

信道 1：中心频率 f_{c_1}=2.412GHz，频道的频率范围是 2.401～2.423GHz。

信道 2：中心频率 f_{c_2}=2.417GHz，频道的频率范围是 2.406～2.428GHz。

信道 3：中心频率 f_{c_3}=2.422GHz，频道的频率范围是 2.411～2.433GHz。

信道 4：中心频率 f_{c_4}=2.427GHz，频道的频率范围是 2.416～2.438GHz。

信道 5：中心频率 f_{c_5}=2.432GHz，频道的频率范围是 2.421～2.443GHz。

信道 6：中心频率 f_{c_6}=2.437GHz，频道的频率范围是 2.426～2.448GHz。

信道 7～信道 13 以此类推。

信道 14：中心频率 $f_{c_{14}}$=2.477GHz，频道的频率范围是 2.466～2.488GHz。

分析：

信道 1 的频率范围是 2.401～2.423GHz，信道 2 的频率范围是 2.406～2.428GHz，两者有重叠的部分，如果同时选用信道 1 与信道 2 就会产生干扰。

结论：

从信道 1 到信道 14，相邻信道之间的频率都有重叠部分，都存在干扰问题。

（2）2.4GHz 频段的信道复用

为了降低相邻信道由于频率重叠造成的信号干扰，IEEE 选择信道的原则是要相隔 5 个信道。按照这个原则，从以上 14 个信道中选出 3 个信道，只能是图中用粗线表示的信道 1、信道 6 与信道 11。

- 信道 1：中心频率 f_{c_1}=2.412GHz，频道的频率范围是 2.401～2.423GHz。
- 信道 6：中心频率 f_{c_6}=2.437GHz，频道的频率范围是 2.426～2.448GHz。
- 信道 11：中心频率 $f_{c_{11}}$=2.462GHz，频道的频率范围是 2.451～2.473GHz。

采用信道 1、6、11 发送数据信号，相邻信道之间的信号干扰可以降到最低。美国、加拿大和大多数无线网络制造商采用了信道 1、6、11。

信道 14 也可以提供一个非重叠信道，但是大部分国家不使用。当然，有些国家使用信道 1、6、12，还有些国家使用信道 1、6、13。

图 2-6 给出了利用 2.4GHz 频段的 3 个信道（信道 1、6 与 11）进行复用的蜂窝结构。Wi-Fi 的信道复用也称为多信道结构。Wi-Fi 信道复用结构与蜂窝移动通信网类似。

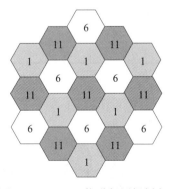

图 2-6　2.4GHz 信道复用规划方法

2. 5GHz 频段的信道划分与复用

（1）5GHz 频段的信道划分

IEEE 802.11 在 5GHz 无须许可的国家信息基础设施（Unlicensed National Information Infrastructure，UNII）频段中定义了 23 个可用信道。其中，IEEE 802.11a 定义了 3 个 5GHz 频段用于数据传输，分别为 UNII-1（低）、UNII-2（中）与 UNII-3（高），每个频段包括 4 个信道；IEEE 802.11h 增加了 1 个 5GHz 频段，称为 UNII-2e 扩展频段，包括 11 个信道。

- UNII-1 属于 UNII 低频段，频率范围是 5.15～5.25GHz，宽度为 100MHz。UNII-1 频段一般用于室内通信，最大输出功率为 40mW。
- UNII-2 属于 UNII 中频段，频率范围是 5.25～5.35GHz，宽度为 100MHz。UNII-2 频段一般用于室内或室外通信，最大输出功率为 200mW。
- UNII-2e 属于 UNII 中频段，频率范围是 5.47～5.725GHz，宽度为 255MHz。UNII-2e 频段一般用于室内或室外通信，最大输出功率为 200mW。
- UNII-3 属于 UNII 高频段，频率范围是 5.725～5.825GHz，宽度为 100MHz。UNII-3 频段一般用于室外点对点的桥接，美国等国家也允许将其用于室内通信，最大输出功率为 800mW。

表 2-5 给出了 IEEE 802.11a 标准规划的信道编号与使用频率。早期的网卡不支持信道 149 以上的高频率。当出现这种情况时，不是换掉网卡，而是只用信道 36、40、44、48、52、56、60、64 这 8 个信道。

表 2-5　IEEE 802.11a 标准规划的信道编号与使用频率

信道编号	使用频率	信道编号	使用频率
36	5.18GHz	60	5.30GHz
40	5.20GHz	64	5.32GHz
44	5.22GHz	149	5.745GHz
48	5.24GHz	153	5.765GHz
52	5.26GHz	157	5.785GHz
56	5.28GHz	161	5.805GHz

（2）5GHz 频段的信道复用

无论是 2.4GHz 的 3 个信道，还是 5GHz 的 8 个或 12 个信道，对于二维空间的 Wi-Fi 信道复用规划来说已经够用。

图 2-7 给出了在 IEEE 802.11 无线网状网（Mesh 网）中实现信道复用的例子。其中 2.4GHz 的 3 个信道用于无线主机接入 AP，5 个 5GHz 信道用于网状结构中 AP 之间通信。图中信道 1 表示 2.4GHz 的信道 1（2.412GHz），C48 表示 5GHz 频段中的信道 48

（5.240GHz）。无线网状网中的 AP 称为 Mesh AP。

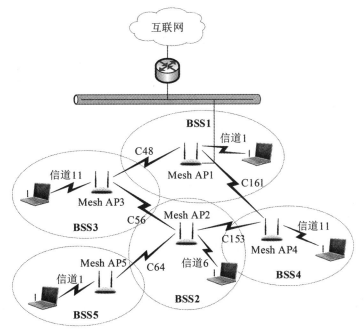

图 2-7　无线网状网中的信道复用例子

由于 IEEE 802.11 协议种类多、涉及的问题比较复杂，在实现技术上给无线局域网设备制造商与软件开发商留有很大的灵活性，因此不同厂商提供的 Wi-Fi 硬件与软件在性能、使用方法上差异较大。本节主要讨论了 IEEE 802.11 协议设计的基本思路与具备的基本功能，希望为读者进一步学习打下基础。

2.2　IEEE 802.11

2.2.1　网络拓扑类型

IEEE 802.11—2007 标准定义了两类组网模式：基础设施模式（infrastructure mode）与独立模式（independent mode）。基础设施模式也称为"基础结构型"，可进一步分为基本服务集（Basic Service Set，BSS）与扩展服务集（Extended Service Set，ESS）。对应于独立模式的是独立基本服务集（Independent BSS，IBSS）。IBSS 主要是指无线自组网（Ad hoc）。2011 年的修正案 IEEE 802.11s—2011 增加了混合模式，对应的是 Mesh 基本服务集（Mesh BSS，MBSS）。图 2-8 给出了 IEEE 802.11 网络拓扑类型。

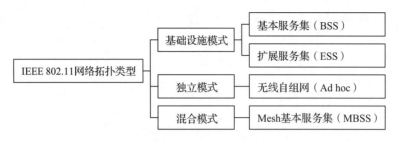

图 2-8 IEEE 802.11 网络拓扑类型

1. 基本服务集

基础设施模式与独立模式的主要区别是：

1）基础设施模式的 IEEE 802.11 局域网需要依靠无线基站——AP，实现网络中关联的无线主机之间的通信。

2）独立模式的无线网络中不需要基站，网络中的无线主机通过对等方式完成数据的交互。

IEEE 802.11 标准规定无线局域网的基本构建单元是 BSS。BBS 是由一个 AP 与多个在逻辑上关联的无线主机组成。BSS 覆盖范围称为基本服务区（BSA）。

图 2-9 给出了 BSS 的网络结构。BSS 是由 AP 与多个无线主机组成的。一个 BSS 的覆盖范围一般在几十米到几百米，可覆盖一个实验室、教室与家庭。为了保证无线局域网覆盖用户的活动范围，所有无线主机可以在 BSA 范围内自由移动，需要事先对 AP 的位置进行勘察、选址与安装。BSS 中所有主机通过 AP 交换数据，形成了一个以 AP 为中心节点的星形拓扑构型。

图 2-9 BSS 的网络结构

2. 扩展服务集

为了扩大无线局域网的覆盖范围，可通过 Ethernet 交换机将多个 BSS 互联，构成一个扩展服务集（ESS），并通过路由器接入互联网。典型的 ESS 可覆盖一座教学楼、一家公司，或者是一个校园的教室、阅览室、宿舍、运动场等。无线网络中的所有主机可以自由在 ESS 中移动。图 2-10 给出了由两个 BSS 组成的 ESS 的网络结构。

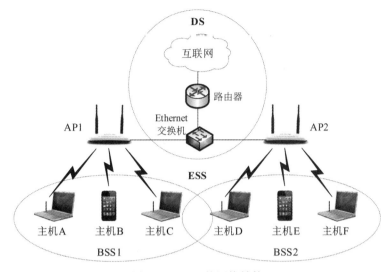

图 2-10　ESS 的网络结构

ESS 中的无线主机 A 可通过 AP1、Ethernet 交换机、AP2 与 ESS 中的任何一台无线主机通信；也可通过 AP1、Ethernet 交换机与路由器接入互联网，访问互联网中的 Web 服务器或主机 N，这样就构成了一个更大的分布式系统（Distribution System，DS）。

要理解 ESS 的网络结构，需要注意两个问题：

1）由于 Ethernet 应用非常广泛，因此一般采用 Ethernet 连接多个 BSS，也可通过无线网桥、无线路由器连接多个 BSS，构成无线分布式系统（Wireless DS，WDS）。在 ESS 网络结构中，AP 的角色是无线主机访问 DS 的接入设备。从这个角度出发，IEEE 802.11—2007 在描述数据帧的交互过程时，将"无线主机向 AP 发送数据帧"定义为"去往 DS"，将"AP 向无线主机发送的数据帧"定义为"来自 DS"就容易理解了。

2）由于 ESS 由多个 BSS 构成，为了保证主机在 ESS 的覆盖范围内无缝漫游，相邻 BSS 的覆盖区域之间必然有重叠。大部分厂商的建议是：BSS 的覆盖区域之间的重叠面积至少保持在 15%～20%。相邻 BSS 之间的信号干扰问题采用信道复用方法来解决。

3. 无线自组网

IBSS 是指以自组织方式构成的无线自组网（Ad hoc）。图 2-11 给出了 Ad hoc 主机的多跳通信方式。独立型无线自组网中没有无线基站，无线主机之间采用对等的点 – 点、多跳方式通信。不相邻的无线主机之间的通信需要通过相邻的无线主机转接的多跳方式来完成。

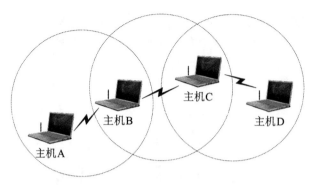

图 2-11　Ad hoc 主机的多跳通信方式

Ad hoc 网络具有以下几个特点：

（1）自组织与自修复

Ad hoc 不需要任何预先架设的无线通信基础设施，所有主机通过分层协议体系与分布式路由算法协调相邻无线主机之间的通信关系。无线主机可以快速、自主和动态地组网。当新的主机接入、已有主机退出，或主机之间的无线信道出现故障时，无线主机能够自动寻找新的相邻主机，并重新组网。

（2）无中心

Ad hoc 是一种对等结构的无线网络。所有主机的地位平等，没有专门的路由器。任何主机可随时加入或离开网络，一台主机出现故障不会影响整个网络工作。

（3）多跳路由

由于受到主机无线发射功率的限制，每台主机的覆盖范围有限。覆盖范围之外的主机之间通信时，必须通过中间节点以多跳转发方式来完成。每台主机同时承担路由器与客户机的功能。

（4）动态拓扑

Ad hoc 允许无线主机根据自己的需要开启或关闭，并且允许主机在任何时间以任意速度在任何方向上移动，同时受到主机的接收信号灵敏度、天线覆盖范围、主机地理位置与主机之间障碍物遮挡，以及信号多径传输、信道之间干扰等因素的影响，使得主机之间的通信关系不断变化，造成 Ad hoc 拓扑动态改变。因此，为了保证 Ad hoc 正常工作，必须采取特殊的路由协议与算法。

4. Mesh 基本服务集

无线 Mesh 网又称为 Mesh 基本服务集（MBSS）或无线网状网（Wireless Mesh Network，WMN）。图 2-12 给出了典型的 MBSS 的网络结构。

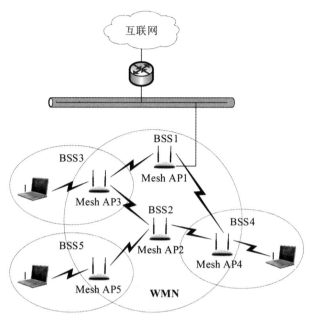

图 2-12　MBSS 的网络结构

无线 Mesh 网有如下特点：

1）无线 Mesh 网由一组呈网状分布的无线 AP 组成，AP 之间通过点 – 点无线信道连接，形成具有自组织、自修复特点的多跳网络。

2）从接入的角度，每个 AP 都可以形成自己的 BSS；从多跳网络结构的角度，AP 具有接收、转发相邻 AP 发送帧的功能。与传统的 AP 相比，由于无线 Mesh 网中的 AP 增加了路由选择与自组织的功能，因此无线 Mesh 网中的 AP 又称为 Mesh AP。

3）Mesh AP 可以形成自己的 BSS，实现主机的接入功能，这与 BSS、ESS 相同。从自组织与多跳的角度来看，它与 Ad hoc 相同，因此可将无线 Mesh 网归纳为混合型网络。

4）无线 Mesh 网与 Ad hoc 的区别在于：无线 Mesh 网通过 Mesh AP 之间的点 – 点连接形成网状网，而 Ad hoc 直接由无线主机之间的点 – 点连接形成网状网。因此，无线 Mesh 网主要适用于大面积、快速与灵活组网的应用，而 Ad hoc 主要用于满足多主机在移动状态下的自主组网需求。

2.2.2　无线通信的特殊性

1. BSS 中的冲突现象

图 2-13a 描述了以 AP 作为基站的传输模式实现无线主机之间帧转发过程。当主机 A 向主机 D 发送数据帧时，首先将帧发送到 AP，然后由 AP 将帧转发给主机 D。这种传输

方式具有三个特点：

1）需要事先安装一个作为基站的 AP 设备。主机以点 – 点方式将数据帧发送给 AP。

2）AP 利用共享的无线信道，通过广播方式发送该数据帧，处于 AP 覆盖范围内的所有主机都会接收到该帧。AP 发送的是单播帧，只有与帧的目的地址相同的主机才能够接收并处理该帧，目的地址不匹配的主机丢弃该帧。

3）AP 利用共享的无线信道以广播方式转发数据帧，这就出现与传统 Ethernet 类似的冲突问题。如果有两个或两个以上无线主机试图同时利用共享的无线信道发送帧，就会发生冲突（如图 2-13b 所示）。因此，IEEE 802.11 的 MAC 层协议同样要解决多个无线主机对无线信道的争用问题。

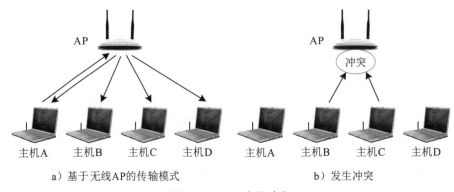

a）基于无线AP的传输模式   b）发生冲突

图 2-13 BSS 中的冲突

2. 隐藏主机与暴露主机

在无线通信中，实现两个无线主机之间的正常通信需要满足两个基本条件：一是发送主机与接收主机使用的频率相同；二是接收主机接收到的发送信号功率必须大于或等于它的接收灵敏度。

由于无线信号发送与接收过程中存在干扰与信道争用问题，因此无线局域网中会出现隐藏主机和暴露主机的问题（如图 2-14 所示）。

以无线自组网为例，图 2-14a 中的主机 B 向主机 A 发送数据，而主机 C 不在主机 B 的无线覆盖范围之内，主机 C 不可能检测到主机 B 正在发送数据，那么主机 C 可能做出错误判断：信道空闲，可以发送。如果此时主机 C 也向主机 A 发送数据，那么就会产生冲突，导致主机 B 发送失败。这时，主机 C 对于主机 B 来说就是隐藏主机。

图 2-14b 中的主机 A 正在向主机 C 发送数据，而主机 B 也要向主机 D 发送数据，主机 B 在检测信道后认为信道忙，做出不向主机 D 发送数据的决定，而此时主机 D 可以接收数据。这时，主机 B 对于主机 A 来说就是暴露主机。一些文献中将隐藏主机称为隐藏站（hidden station），将暴露主机称为暴露站（exposed station）。

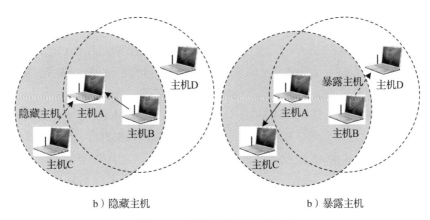

b）隐藏主机　　　　　　　　　　　　b）暴露主机

图 2-14　隐藏主机和暴露主机

需要注意的是：实际上，无线自组网与 BSS 中都存在隐藏主机、暴露主机的问题。隐藏主机、暴露主机的存在会造成检测到信道忙而实际上信道并不忙，或者检测到信道闲实际上信道并不闲的现象。MAC 层协议必须解决无线环境中的隐藏主机与暴露主机问题，以提高无线信道的利用率。

2.2.3　SSID 与 BSSID

在无线局域网中，必须解决 AP 设备与接入主机的识别问题。IEEE 802.11 定义了 AP 的服务集标识符（Service Set Identifier，SSID）与基本服务集标识符（Basic Service Set Identifier，BSSID）。

1. 服务集标识符

当网络管理员安装 AP 时，首先需要为这个 AP 分配一个 SSID 和信道（如图 2-15 所示）。

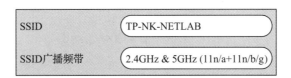

SSID	TP-NK-NETLAB
SSID广播频带	2.4GHz & 5GHz (11n/a+11n/b/g)

图 2-15　为 AP 分配 SSID 与信道

按照 IEEE 802.11 的规定，AP 设备名最长为 32 个字符，并且区分字符的大小写。SSID 用来表示以 AP 作为基站的 BSS 的逻辑名，它与 Windows 工作组名类似。例如，南开大学网络实验室的教师办公室 AP1 的 SSID 为 "TP-NK-NETLAB"，那么，由这个 AP1 组成的 BSS1 的 SSID 名为 "TP-NK-NETLAB"。

2. 基本服务集标识符

如果 SSID 是一个 AP 的一层标识，那么 BSSID 就是 AP 的二层标识。AP 与无线主机之间的通信是通过内部的无线网卡来实现的。在大部分情况下，BSSID 就是无线网卡的 MAC 地址。但是，有的网络设备生产商也允许使用虚拟 BSSID。

IEEE 802.11 规定的无线网卡 BSSID 与 Ethernet 网卡的 MAC 地址相似，长度都是 6 字节（48 位）。不同之处在于：IEEE 802.11 规定无线网卡 BSSID 的第 1 字节的最低位为 0、倒数第 2 位为 1，其余 46 位按照一定的算法随机产生，这样就能以很高的概率保证产生的 MAC 地址是唯一的。因此，SSID 是用户为 AP 配置的无线局域网的 BSS 逻辑名，BSSID 是设备生产商为 AP 配置的更精确的二层标识符。例如，前面说的教师办公室 AP1 的 SSID 为"TP-NK-NETLAB"，对应的 MAC 地址为"00:0C:25:60:A2:1D"。BSSID 作为 AP 设备唯一的二层标识，在无线主机的漫游中起到了重要的作用。

SSID 与 BSSID 的区别和联系在 ESS 中可以看得清楚。如图 2-16 所示，南开大学网络实验室的 ESS 由教师办公室的 BSS1 与学生工作室的 BSS2 组成。ESS 中的 AP1 与 AP2 的 SSID 相同，都是"TP-NK-NETLAB"。但是，AP1 的 BSSID 是"00:0C:25:60:A2:1D"，AP2 的 BSSID 是"00:1C:00:0B:AB:20"。另外，AP1 使用的是 2.4GHz 频段的信道 1，AP2 使用的是 2.4GHz 频段的信道 6。

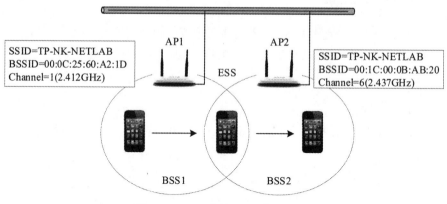

图 2-16 ESS 中的 SSID 与 BSSID

2.3 MAC 层访问控制方式

2.3.1 MAC 层协议支持的访问控制方式

图 2-17 给出了 IEEE 802.11 的层次结构模型，其中物理层定义了红外线与微波频段的扩频通信标准。MAC 层的主要功能是实现对多主机共享无线信道的访问控制，并且为无

线通信提供安全与服务质量保证服务。

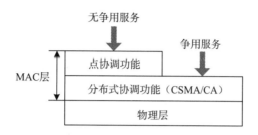

图 2-17 IEEE 802.11 的层次结构模型

IEEE 802.11 的 MAC 层协议支持两种基本的访问控制方式。

1. 无争用服务

无争用服务系统的中心是基站——无线 AP。在点协调功能（Point Coordination Function，PCF）模式中，AP 控制多个无线主机对共享的无线信道进行无冲突访问，形成以基站为中心的星形网络结构，因此 PCF 模式提供的是无争用服务。

2. 争用服务

IEEE 802.11 的 MAC 层可以采用载波侦听多路访问 / 冲突避免（Carrier Sense Multiple Access with Collision Avoidance，CSMA/CA）的介质访问控制方法。IEEE 802.11 提供的争用服务能力被称为分布式协调功能（Distributed Coordination Function，DCF）。

IEEE 802.11 规定 MAC 层必须支持 DCF，而 PCF 是可选的。在默认状态下，IEEE 802.11 的 MAC 层工作在 DCF 模式下，仅在有延时要求高的视频、音频会话类应用的场景下，才会启用 PCF 模式。

有些应用需要 Wi-Fi 提供比尽力而为的 DCF 更高一级的服务，但是又不需要 PCF 的集中控制服务，于是人们开始研究混合协调（Hybrid Coordination Function，HCF）模式。目前，HCF 模式仍处于研究阶段，没有形成相应的协议标准。

2.3.2 CSMA/CA 协议的实现方法

1. 传统 Ethernet 与 IEEE 802.11 无线局域网的异同点

传统 Ethernet 与 IEEE 802.11 无线局域网的相同之处是都存在多个主机对共享的传输介质（双绞线、同轴电缆或无线信道）的争用问题，两者的 MAC 层都需要研究如何有效解决多个主机对于共享介质的访问控制方法。对于传统 Ethernet 的 IEEE 802.3，其 MAC 层采用的是 CSMA/CD 方法；对于无线局域网的 IEEE 802.11，其 MAC 层采用的是 CSMA/CA 方法。两者之间的相同之处是都采用分布式控制，即载波侦听多路访问

（CSMA）方法。两者的区别在于：一个采用冲突检测（CD），另一个采用冲突避免（CA）。

IEEE 802.11 无线局域网不能采用传统 Ethernet 的 CSMA/CD 方法的主要原因是无线信道与总线上的信号传输的差异性。IEEE 802.3 设计 CSMA/CD 算法的前提是：在总线上，可以根据最小帧长度、最大总线长度来确定"冲突窗口"的长度值。IEEE 802.3 确定的"冲突窗口"值为 51.2μs。在"冲突窗口"时间内，无论构成总线的传输介质是双绞线还是同轴电缆，Ethernet 网卡都是一边向总线发送数据信号，一边接收总线上的信号，通过对发送和接收信号进行比较，可以检测出是否发生冲突。只要节点在"冲突窗口"时间内没有检测出冲突，就可以确定为发送成功。这在无线局域网中很难做到。无线通信环境的复杂性首先表现在：无线网卡的发送功率与接收功率一般相差很大。要求无线网卡在发送信号的同时，处理微弱的接收信号并判断是否出现冲突，从电路实现的角度来说难度很大，即使可以实现成本也很高。同时，发送端的无线信号可能经过绕射、折射、反射的多路径到达接收端，不能简单地根据不同主机之间的直线距离来估算传输延时和"冲突窗口"的数值。

从以上讨论中可以归纳出，传统 Ethernet 与 IEEE 802.11 无线局域网在信道访问控制方法上有两个区别：

1）传统 Ethernet 节点在监测到总线空闲时，立即发送帧；而 IEEE 802.11 节点在监测到无线信道空闲时，不是立即发送帧，而是要求所有准备发送数据帧的主机执行退避算法，通过冲突避免来有效减小冲突发生的概率。

2）传统 Ethernet 的发送节点只要在"冲突窗口"时间内没有检测出冲突，就确定为发送成功，不需要接收节点发送确认帧；而 IEEE 802.11 无线局域网的发送节点需要等待接收节点发送回来的确认帧，才能判断此次发送是否成功。

2. 帧间间隔的规定

IEEE 802.11 协议规定所有无线网卡从检测到信道空闲到真正发送一帧，或者是从发送一帧之后到发送下一帧时，都需要间隔一段时间，这个时间间隔称为帧间间隔（Inter Frame Space，IFS）。IEEE 802.11 规定了四种帧间间隔：

- 短帧间间隔（Short IFS，SIFS）。
- 点协调帧间间隔（Point coordination IFS，PIFS）。
- 分布式协调帧间间隔（Distributed coordination IFS，DIFS）。
- 扩展帧间间隔（Extended IFS，EIFS）。

帧间间隔的长短取决于发送帧的类型。高优先级的帧等待时间短，可以优先获得信道的发送权。低优先级的帧等待时间长，如果在低优先级的帧处于等待发送期间，空闲信道已经被优先级高的帧占用，信道就从空闲变成忙，低优先级的帧只能继续等待，延迟发送。

IEEE 802.11 规定的 SIFS 长度为 28 μs。用到 SIFS 的主要有：对信道进行预约的
ACK 帧、CTS 帧，以及属于一次对话的各个帧。

DIFS 的长度为 128 μs。在 DCF 方式中，发送数据帧、管理帧需要使用 DIFS。

3. CSMA/CA 基本模式的工作原理

IEEE 802.11 标准的 DCF 支持两种工作模式：基本模式与可选的 RTS/CTS 预约模式。
CSMA/CA 协议的设计目标是尽可能降低冲突发生的概率。图 2-18 给出了 CSMA/CA 的工
作过程。

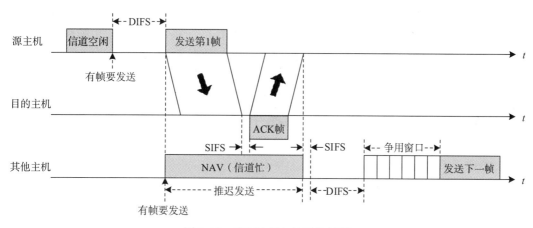

图 2-18　CSMA/CA 的工作过程

CSMA/CA 的工作过程可以总结为：信道监听、推迟发送、冲突退避。

（1）信道监听

CSMA/CA 要求物理层对无线信道进行载波侦听。根据接收到的信号强度判断是否已
经有主机利用无线信道发送数据。当源主机确定信道空闲时，首先要等待 1 个 DIFS；如
果时间到并且信道仍然空闲，则发送第一个帧。帧发送结束后，源主机需要等待接收帧的
目的主机发送回的 ACK 帧。

目的主机在正确接收到发送帧，并等待一个 SIFS 之后，向发送主机发出 ACK 帧。源
主机在规定时间内接收到 ACK 帧，说明没有发生冲突，该帧发送成功。

（2）推迟发送

IEEE 802.11 协议的 MAC 层还采用虚拟侦听（Virtual Carrier Sense，VCS）与网络分
配向量（Network Allocation Vector，NAV）机制，从而达到主动避免冲突的发生、进一步
减小冲突发生概率的目的。

IEEE 802.11 帧头的第 2 个字段是"持续时间（Duration/ID）"。发送主机在发送一帧
时，在该字段内填入以 μs 为单位的值（如 100），表示在该帧发送结束之后，还要占用信

道 100μs。这个时间包括目的主机返回确认的时间。当其他主机接收到数据帧中的"持续时间"通知时，如果该值大于自己的 NAV 值，则根据接收的"持续时间"字段值来修改自己的 NAV 值。NAV 值随着时间递减，只要 NAV 不为 0，主机就认为信道忙，不发送数据帧。

（3）冲突退避

由于多个主机可能同时出现 NAV=0，它们都认为信道空闲，这些主机就会同时发送数据帧导致出现冲突，因此 IEEE 802.11 规定：当所有主机 NAV 值为 0，再等待一个 DIFS 之后，要执行二进制指数退避算法，以进一步减少出现冲突的概率。

二进制指数退避算法规定：第 i 次退避时间可以在 2^{2+i} 个时间片 $[2^{2+i}-1]$ 中随机选择一个。例如，第 1 次退避 $i=1$，$2^{2+1}=8$，可以在 $[0,1,\cdots,7]$ 共 8 个时间片中随机选择一个退避时间，例如选择 5 个时间片。那么，在第一次出现冲突之后，主动延时 5 个时间片。第 2 次退避是 $2^{2+2}=16$ 个时间片，即 $[0,1,\cdots,15]$，如果随机选择 12 个时间片，那么在第 2 次出现冲突之后主动延时 12 个时间片。当冲突出现到第 6 次，即 $i=6$ 时，即 $2^{2+6}=256$，可以在 $[0,1,\cdots,255]$ 的时间片中随机地选择一个退避时间片。IEEE 802.11 协议将退避时间变量 i 定义为退避变量，退避变量的最大值 $i_{max}=6$。

（4）退避算法的执行过程

当无线局域网中的主机准备发送数据帧时，它必须执行退避算法，选择退避时间值，启动退避计时器（backoff timer）。当退避计时器的时间减小到 0 时，可能会出现两种情况：

1）信道"闲"，那么该主机可以发送一帧。

2）信道"忙"，那么该主机冻结退避计时器的数值，重新等待信道变为"闲"，再经过 DIFS 之后，继续启动退避计时器，从剩下的时间开始计时。等到退避计时器的时间为 0 时，信道"闲"，此时该主机可以发送一帧。

图 2-19 描述了一个无线局域网中 5 台主机的无线网卡执行退避算法的过程。为了简化问题讨论，我们在讨论帧发送过程时，忽略等待 SIFS 与回送 ACK 帧的时间。

假设 5 台主机分别在不同的时间准备发送数据帧。主机 1 在信道空闲的 t_1 时刻发送了帧 1-1。主机 2、主机 3、主机 4 分别在 t_2、t_3、t_4 时刻有帧要发送。由于这个时候帧 1 正在发送，那么主机 2、主机 3、主机 4 分别选择各自的退避时间。

从图 2-19 中可以看出，主机 1 发送完帧 1-1、经过 1 个 DIFS 之后，主机 2、主机 4 的退避时间都没结束，主机 3 的退避时间已结束，主机 3 发送帧 2-1。这时，如果主机 2 的退避时间还有 70 个时间片，则主机 2"冻结"70 个时间片（图 2-19 中用冻结 2-1 表示），在帧 3 发送结束、经过 1 个 DIFS 之后，主机 2 将"冻结 2-1"的 70 个时间片作为退避时间。

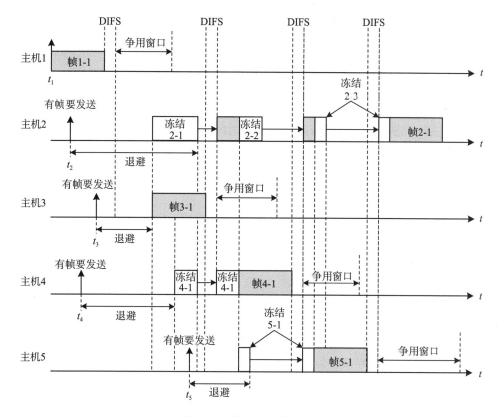

图 2-19 执行退避算法的过程

如果主机 4 在 t_4 时刻要发送帧，主机 4 将与主机 3 竞争无线信道。如果主机 4 在帧 2-1 发送结束之后，退避时间还有 36 个时间片，主机 4 "冻结" 36 个时间片（图 2-19 中用冻结 4-1 表示）。在帧 3 发送结束、经过 1 个 DIFS 之后，主机 4 将 "冻结 2-1" 的 36 个时间片作为退避时间。

在下一个争用窗口中，主机 4 的退避时间是 36 个时间片，而主机 2 的退避时间是 70 个时间片，主机 4 在 1 个 DIFS 与 36 个时间片的退避时间结束之后可发送帧 4-1。这时，主机 2 的退避时间仍然没有结束，必须再次 "冻结" 34（70-36=34）个时间片，图 2-19 中用 "冻结 2-2" 表示。

主机 5 在 t_5 时刻要发送帧，主机 5 再次与主机 2 竞争无线信道。如果主机 5 在帧 4-1 发送时，退避时间还有 18 个时间片。主机 4 "冻结" 18 个时间片的退避时间（图 2-19 中用 "冻结 5-1" 表示）。在帧 4-1 发送结束、经过 1 个 DIFS 之后，主机 5 将 "冻结 5-1" 的 18 个时间片作为退避时间。

在下一个争用窗口中，主机 5 的退避时间是 15 个时间片，而主机 2 的退避时间是 34 个时间片，主机 5 在 1 个 DIFS 与 15 个时间片的退避时间结束之后可发送帧 5-1。

在帧 5-1 发送时，主机 2 的退避时间仍然没有结束，必须再次"冻结"19（34–15=19）个时间片（图 2-19 中用"冻结 2-3"表示）。那么，主机 2 将 19 个时间片作为下一个退避时间。在帧 5-1 发送结束，等待 1 个 DIFS 与 19 个时间片的退避时间之后，主机 2 可以发送帧 2-1。

从上述讨论中可以看出：IEEE 802.11 的 CSMA/CA 方法通过分布式控制算法，由无线主机网卡的 MAC 芯片自主、随机地选择退避时间，以便协调不同主机的帧发送时间，减小冲突发生的概率。

4. CSMA/CA 的发送与接收流程

图 2-20 给出了 CSMA/CA 的发送流程。

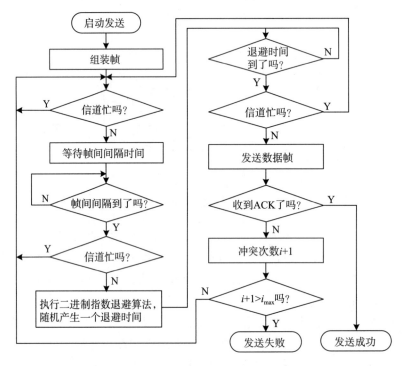

图 2-20　CSMA/CA 的发送流程

CSMA/CA 的发送流程包括以下步骤：

1）启动发送，组装帧；检查信道是否忙。如果信道空闲，等待一个帧间隔时间。

2）等待一个帧间间隔之后，再次检测信道是否空闲，如果信道空闲，执行二进制指数退避算法，随机产生一个退避时间。

3）等待退避时间之后，检测信道状态。如果信道忙，则返回重新检测信道状态；如果信道空闲，则发送数据帧。

4）发送帧之后，等待接收目的主机返回 ACK 确认帧；如果接收到 ACK 帧，表明此次数据帧发送成功。

5）如果没有收到 ACK 确认帧，将冲突次数 i+1，判断 i+1 是否大于 i_{max}。如果大于 i_{max}，则表明冲突过多，发送失败；如果小于 i_{max}，则返回重新检测信道状态。

6）下一次进入执行退避算法随机产生退避时间时，使用的冲突次数是 i+1。

图 2-21 给出了 CSMA/CA 的接收流程。

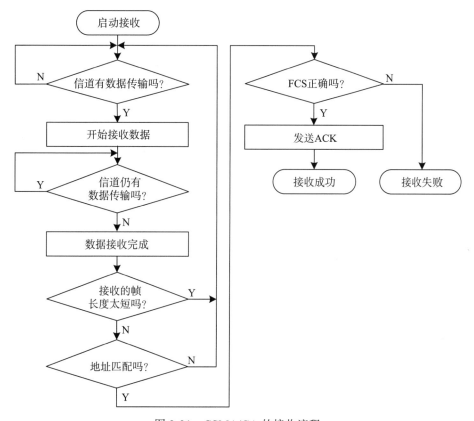

图 2-21　CSMA/CA 的接收流程

对于接入 IEEE 802.11 无线网络中的节点，只要不发送数据，就要随时准备接收数据。CSMA/CA 的接收流程包括以下步骤：

1）无线网卡随时检测信道上是否有数据传输。如果有数据传输，则接收数据，直到发送停止。

2）按照 IEEE 802.11 帧结构，判断接收的帧长度是否符合要求。如果帧太短，则丢弃帧并重新进入准备接收的状态。如果帧在规定的长度内，则判断帧目的地址是否为本节点的地址。如果地址不匹配，则丢弃该帧。

3）如果地址匹配，则需要判断 FCS 字段值是否正确。如果不正确，说明帧接收失败；如果正确，说明帧接收成功。

2.3.3 CSMA/CA 与 CSMA/CD 的比较

1. CSMA/CA 与 CSMA/CD 的共同点

IEEE 802.11 的 CSMA/CA 与 IEEE 802.3 的 CSMA/CD 的共同点表现在以下三个方面：

1）有线的 Ethernet 与无线的 IEEE 802.11 局域网都采用分布式控制的思路，以解决多个节点共享信道的争用问题。

2）在有线的 Ethernet 与无线的 IEEE 802.11 局域网中，都不存在一个中心控制节点，而是由网卡根据共享信道的状况来判断最佳的帧传输时机。

3）无论是有线的 Ethernet 还是无线的 IEEE 802.11 局域网，它们的 MAC 层协议与物理层协议都是由网卡实现的。从计算机组成原理的角度，Ethernet 网卡与 IEEE 802.11 网卡在网卡结构、计算机主板接口的实现方法，以及驱动程序的编程方法上都是相同的。

在 IEEE 802.11 协议的讨论中，"无线主机与 AP 通信"和"主机的无线网卡与 AP 通信"的含义相同。

2. CSMA/CA 与 CSMA/CD 的区别

IEEE 802.11 的 CSMA/CA 与 IEEE 802.3 的 CSMA/CD 的区别表现在以下四个方面：

1）IEEE 802.3 的 CSMA/CD 算法要求发送主机在监听到总线空闲时，立即开始发送帧。IEEE 802.11 的 CSMA/CA 在无线信道从"忙"转到"闲"时，无线网卡不是立即发送数据帧，而是要求所有准备发送帧的主机都执行退避算法。

2）IEEE 802.3 采用截止二进制指数退避算法，而 IEEE 802.11 采用二进制指数退避算法。两种算法的计算公式不一样。IEEE 802.3 规定一个帧的重发次数最多为 16，而 IEEE 802.11 规定一个帧的重发次数最多为 6。

3）IEEE 802.3 依靠 Ethernet 网卡的载波侦听来判断共享总线的忙闲状态。IEEE 802.11 设置了虚拟监听（VCS）与网络分配向量（NAV），发送主机通过发布 NAV 值通知其他主机预约无线信道的占用时间，接收主机根据接收到的发送主机的 NAV 值来随机调整各自的退避时间，进一步降低冲突发生的概率。

4）IEEE 802.3 不要求目的主机在接收数据帧后发送 ACK 帧，Ethernet 网卡在发送帧的过程中仅监测是否冲突。如果没有发现冲突，则认为该帧发送成功，并不保证发送帧被目的主机正确接收。如果该帧在发送过程中没有冲突，而是在其他环节丢失，那么这类问题只能靠高层协议解决。IEEE 802.11 要求源主机等待目的主机返回 ACK 帧，从而判断该帧是否发送成功。实际上，IEEE 802.11 的 MAC 协议属于"停止等待协议"。

需要注意的是：停止等待类协议的优点是传输可靠性较高，缺点是工作效率较低。如果 IEEE 802.11 设备上标有 300Mbit/s 字样，则该设备的最大传输速率为 300Mbit/s。但是，由于 IEEE 802.11 的无线信道同时仅能被一个无线主机占用，CSMA/CA 算法、帧分片、帧加密与解密都会产生额外开销，因此实际的最大传输速率不会超过设备标出值的 50%。例如，IEEE 802.11 设备的最大传输速率为 300Mbit/s，而用户能够使用的可能仅有 120Mbit/s。

2.3.4 管理帧与漫游管理

传统的 IEEE 802.3 仅定义了一种数据帧结构，而 IEEE 802.11 定义了 3 种帧：管理帧、控制帧与数据帧。

IEEE 802.11 定义了 14 种管理帧，包括信标（Beacon）帧、探测（Probe）帧、关联（Association）帧、认证（Authentication）帧等。它们用于在无线主机与 AP 之间建立关联。

1. 信标帧

信标帧是无线局域网的"心跳"。在 BSS 模式中，AP 以 0.01～0.1s 的时间间隔周期性地广播信标帧。信标帧在无线主机与 AP 建立关联的过程中有如下作用：

- 无线主机通过接收到的信标帧发现可用的 AP。
- 信标帧为无线主机接入 AP 提供必要的配置信息。
- 无线主机从接收信标帧的时间戳中提取 AP 的时钟，使得无线主机与 AP 保持时钟同步。

图 2-22 给出了一个信标帧的例子。信标帧中包含 AP 的相关信息：SSID 为 "NK-netlab"，BSSID 为 "00:02:6A:60:B2:85"，模式为 BSS 的 "Master"，使用 2.4GHz 频段的信道 6（2.437GHz），主机接收的 AP 信号强度为 –28dBm，信噪比为 –256dBm，加密数据采用 WPA 协议，数据传输速率为 1～54Mbit/s。

```
AP Beacon:
    SSID: NK-netlab
    BSSID: 00:02:6A:60:B2:85
    Mode: Master
    Channel: 6
    Frequency: 2.437GHz
    Signal level= −28dBm Noise Level= −256dBm
    Encryption key: on
    IE: WPA Version 1
    Bit Rates: 1Mbps; 2Mbps; 5.5Mbps; 11Mbps; 6Mbps;
        12Mbps; 24Mbps; 36Mbps; 9Mbps; 18Mbps;
        48Mbps; 54Mbps
```

图 2-22　一个信标帧的示例（bps 即 bit/s）

在 BSS 模式中，AP 发送信标帧。只有在 Ad hoc 模式中，无线主机发送信标帧。

IEEE 802.11 协议允许管理员改变信标帧的广播周期，但是不能禁用信标帧。

2. 被动扫描与主动扫描

无线主机在接入 AP 之前，可以通过被动扫描或主动扫描方式来发现 AP。

（1）被动扫描

无线主机通过扫描信道与监听信标帧来发现 AP 称为被动扫描（Passive Scanning）。图 2-23 给出了被动扫描的工作过程：① AP1 与 AP2 都向覆盖范围内的主机 A 发送信标帧；②主机 A 接收到信标帧之后选择 AP2，并向 AP2 发送关联请求帧；③ AP2 接收到关联请求帧之后，向主机 A 发送关联响应帧。

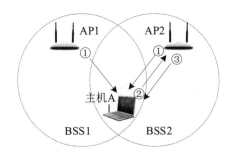

图 2-23 被动扫描的工作过程

（2）主动扫描

无线主机通过在覆盖范围内广播探测帧来发现 AP 称为主动扫描（Active Scanning）。图 2-24 给出了主动扫描的工作过程：①主机 A 向覆盖范围内的所有 AP 广播信标帧；② AP1 与 AP2 都接收到信标帧并向主机 A 发送探测响应帧；③主机 A 接收到探测响应帧之后选择 AP2，并向 AP2 发送关联请求帧；④ AP2 接收到关联请求帧之后，向主机 A 发送关联响应帧。

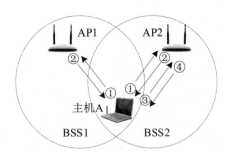

图 2-24 主动扫描的工作过程

3. 无线主机与 AP 之间的关联过程

由于无线信道的开放性，AP 发送的信号可以被覆盖范围内的所有无线主机接收。从提高安全性的角度出发，无线主机只有通过链路认证才能够加入基本服务集 S，只有接入 BSS 才能够发送数据帧。图 2-25 给出了无线主机与 AP 之间的关联过程。

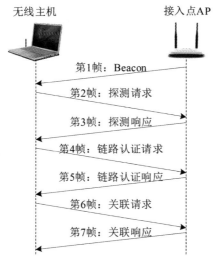

图 2-25　无线主机与 AP 之间的关联过程

IEEE 802.11 协议支持两种级别的链路认证：开放系统认证与共享密钥认证。

1）开放系统认证是默认的。无线主机与 AP 交换一次"链路认证请求帧"与"链路认证响应帧"。无线主机将自己的 MAC 地址通报给 AP。AP 与无线主机之间不进行任何身份信息的识别，所有请求的无线主机都可以通过认证。因此，只有在"Wi-Fi Free"的公开、免费使用状态下，才使用开放系统认证。如果用户对无线主机有任何控制需求，都不能使用开放系统认证。

2）共享密钥认证采用有线等效协议（Wired Equivalent Privacy，WEP）或无线保护访问（WPA）协议。实践证明，WEP 协议的安全性较差，IEEE 802.11i 工作组用安全性高的 WPA 协议取代了 WEP。

无线主机要接入无线局域网，必须与特定的 AP 建立关联。当无线主机通过指定的 SSID 选择网络，并通过链路认证之后，就要向指定的 AP 发送关联请求帧。关联请求帧包含无线主机的传输速率、侦听间隔、SSID 等。AP 根据关联请求帧携带的信息，决定是否接受关联。如果 AP 接受关联，则发送关联响应帧。

在讨论管理帧功能时，需要注意以下几个问题：

1）关联只能由无线主机发起，并且在一个时刻一台无线主机只能与一个 AP 关联。关联属于一种记录保持的过程，它帮助分布式系统记录每台主机的位置，以保证将帧传送到目的主机。当无线主机从原 AP 的覆盖范围移动到新 AP 的覆盖范围时，需要执行"重关联"的过程。

AP 与无线主机都可以发送解除关联帧来断开当前关联的 AP。无线主机离开一个无线网络时，应该主动执行解除关联的操作。如果 AP 发现关联的无线主机信号消失，AP 将采取超时机制来解除与该无线主机的关联。

IEEE 802.11 中的"解除关联"和"解除认证"是一种通告，而不是请求。如果关联的无线主机与 AP 中的一方发送"解除关联帧"与"解除认证帧"，另一方不能拒绝，除非启用了管理帧保护功能。

2）IEEE 802.11 协议并没有对主机选择 AP 进行关联的条件进行规范，而是由 AP 设备的生产商决定。常用的方法是考虑两个主要因素。一是通过"关联请求帧"了解无线主机是否具有以基本传输速率与 AP 通信的能力。例如，AP 可以要求无线主机既能以 1Mbit/s、2Mbit/s 的低传输速率通信，也能以较高的 4.5Mbit/s、11Mbit/s 传输速率通信。二是 AP 能否为申请关联的无线主机提供所需的缓冲空间。当一个主机成功关联一个 AP 时，主机向 AP 通告它选择了一直可以接收和发送数据的主动模式，还是选择了节电模式。当选择节电模式的主机处于休眠状态时，所有发往该主机的数据帧先缓存在 AP 上。侦听间隔（Listen Interval）是 AP 为关联的无线主机缓冲数据的最短时间。因此，AP 在关联时需要根据"关联请求帧"中的"侦听间隔"时间的长短来预测无线主机需要的缓冲空间大小。如果 AP 能提供足够的缓存空间，则接受；如果不能提供足够的缓存空间，则拒绝。如果 AP 同意与这个无线主机建立关联，AP 回送一个"关联响应帧"。

4. 漫游与重关联

（1）漫游与重关联的概念

漫游（Roaming）是指无线主机在不中断通信的前提下，在不同 AP 的覆盖范围之间移动的过程。ESS 结构对于支持无线主机的漫游至关重要。

IEEE 802.11 标准中并没有用到"漫游"这个术语。人们对这种现象的解释是："无论何时何地，是否漫游都是客户端的自由（Roaming is always and everywhere a client phenomenon）。"从 MAC 层来看，漫游是无线主机转换 AP 的过程。从网络层及以上层次来看，漫游是在转换接入点的同时仍维持原有网络连接的过程。IEEE 802.11 将是否支持漫游交给 Wi-Fi 软硬件厂商自行决定。当然，在设计无线网络拓扑时，一定要考虑无线主机的无缝漫游问题。无线网卡和 AP 有两种基本设计思路：一种是关联到一个 AP 之后就一直坚持，直到信号质量很差时才考虑转换 AP；另一种是当找到新的信号强的 AP 时立即转换。无线主机通过发送"重关联请求帧"来启动漫游的过程。

（2）无线主机启动"重关联"的过程

当无线主机在 ESS 中移动，并从 A 点逐渐远离已关联的 AP1 到达 B 点时，假设信道 1 的信号强度为 −85dBm，已低于信号阈值。当它继续移动到 C 点时，无线主机接收到 AP2 信道 6 的信号强度为 −65dBm，那么它将尝试与 AP2 关联。这时，无线主机需要向 AP2 启动重关联（如图 2-26 所示）。

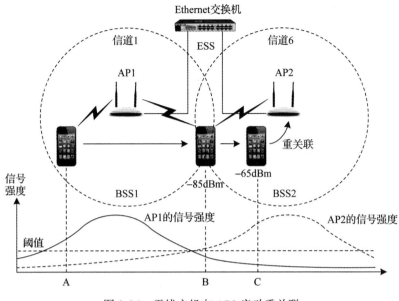

图 2-26　无线主机向 AP2 启动重关联

无线主机的重关联过程包括 6 个步骤：

1）无线主机通过信道 6 向 AP2 发送重关联请求帧。重关联请求帧包含原 AP1 的 MAC 地址。

2）AP2 接收到重关联请求帧之后，通过信道 6 向无线主机发送"ACK 帧"（ACK 是一种控制帧）。

3）AP2 通过分布式系统 DS 向 AP1 发送重关联确认帧，通知 AP1"主机正在漫游"，将缓存在 AP1 的主机数据发送给 AP2。

4）AP1 通过分布式系统 DS 将缓存数据发送给 AP2。

5）AP2 通过信道 6 向无线主机发送重关联响应帧，表示主机已经关联到新的 BSS。

6）无线主机接收到通过无线信道 6 向 AP2 发送的"ACK 帧"。

至此，无线主机的重关联过程结束，AP2 通过信道 6 将缓存数据发送给无线主机。图 2-27 给出了无线主机的重关联过程。

理解重关联的过程时，需要注意以下几个问题：

1）漫游的决定权由无线主机掌握，IEEE 802.11 协议并没有对主机在什么情况下要启动漫游做出明确的规定。无线主机漫游的规则是由无线网卡制造商制定的。无线网卡一般是根据信号质量来决定是否启动漫游和重关联的过程。这里的信号质量主要是指信号强度、信噪比与信号传输的误码率。

2）无线网卡在通信过程中每隔几秒就在其他信道上发送探询帧。通过持续的主动扫描，无线主机可以维护和更新已知的 AP 列表，以便在无线主机漫游时使用。无线主机可以与多个 AP 认证，但是仅和一个 AP 关联。

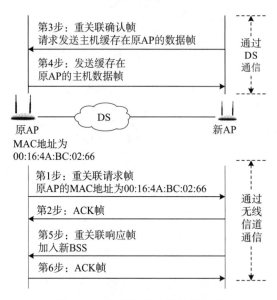

图 2-27　无线主机的重关联过程

3）通过重关联过程的讨论可以看出，由于原 AP 与新 AP 通过连接它们的分布式系统交换了漫游主机的信息，因此不需要发送"解除关联帧"。

4）由于无线主机在 ESS 中从一个 AP 漫游到另一个 AP 的过程仅涉及第二层 MAC 地址的寻址问题，因此它又叫作"二层漫游"。跨网络（涉及 IP 地址寻址）的无线主机漫游叫作"三层漫游"。

2.3.5　控制帧与预约模式

IEEE 802.11 协议允许无线主机通过 RTS/CTS 对信道的使用进行预约。控制帧主要用于预约信道，以及对单播的数据帧进行确认。IEEE 802.11 的 MAC 协议定义了 9 种控制帧，包括 RTS（Request To Send）、CTS（Clear To Send）、ACK 等。图 2-28 给出了 RTS/CTS 预约模式的工作过程。

RTS/CTS 预约模式的工作过程包括 4 个步骤：

1）源主机检测到信道空闲，退避一个 DIFS 之后，发送一个短的"请求发送（RTS）帧"。RTS 帧包括源主机地址、目的主机地址，以及这次通信占用的持续时间。

2）当目的主机接收到 RTS 帧，并且信道空闲，退避一个 SIFS 之后，发送一个短的"允许发送（CTS）帧"。CTS 帧复制 RTS 帧中"这次通信占用的持续时间"的数值。源主机之外的其他主机接收到 CTS 帧之后，根据 RTS 帧中"这次通信占用的持续时间"的数值，设置本主机的 NAV 值。

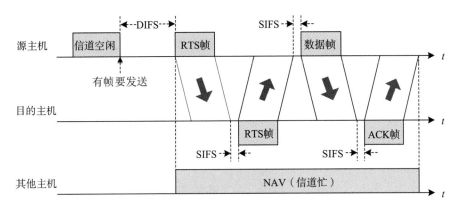

图 2-28 RTS/CTS 预约模式的工作过程

3）源主机接收到 CTS 帧，退避一个 SIFS 之后，发送数据帧。

4）目的主机接收到数据帧，退避一个 SIFS 之后，向源主机发送 ACK 帧。

RTS/CTS 对信道的预约可以有效地解决隐藏主机带来的冲突问题。

2.4 IEEE 802.11 数据帧

2.4.1 数据帧结构

图 2-29 给出了 IEEE 802.11 数据帧的结构。

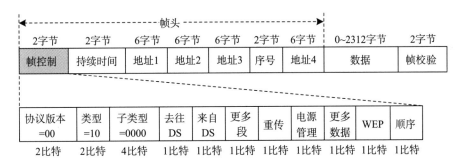

图 2-29 IEEE 802.11 数据帧的结构

IEEE 802.11 数据帧由 3 个部分组成：帧头、数据字段与帧尾。其中，帧头长度为 30 字节，它由帧控制、持续时间、地址 1～地址 4、序号这 7 个字段组成；数据字段的长度为 0～2312 字节；帧尾由 2 字节的帧校验字段组成。

需要注意的是：在 IEEE 802.11 系列协议中，帧结构会有所不同，例如 IEEE 802.11n 在数据帧中增加了 QoS 字段与 HT 控制字段，并且数据字段的长度为 0～7955 字节。

2.4.2　Wi-Fi 的工作原理

我们结合 IEEE 802.11 数据帧的结构与帧字段含义来解释 Wi-Fi 的基本工作原理。

1. 帧控制字段

IEEE 802.11 数据帧头的第一个字段是长度为 2 字节的帧控制（Frame Control）字段。帧控制字段最复杂，它包括 11 个子字段：

1）协议版本：长度为 2 比特，目前已经发布的 802.11 系列版本相互兼容，因此该子字段被设置为 00。

2）类型：长度为 2 比特，表示不同类型的帧，其中：

- 00 表示管理帧。
- 01 表示控制帧。
- 10 表示数据帧。

3）子类型：长度为 4 比特，表示不同类型帧的子类型。

在管理帧中：

- 0000 表示关联请求帧。
- 0001 表示关联响应帧。
- 0100 表示探询请求帧。
- 0101 表示探询响应帧。
- 1000 表示信标帧。

在控制帧中：

- 1011 表示 RTS 帧。
- 1100 表示 CTS 帧。
- 1101 表示 ACK 帧。

在数据帧中：

- 0000 表示数据帧。
- 0100 表示无数据的空帧。
- 1000 表示 QoS 数据帧。

如果类型与子类型字段的 6 比特的值为 000100 表示探询请求帧，值为 011101 表示 ACK 帧，值为 001000 表示信标帧，值为 100000 表示数据帧。

4）去往 DS、来自 DS：IEEE 802.11 在协议中使用的术语"来自 DS"表示"帧从 AP 发送到无线主机"；"去往 DS"表示"帧从无线主机发送到 AP"。结合子字段的数值，可以看出："去往 DS=1、来自 DS=0"表示无线主机发往 AP 的帧；"去往 DS=0、来自 DS=1"表示 AP 发往无线主机的帧。

5）更多段：长度为 1 比特。考虑到无线信道容易受到干扰，数据传输的误码率较高，无线信道上传输的帧长度不宜过长，因此 IEEE 802.11 协议允许网管人员设置一个分片阈值。当高层数据超过分片阈值时，软件自动将帧分成多个分片（Fragment）。分片传输中的每个分片头部"更多分片 =1"，没有分片的取值为 0。分片传输只用于单播传输。

属于一个帧的多个分片具有相同的帧序号（Frame Sequence Number），以及一个递增的分片编号（Fragment Number）。在"序号控制"字段的 16 比特中，包括 12 比特的帧序号和 4 比特的分片编号。图 2-30 给出了包含 RTS/CTS 交互的分片传输过程。

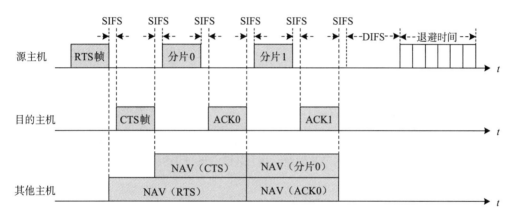

图 2-30　包含 RTS/CTS 交互的分片传输过程

6）重传：长度为 1 比特，表示是否需要重传帧。当该位值为 1 时，表示重传帧。接收主机将剔除重复接收的帧。

7）电源管理：长度为 1 比特，表示采用哪种电源管理模式。由于无线网络中的大量设备是笔记本计算机、智能手机与各种移动终端，因此节约电量是非常重要的，它关系到终端的移动性与续航能力。

IEEE 802.11 支持两种电源管理模式：主动模式（Active Mode）与节电模式（Power Save Mode）。IEEE 802.11 默认采用主动模式，网卡时刻处于准备发送或接收数据的状态。节电模式是可选的模式。在节电模式中，主机关闭无线发射与接收电路，并处于休眠状态。IEEE 802.11 协议规定：当电源管理位为 0 时，源主机发送完一帧后仍处于工作状态；当电源管理位为 1 时，源主机发送完一帧后进入休眠状态。主动模式的传输速率高于节电模式，由于办公室内的主机可以一直连接电源，因此默认处于主动模式。很多移动终端是由内部电池供电，为了延长设备的使用时间，可以选择节电模式。

8）更多数据：长度为 1 比特。当无线主机处于休眠状态时，AP 接收到发送给它的数据帧，通过将"更多数据"字段设置为 1，通知至少有 1 个帧等待传送给无线主机。

9）WEP：长度为 1 比特，表示帧传输是否采用加密措施。当 WEP 为 1 时，帧传输采用加密措施；当 WEP 为 0 时，帧传输不采用加密措施。

10）顺序：长度为 1 比特。如果要求帧或分片严格按照顺序传输，则将该位设置为 1。

2. 持续时间字段

IEEE 802.11 数据帧头的第二个字段是长度为 2 字节的持续时间字段。该字段包含一个从 0～32767（$2^{15}-1=32767$）之间的任意数值。源主机在发送一帧时，在该字段填入以 μs 为单位的值，表示在发送该数据帧和接收 ACK 帧时占用信道的时间。该字段出现在所有帧中，接收主机利用该字段的值更新各自的网络分配向量（NAV）。

3. 地址字段

IEEE 802.11 数据帧的最特殊地方是帧头有 4 个地址字段。理解 IEEE 802.11 帧中的多个地址字段时，需要注意几个问题：

1）尽管 IEEE 802.11 规定帧头有 4 个地址字段，但这 4 个地址并不是都出现在所有帧中。其中，地址 4 仅用于无线自组网中。

2）在一个 BSS 中，当数据帧从源主机经过 AP 转发到目的主机时，将会使用 3 个 MAC 地址：源地址、目的地址与 AP 地址（去往 DS、来自 DS 与 3 个地址的关系如图 2-31 所示）。

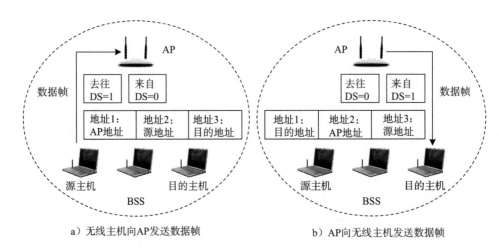

a）无线主机向 AP 发送数据帧　　　　　　b）AP 向无线主机发送数据帧

图 2-31　去往 DS、来自 DS 与 3 个地址的关系

根据 IEEE 802.11 数据帧的相关规定：
- 当无线主机向 AP 发送数据帧时，帧控制字段的去往 DS=1、来自 DS=0；地址 1=AP 地址，地址 2= 源地址，地址 3= 目的地址。

- 当 AP 向无线主机发送数据帧时，帧控制字段的去往 DS=0、来自 DS=1 ；地址 1= 目的地址，地址 2=AP 地址，地址 3= 源地址。

图 2-32 显示了通过软件捕获的一组 IEEE 802.11 帧交互过程，并解析了其中由源主机向 AP 发送数据帧（编号 41）的帧头结构。

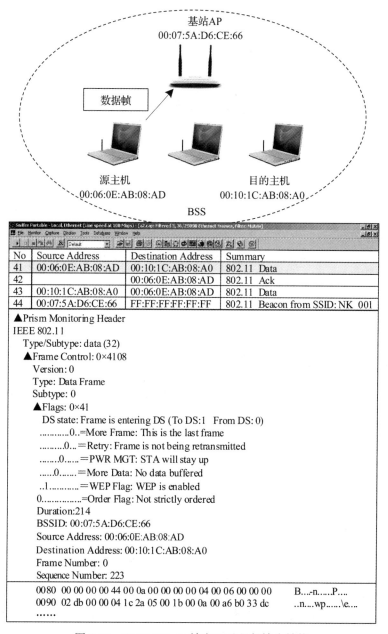

图 2-32　IEEE 802.11 帧交互过程与帧头结构

该数据帧是由源主机发送的主机的数据帧，第一步是发送到 AP。因此，IEEE 802.11
帧头控制字段的 To DS=1、From DS=0 ；地址 1=AP 地址（00:07:5A:D6:CE:66），地址 2=
源地址（00:06:0E:AB:08:AD），地址 3= 目的地址（00:10:1C:AB:08:A0）。图 2-33 给出了
IEEE 802.11 数据帧结构及发送过程。

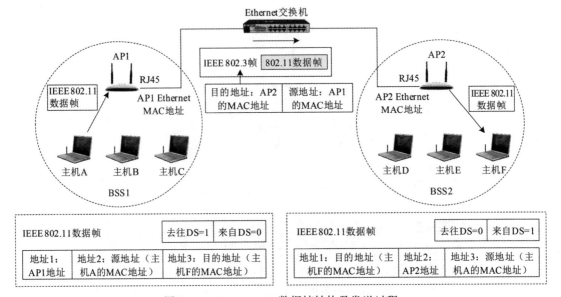

图 2-33　IEEE 802.11 数据帧结构及发送过程

2.5　无线网络设备与 Wi-Fi 组网方法

随着无线网络技术的发展，出现了很多种无线局域网设备，包括无线网卡、接入点、
无线网桥、无线路由器、无线局域网控制器等。本节主要讨论无线网卡、接入点与无线局
域网控制器。

2.5.1　无线网卡

1. IEEE 802.11 无线网卡结构

IEEE 802.11 无线网卡的设计方法、基本结构与 Ethernet 网卡相似，它实现了 MAC 层
与物理层的主要功能。IEEE 802.11 无线网卡由 3 个部分组成：网卡与无线信道的接口、
MAC 控制器、网卡与主机的接口（如图 2-34 所示）。

在主机系统中，应用层的应用软件由主机的操作系统控制。当应用软件向网络中的其
他主机发送数据时，首先经过传输层 TCP/UDP 与网络层 IP 处理，然后通过设备驱动程序

与 MAC 层的总线接口将数据传给无线网卡。大多数无线网卡采用 Card Bus 接口，也有些网卡采用 Mini-PCI 接口标准。无线网卡可能需要同时处理多个数据帧，并设置 RAM 缓冲区来存储正在处理的数据帧。

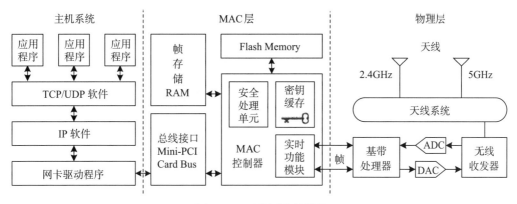

图 2-34　无线网卡的结构

　　MAC 控制器是无线网卡的核心，负责将接收的主机数据封装成帧，并根据 CSMA/CA 算法确定数据帧何时交给基带处理器、数字模拟转换器（DAC）处理，将计算机产生的数字信号转化成适合无线信道发送的信号，然后通过无线发射器与天线来发送。

　　无线主机除了需要发送和接收数据帧之外，还要处理 802.11 自身所需的控制帧与管理帧。MAC 控制器设置了实时功能模块，自动生成和处理各种 802.11 控制帧与管理帧。为了快速实现无线通信中的安全功能，MAC 控制器设置了安全处理单元与密钥缓冲器，以及用于存储不断更新的加密程序的闪存。

　　当无线网卡处于接收状态时，天线通过模拟数字变换器（ADC）、基带处理器处理接收信号，将获得的数据帧交给 MAC 控制器。如果 MAC 控制器判断接收的数据帧正确，首先将它们临时存储在 RAM 中，然后通过总线接口通知主机读取数据。

　　从上述讨论可以看出：IEEE 802.11 无线网卡能够独立于主机操作系统，自主完成 IEEE 802.11 规定的 MAC 层、物理层及无线通信安全等功能。

2. 无线网卡与主机操作系统的关系

　　图 2-35 给出了移动主机操作系统的结构。从图中可以看出无线网卡与操作系统的关系，以及移动主机接入无线网络的工作原理。

　　主机操作系统控制着网络应用软件的运行。网络应用软件需要访问互联网资源或传输数据时，通过应用层软件与传输层协议软件交互，传输层协议软件与网络层协议软件交互，网络层协议软件通过无线网卡驱动程序与无线网卡交互。无线网卡执行 IEEE 802.11，通过无线信道将应用层的访问请求或待发送的数据通过 Wi-Fi 网络转发到互联网。

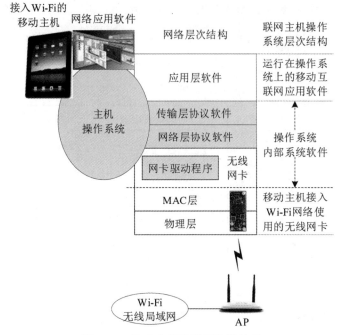

图 2-35　移动主机操作系统的结构

理解移动主机操作系统的结构与工作原理时，需要注意以下三个问题：

1）在传统的操作系统基础上增加的执行传输层协议与网络层协议的网络协议软件都属于操作系统内部的系统软件。

2）应用层的各种网络应用软件不属于操作系统的系统软件，它是运行在操作系统之上的应用软件。网络应用软件在计算机操作系统的管理下，有条不紊地实现联网的不同计算机应用进程之间的协同工作，实现各种网络服务功能。

3）无线网卡驱动程序是网络层与 MAC 层的接口。无线网卡实现 IEEE 802.11 协议的 MAC 层与物理层的功能，完成网络节点之间的指令与数据的发送、接收功能。

3. 无线网卡的分类

无线网卡主要有两种分类方法：一种是按网卡支持的协议标准分类，另一种是按网卡的接口类型分类。按照协议标准进行分类，无线网卡可以分为 IEEE 802.11b、IEEE 802.11a、IEEE 802.11g 与 IEEE 802.11n 等类型。按照接口类型进行分类，无线网卡可以分为外置无线网卡、内置无线网卡与内嵌无线网卡。

下面，按照接口类型分类方法来讨论不同无线网卡的特点。

（1）外置无线网卡

外置无线网卡可以进一步分为 PCI 网卡、PCMCIA 网卡与 USB 网卡。其中，PCI 网卡适用于台式计算机，可以直接插在 PC 主板的扩展槽中。PCMCIA 网卡适用于笔记本计算机，USB 网卡既适用于笔记本计算机也适用于台式计算机。外置无线网卡支持热拔插，可以方便地实现移动无线局域网接入。

　　网络工程师通常使用外置无线网卡（如 PCMCIA 无线网卡、USB 无线网卡）接入无线局域网，运行协议分析软件或故障诊断软件。图 2-36 给出了外置无线网卡的样式。

图 2-36　外置无线网卡的样式

　　需要注意的是：为了将各种 PDA，包括基于微软的 Windows Mobile 操作系统的 PDA（Pocket PC）通过外置无线网卡接入 802.11 无线网络，市场上出现过一些利用 PDA 的 SD 插槽研发的 SD 无线网卡。传统的 SD 插槽只能插入存储器。典型的 SD 无线网卡的尺寸为 40mm×24mm×2.1mm，支持 IEEE 802.11b，传输速率可达 11Mbit/s。SD 无线网卡比普通 SD 存储卡长 6mm，长出的部分作为天线。尽管 SD 无线网卡的传输距离一般限制在 10m 内，但是它的出现为移动终端接入 Wi-Fi 提供了一种便捷的解决方法。

　　（2）内置无线网卡

　　为了满足笔记本计算机的需要，在台式机 PCI 网卡的基础上，网络设备厂商开发了内置的 Mini-PCI 无线网卡，以及更小的 Mini-PCI Express 无线网卡。由于笔记本计算机的内置无线网卡都没有集成天线，因此需借助笔记本计算机安装的天线来收发数据。笔记本计算机本身空间就很狭小，天线位置选择不恰当将严重影响无线网卡的信号质量。目前，通常在显示屏上方或周边布置天线，这是比较好的解决方案。图 2-37 给出了笔记本计算机的内置无线网卡的结构。

　　（3）内嵌无线网卡

　　随着智能手机、PAD、RFID 读写器、可穿戴计算设备（如智能眼镜、智能手表）、智能家居设备（如洗衣机、电冰箱）、智能机器人等广泛采用 IEEE 802.11 技术，推动了支持 IEEE 802.11 的片上系统（SoC）芯片的问世，促进了内嵌无线网卡的发展。图 2-38 给出了主板内嵌 IEEE 802.11 网卡芯片的结构。随着芯片功能增强、体积缩小、价格降低与应用软件日趋丰富，IEEE 802.11 在各种移动终端中的应用呈现快速增长的趋势。

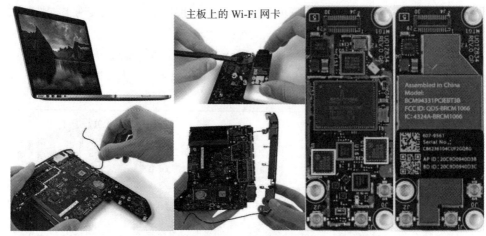

主板上的 Wi-Fi 网卡

Wi-Fi 网卡天线　　Wi-Fi 网卡天线在主机中的位置　Wi-Fi 网卡正面　　Wi-Fi 网卡背面

图 2-37　笔记本计算机的内置无线网卡的结构

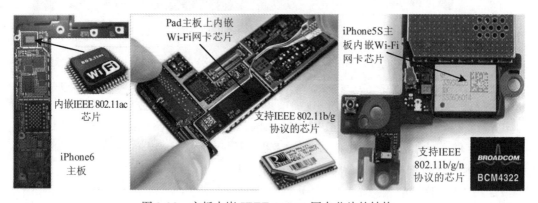

Pad主板上内嵌
Wi-Fi网卡芯片

iPhone5S主
板内嵌Wi-Fi
网卡芯片

内嵌IEEE 802.11ac
芯片

支持IEEE 802.11b/g
协议的芯片

iPhone6
主板

支持IEEE
802.11b/g/n
协议的芯片

图 2-38　主板内嵌 IEEE 802.11 网卡芯片的结构

与传统的 Ethernet 一样，支持 IEEE 802.11 的芯片组对无线网卡的性能影响很大。IEEE 802.11 协议仍处于不断发展中，早期支持 IEEE 802.11a/b/g 的芯片组不支持 IEEE 802.11n。同时，有些芯片组仅支持 2.4GHz 频段，有些芯片组仅支持 5GHz 频段，也有些芯片组同时支持 2.4GHz 与 5GHz 两个频段。关于 IEEE 802.11 芯片组的信息可通过 www.qca.qualcomm.com、www.broadcom.com、www.intel.com 等网站查询。

2.5.2　无线 AP

1. AP 的发展

第一代 AP 相当于 Ethernet 集线器。AP 通过无线信道与一组无线主机关联，作为 BSS 的中心节点执行 CSMA/CA 的 MAC 算法，实现无线主机之间的通信。

第二代 AP 将无线局域网的接入与管理功能结合到 Ethernet 交换机中，构成了基于 ESS 的无线局域网。

第三代 AP 与无线局域网控制器相结合，可以构建更大规模、集中管理的统一无线网络系统。

这里需要注意两点：

1）AP 也可以作为无线网桥，通过无线信道在 MAC 层实现两个或两个以上的无线局域网的互联，或承担无线局域网与有线 Ethernet 的无线桥接与中继的功能。

2）为了方便地接入更多的 PC 与手机，可利用一台接入 Ethernet 的主机下载一种应用软件，将一个内嵌或外置的无线网卡改造成一个虚拟 AP，为其他无线主机或无线终端设备提供接入服务。

2. 双频多模 AP 的研究与应用

由于 IEEE 802.11a、IEEE 802.11b 与 IEEE 802.11g 等物理层标准不同，因此不同标准的无线设备之间存在兼容性问题。IEEE 802.11a 工作在 5GHz，而 IEEE 802.11b、IEEE 802.11g 工作在 2.4GHz，IEEE 802.11a 与 IEEE 802.11b 采用的调制方式也不同。一台无线主机漫游到不同标准的 BSS 中，如果要求它使用不同标准的无线网卡，这显然是不合适的。为了解决这个问题，AP 设备已经向双频多模（Dual-Band and Multi-Mode）方向发展。其中，双频可同时支持 2.4GHz 与 5GHz 两种频率；多模可自动识别和支持 IEEE 802.11a、IEEE 802.11b 与 IEEE 802.11g 等多种标准。

随着 IEEE 802.11 的不断完善，"双频多模"已成为 AP 研发与应用的重要方向，它可以适应多种工作环境，最大限度地发挥 Wi-Fi 的优势与特点，有效地解决无线主机的无缝漫游问题。

3. 动态 VLAN

第一代 AP 只是将接入的所有无线主机连接到同一无线局域网中，无法为不同用户提供区分服务。动态 VLAN 是将 Ethernet 的 VLAN 技术引入 Wi-Fi，结合无线局域网的身份认证机制，在一个 BSS 中为有不同需求的用户提供区分服务。图 2-39 给出了动态 VLAN 的逻辑结构。IEEE 802.1X 是实现动态 VLAN 的基础。

IEEE 802.1x 在 MAC 层实现访问控制和认证协议。无线主机访问 AP 之前，根据 IEEE 802.1x 的规定进行用户或设备的认证。无线主机 1 接入 AP 之前，首先向身份认证服务器（Radius Server）发出认证请求。身份认证服务器通过主机 1 的认证之后，它向 AP 与主机 1 发送一个 "Access Accept" 帧，并且为该主机指定一个 VLAN（如 VLAN1）。属于同一 VLAN 的无线主机都会获得相同的密钥。此后，当主机 1 发送的数据帧到达 AP 时，AP 自动将该帧转发到 VLAN1 中。

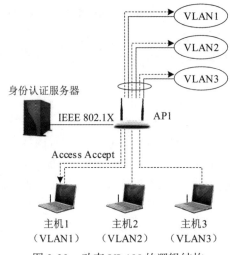

图 2-39 动态 VLAN 的逻辑结构

2.5.3 统一无线网络与无线局域网控制器

1. 家用与企业用 AP

（1）家用 AP

作为家庭网关使用的 AP，通常具有以下特征：

- 设置一个或多个无线天线。
- 内设 DHCP 服务器，便于即插即用（plug-and-play）的配置。
- 开机时通过 Web 浏览器指定的默认 IP 地址来输入用户名与密码。
- 允许通过 NAT 使用 IPSec 协议。
- 支持一种 Wi-Fi 协议，如 IEEE 802.11g、IEEE 802.11a、IEEE 802.11n 或 IEEE 802.11ax。

常见的默认 IP 地址是 RFC 1918 建议保留的 C 类地址 192.168.0.1。

（2）商用 AP

作为企业网关使用的 AP，通常具有以下特征：

- 支持多个 AP 的协作，覆盖较大的地理范围。
- 允许用户的无线接入设备在无线网络覆盖范围内无缝漫游。
- 根据需要加装外部天线并支持虚拟接入点，以调整无线信号的覆盖范围。
- 支持 IEEE 802.3af，可通过 Ethernet 为 AP 设备供电。
- 允许通过软件升级的方法增强网络安全与用户身份认证功能。
- 支持通过 SNMP 来管理无线网络。

2. 大型商用无线 AP 的发展

Wi-Fi 从初期覆盖家庭、小型办公室环境，扩大到覆盖一个校园、一家大型医院、一个科技园区，从几个 AP 扩大到由数百个 AP 的大型无线网络，Wi-Fi 网络结构也从初期以自主 AP 为中心的 BSS 发展到利用 Ethernet 交换机将多个 BSS 互联构成的 ESS，直到将 Ethernet 交换机变换为无线局域网控制器（Wireless LAN Controller，WLC），出现了集中管理的大型无线网络结构。Cisco 将这种集中式管理的无线网络结构命名为 Cisco 统一无线网络（Cisco Unified Wireless Network，CUWN）。Cisco 统一无线网络结构的中心是 WLC。目前，CUWN 的概念已经被很多无线网络设备制造商接受。图 2-40 给出了 WLC 集中式管理的无线网络结构。

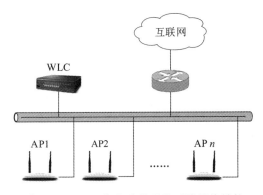

图 2-40　WLC 集中式管理的无线网络结构

推动 Wi-Fi 结构由自治方式到集中方式转型的动力主要来自大型无线网络运行、维护与网络管理的压力。集中式管理的统一无线网络主要有以下特征。

• AP 参数配置管理

在一个大型的 ESS 中，为了降低配置与维护的工作量，网络管理员一般会将所有 AP 的参数配置成相同值。即便如此，网络管理员有时也要实地设置每个 AP。在集中式管理的统一无线网络系统中，网络管理员可以通过 WLC 的控制界面，在很短时间内完成所有 AP 的参数配置。对于同样规模的无线网络，更新、修改多个自治 AP 的参数配置可能需要几小时甚至几天，而通过 WLC 仅需要几秒就可以完成。在统一无线网络中增加的新的 AP 能够根据 WLC 已定义的参数进行自我配置。

• AP 运行软件管理

在实际运行的系统中，很难保证所有的自治 AP 运行相同版本的软件，网络管理员需要为每个 AP 单独更新现有版本的升级软件、漏洞补丁，以及添加新的功能。在集中式管理的统一无线网络系统中，所有的 AP 运行相同软件的镜像。网络管理员可以方便地更新所有 AP 的软件。

- 无线资源管理

在设计一个大型的无线网络系统结构时，网络技术人员需要实地勘察无线网络的工作环境、覆盖范围与用户数量，以便确定 AP 的数量与位置，并且从减少干扰的角度完成 AP 信道复用的规划，为不同位置的 AP 配置不同的发射功率。这就需要网络技术人员有丰富的无线通信技术知识，以及无线网络安装、配置、运维的经验。

在日常运行中，网络管理员要根据外部环境变化（建筑物内部新增墙体、设备或家具），以及建筑物内的用户数量变化增减 AP 设备数量；根据周边环境中出现的干扰信号（如 AP、蓝牙设备、微波炉或视频设备产生的相同或相近频率的信号），决定 AP 安装位置，或者选择新的信道频率，改变信号功率，保证无线网络系统正常运行。很多移动应用需要无线网络保证主机的无缝漫游。自治 AP 系统的解决方法只能是通过人工方式不断调整和部署冗余的基础设施，增大 BSS 之间的重叠面积。完成以上网络维护任务的工作量很大，需要使用无线测量设备，对网络管理员的技术水平要求也很高。

为了解决这些问题，统一无线网络增加了无线资源管理（Radio Resource Management，RRM）功能，该功能又称为 Auto-RF。它通过连续采集和监测多个 AP 的无线信道数据，利用无线资源管理算法分析无线网络状态，通过协调多个 AP 的信道频率与功率，提高信号传输质量，增强对无缝漫游的支持能力。Auto-RF 可以降低无线网络维护难度，提高网络运行的可靠性与可用性。

3. 统一无线网络的结构特点

统一无线网络（UWN）的概念出现之后，不使用 WLC 的 AP 被称为自治 AP。自治是指 AP 的操作系统与配置文件存储在 AP 的存储器中，可作为一个完整的系统独立工作。自治 AP 的功能通过两类进程（实时进程与管理进程）实现。

实时进程主要包括：

- 无线信号的发送与接收。
- MAC 协议工作过程的控制与管理。
- 数据帧的加密与解密。

管理进程主要包括：

- 无线信道频率与发射功率的管理。
- 关联与漫游的管理。
- 客户端认证。
- 安全与 QoS 管理。

在统一无线网络中，WLC 按照无线接入点控制与配置（Control And Provisioning of Wireless Access Point，CAPWAP）协议，对大量 AP 的管理进程实现集中管理。因此，统一无线网络中的 AP 被称为瘦 AP 或轻量级 AP（LAP），而自治 AP 被称为胖 AP 或分离

MAC 架构（Split MAC Architecture）。图 2-41 给出了自治 AP 与轻量级 AP 功能的区别。

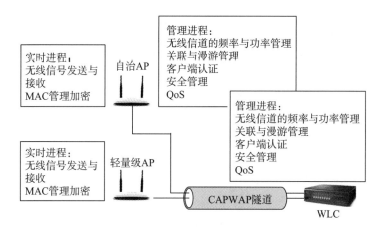

图 2-41　自治 AP 与轻量级 AP 功能的区别

在统一无线网络中，WLC 与 LAP 通过 CAPWAP 隧道连接。CAPWAP 隧道分为 2 个部分：数据隧道与控制信息隧道。其中，数据隧道用来封装并传输与 LAP 关联的无线主机的数据帧，数据隧道不采用加密传输，而控制信息隧道采用加密传输。

控制隧道主要实现以下功能：

- LAP 通过控制信息隧道发现 WLC。
- 在 LAP 和 WLC 之间建立信任关系。
- LAP 通过控制信息隧道下载固件与配置文件。
- WLC 通过控制信息隧道收集 LAP 的各项统计数据。
- 完成移动主机的移动和漫游。
- LAP 向 WLC 发送通知与告警信息。

4. WLC 的主要功能

从上述讨论中可以看出，WLC 主要有以下 4 个功能。

（1）动态分配信道，优化发射功率

在一个 WLC 管理的多个 LAP 的结构中，WLC 为每个 LAP 选择并配置无线信道频率与发射功率。当某个 LAP 出现故障时，WLC 自动调高周围 LAP 的发射功率。在多个 WLC 组成的大型无线网络中，按照 IEEE 802.11a/b/g/n 的不同信道，WLC 动态形成多个无线组。每个无线组选举出一个组长。无线组以一定的时间间隔（通常为 600s），由担任组长的 WLC 向成员发送信标帧，组成员通过响应帧向组长报告信道频率、发射功率、干扰、噪声、接收的 LAP 信号功率，以及恶意 LAP 信号等信息。组长 WLC 根据远程采集的信息，使用 RRM 算法来制定无线信道与发射功率的调整方案。WLC 通过动态调整 LAP

的信道频率与发射功率来提高无线通信质量，增强无线网络的可用性与可靠性。

（2）支持移动主机的二层漫游和三层漫游

由于 WLC 以集中方式管理多个 LAP，并且建立与各个 LAP 关联的移动主机列表，因此 WLC 可方便地实现其管理的多个关联主机的漫游。在大型的无线网络中，移动主机在一个 IP 子网的多个 WLC 之间实现二层漫游，在多个 IP 子网的 WLC 之间实现三层漫游，整个漫游过程对移动主机是透明的。

（3）动态均衡客户端的负载

CAPWAP 协议支持动态冗余和负荷均衡。LAP 向所有 WLC 发送 CAPWAP 发现请求时，WLC 返回的发现响应帧中包含当前已接入的 LAP 数、能接入的最大 LAP 数，以及已关联的用户数。LAP 尝试与最空闲的 WLC 建立关联，以均衡负荷。在 LAP 已经与一个 WLC 建立关联之后，将周期性（默认为 30s）地发送 CAPWAP 信标帧，WLC 采用单播方式发送响应帧。如果 LAP 丢失了 1 个响应帧，它将以 1s 为间隔连续发送 5 个信标帧，如果 5s 内没有收到响应帧，则说明原 WLC 忙。LAP 重新启动 WLC 发现过程。

（4）有效的安全性管理

每台设备在出厂之前都预先安装了一个 X.509 证书，LAP 和 WLC 使用数字证书完成双方认证，防止假冒的 LAP 或 WLC 侵入统一无线网络中，提高系统的安全性。

5. 无线局域网阵列

由于大型会议、展览、物流园区、机场、港口等场景下用户密集、流动性大、不易管理，但是需要较强的无线接入能力，因此研究者开发了一种称为无线局域网阵列（WLAN Array）的设备。无线局域网阵列将一个 WLC 与多个 AP 集成在一个硬件设备中，典型产品包含 1 个嵌入式 WLC 与 16 个 AP 的射频模块。无线局域网阵列要求每个 AP 的天线呈扇形方向布置，多个 AP 天线合成的效果能实现 360° 覆盖。无线局域网阵列可以极大减少无线设备部署的工作量，并且满足高密度用户的应用需求。

6. 虚拟 AP

早期的机场为满足乘客上网、在线购物与支付的需求，为乘客接入互联网建立了专门的 Wi-Fi 网络。同时，其他应用（如登机口的航空检票设施、零售柜台）也要使用 Wi-Fi 接入，解决办法只能是另外建立一个 Wi-Fi 网络。因此，传统方法不能在一个 AP 构成的 BSS 中，为不同类型的用户提供区分服务，需要分别构建和管理多个物理网络。这种解决方案会造成无线网络建设上的重复投资，增加网络管理员的维护工作量与成本，并且存在 AP 位置、供电、无线频率配置方面的困难。针对这些问题，研究者提出了通过一个（组）AP 设备来构建多重逻辑网络的虚拟 AP（Virtual AP）方案。

图 2-42 给出了通过虚拟 AP 构建的无线网络的逻辑结构。虚拟 AP 允许网络管理员在一组 AP 设备上设置多个动态 VLAN。这个例子中设置了 3 个虚拟网络。其中，VLAN1

（SSID1）是一个公司的内部无线网络。如果用户要访问该网络，必须在公司网络的身份认证服务器上有账户。VLAN2（SSID2）是一个无线互联网服务提供商（WISP），采用基于 Web 的身份认证系统，为注册用户提供互联网接入服务。VLAN3（SSID3）用于提供 IP 语音服务，并配备了专用电话交换机（Private Branch Exchange，PBX）。虚拟 AP 分别为 VLAN1、VLAN2 与 VLAN3 分配虚拟 MAC 地址 BSSID1、BSSID2 与 BSSID3。

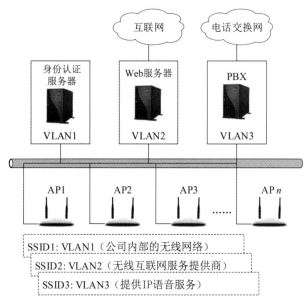

图 2-42　通过虚拟 AP 构建的无线网络逻辑结构

　　AP1～AP3 使用虚拟 MAC 地址 BSSID1、BSSID2 与 BSSID3 广播信标帧；无线主机可接入任何一台 AP，访问 VLAN1、VLAN2 或 VLAN3。对于 VLAN1 中的用户，仅需知道无线主机接入公司 AP（服务集标识符为 SSID1、MAC 地址为 BSSID1），无须知道具体接入哪个 AP，也无须知道自己可能在多个 AP 之间漫游。

　　在共享无线基础设施的前提下，虚拟 AP 方案能够为不同用户提供不同的服务，而无线基础设施是由一个机构来建设和管理的，这种组网方案既能节约建设资金，又能避免频率争端，便于统一管理与运营。由于虚拟 AP 方案具有上述优点，因此得到了越来越多用户的关注。

参考文献

[1]　加斯特.Wi-Fi 网络权威指南：802.11ac[M].李靖，魏毅，王赛，等译.西安：西安电子科技大学出版社，2018.

[2]　PERAHIA E，STACE R.下一代无线局域网：802.11n 的吞吐率、强健性和可靠性 [M].罗训，

赵利，译 . 北京：人民邮电出版社，2010.

[3] 黄君羡，汪双顶 . 无线局域网应用技术：场景项目式 [M]. 北京：人民邮电出版社，2019.

[4] 胡云，王可 . 无线局域网项目教程 [M]. 2 版 . 北京：清华大学出版社，2019.

[5] 汪涛，汪双顶 . 无线网络技术导论 [M]. 3 版 . 北京：清华大学出版社，2018.

[6] 汪双顶，黄君羡，梁广民，等 . 无线局域网技术与实践 [M]. 北京：高等教育出版社，2018.

[7] 陈辉，张峰 . 无线局域网实战 [M]. 北京：电子工业出版社，2018.

[8] 李国庆，汪双顶，张迎春，等 . 无线局域网技术项目化教程 [M]. 北京：电子工业出版社，2017.

[9] 罗振东，焦慧颖，魏克军，等 . 宽带无线接入技术 [M]. 北京：电子工业出版社，2017.

[10] 吴功宜，吴英 . 计算机网络 [M]. 5 版 . 北京：清华大学出版社，2021.

[11] 吴功宜，吴英 . 计算机网络高级教程 [M]. 2 版 . 北京：清华大学出版社，2015.

[12] 吴功宜，吴英 . 计算机网络技术教程：自顶向下分析与设计方法 [M]. 2 版 . 北京：机械工业出版社，2020.

移动接入技术：5G

移动通信经历了从语音到宽带数据业务、从 1G 到 5G 的快速发展，促进了移动互联网应用的高速发展。5G 技术将在与各行各业的融合中，对所有产业与部门产生积极的影响，成为推动经济发展模式转型的催化剂。本章在介绍蜂窝移动通信网的基本概念、发展历程的基础上，系统地讨论 5G 技术特征、指标与未来的应用场景。

3.1　蜂窝移动通信网的基本概念

蜂窝移动通信网在过去的十几年里经历了从 1G 到 5G 的高速发展，已经成为现代社会生活与工作不可或缺的部分。为了帮助读者理解移动互联网的工作原理，本节将讨论蜂窝移动通信网的一些基本概念。

3.1.1　无线信道与空中接口

如果将移动通信与有线通信进行比较，它们的区别主要在接口与信道上。图 3-1 给出了移动通信与有线通信在接口与信道上的区别。

1. 接口

移动通信与有线通信的区别首先表现在接口上。如图 3-1a 所示，只要将家中的电话机与预先安装在墙上的固定电话接口（简称为"固话接口"）用带有标准接头的电话线连接，我们就可以拨通世界上任何一个地方的电话。如图 3-1b 所示，移动通信中的手机与基站通信的接口是看不见的，业界将它称为"空中接口"，所有通过空中接口与无线网络通信的设备统称为移动台。移动台可以分为车载移动台或手持移动台。手机就是目前最常用的便携式手持移动台。基站包括天线、无线收发器与基站控制器。基站一端通过空中接口与手机通信，另一端接入移动通信网中。

蜂窝移动通信网 1G 到 5G 技术的区别主要表现在无线信道采用不同的空中接口标准。

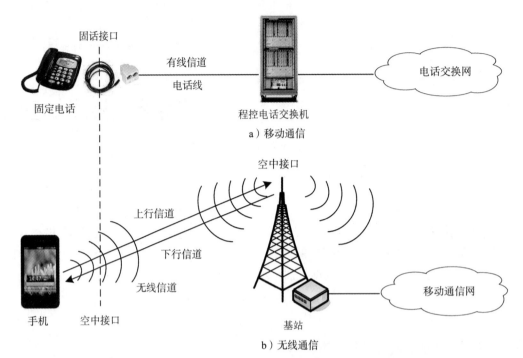

图 3-1 无线通信与有线通信的区别

2. 信道

在有线通信中，我们交谈的语音信号是通过有线线路传输的，两个电话机之间的通信线路称为"有线信道"。在移动通信中，手机与基站之间的信号是通过电磁波传播的，我们将连接手机与基站的无线传输通道称为"无线信道"。每个无线信道包括手机向基站发送信号的上行信道，以及基站向手机发送信号的下行信道。上行信道与下行信道的频段是不同的。例如，在 2G 全球移动通信系统（GSM）中，上行信道与下行信道的频段分别采用 935～960MHz 与 890～915MHz。

需要注意的是：有线通信的接口之间通过电话线路以"点 – 点"方式连接，而无线通信的一个基站是通过多个空中接口接收多个手机的信号，因此无线通信的接口之间是通过广播线路以"点 – 多点"方式连接的。

设计无线通信系统需要解决以下几个基本问题：

- 手机如何找到基站？
- 基站如何区分不同的手机？
- 系统如何确定手机用户的合法性？
- 系统如何保证手机在移动过程中通信的连续性？
- 系统如何保证手机发送信息的安全性？

3.1.2　大区制与小区制

1. 大区制的概念及局限性

移动通信要解决的基本问题是不管用户走到哪儿都要有无线信号，都可以打电话。从无线通信技术的角度，就是要解决无线覆盖问题。解决无线覆盖问题最容易想到的方法有两种。一种方法是像广播电视一样，在城市的最高处（如山上）架设一个无线信号发射塔，通过这个无线信号发射塔覆盖一个城市中几十公里，甚至是上百公里范围内多个手机通信的问题。另外一种方法是采用卫星通信技术，利用卫星信号可以覆盖地球表面很大面积的优点，解决大范围的手机通信问题。这就是移动通信中的大区制信号覆盖方法（见图 3-2）。大区制信号覆盖方法存在着三个主要问题。

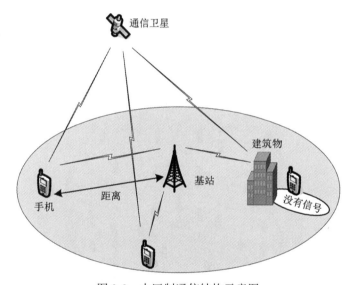

图 3-2　大区制通信结构示意图

1）大区制适用于广播式单向通信的需求，如传统的广播电视、广播电台。手机与电视机、收音机不同，它需要双向通信。大区制边缘位置的手机距无线信号发射塔比较远，如果手机要将信号传送到发射塔，则要求手机发射信号的功率比较大。

2）手机发射信号功率大就会带来三个与生俱来的缺陷。一是手机的体积不可能做得太小；二是手机价格会很贵，进而又会导致用户减少，不能形成规模效益，手机使用费用也会相应提高；三是手机发射功率大，对人体的电磁波辐射的影响增大，不符合健康方面的要求。

3）由于城市中的建筑物、地下车库，以及汽车、火车的金属车顶都会阻挡无线信号，不能保证手机在一些特殊环境中通信的畅通。因此，在公用移动通信中，人们不采用大区制的信号覆盖方法。

2. 小区制的基本概念

针对大区制信号覆盖方法的缺点，人们提出了小区制信号覆盖方法的概念。小区制是将一个大的服务区划分成多个小的区域，即小区（cell）。每个小区设立一个基站（Base Station，BS），手机通过基站接入移动通信网。小区覆盖半径较小，一般为 1~20km。电信公司的设计人员通过合理选择基站的位置，设计天线的高度、发射功率与覆盖范围，就可以保证在整个小区内不出现通信的盲点，确保信号全覆盖。

小区制的特点主要表现在以下几个方面：

1）小区制是将整个区域划分成若干个小区，多个小区组成一个区群。由于区群结构酷似蜂窝，因此小区制移动通信系统也称为"蜂窝移动通信系统"。

2）每个小区架设一个（或几个）基站，小区内的手机接入到基站，实现移动通信。

3）群中各小区基站之间可以通过光缆、电缆或微波链路与移动交换中心连接。移动交换中心通过光缆与市话交换网连接，从而构成一个完整的蜂窝移动通信网络系统。

图 3-3 给出了蜂窝移动通信网络系统结构的示意图。

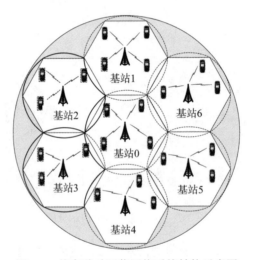

图 3-3　蜂窝移动通信网络系统结构示意图

3.1.3　小区制的无线通信频率复用方法

随着移动通信的广泛应用，无线频道会越来越稀缺。因此，设计无线通信系统的一个重要原则是有效地利用有限的无线通信频率资源。

在设计移动通信网时，需要重点解决的一个问题是如何在地理位置不同的区域重复使用相同频率的频率复用问题。图 3-4 给出了小区制中无线通信频率的使用方法示意图。

如图 3-4 所示，我们可以将申请到的一个频段划分为 7 个子频段 $f_0 \sim f_6$。每个小区使用一个子频段。这样，7 个使用子频段 $f_0 \sim f_6$ 的小区就组成了一个小区群。

我们可以用这样的一个小区群作为一个基本单元，在整个服务区中进行复制。只要我们在服务区基站的设计中统筹考虑基站位置、天线高度、发射功率与覆盖范围的关系，减少相邻小区之间的相互干扰，就可以在相隔一定距离的小区中重复使用相同频段。图 3-5 给出了小区制的无线通信频率的复用示意图。

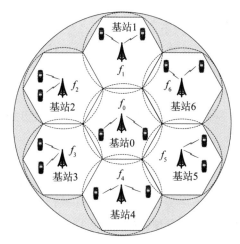 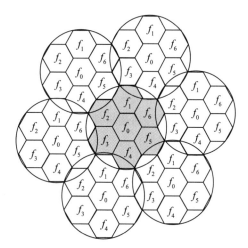

图 3-4　小区制中无线通信频率的使用方法　　图 3-5　小区制的无线通信频率的复用示意图

3.1.4　保证手机在漫游过程中通信的连续性

由于小区的覆盖范围比较小，用户使用手机通信可能出现频繁穿越不同小区的现象，这种现象称为越区切换（handover）。手机用户在移动状态下，手机将进入不同小区，并且在通过不同小区时仍然保持通话的连续，这个过程称为漫游。在漫游过程中，与新的小区建立确认关系的过程称为位置更新。为了使手机在漫游过程中能发现基站，每个基站必须定时向外发送广播信息，以便手机能够随时找到基站。

如何保证手机在漫游的情况下通话的连续性，这是手机使用需要解决的一个重要问题。越区切换需要解决三个基本问题：什么时候需要切换？如何控制越区切换？如何分配切换时的信道？

（1）越区切换的基本方法

在手机通信过程中实现越区切换有两种基本方法：硬切换与软切换。硬切换是指新的连接建立之前，先中断旧的连接。软切换是指在维持旧的连接的同时建立新的连接，当与新的基站建立了可靠连接之后，再中断旧的连接。

（2）越区切换控制的基本方法

越区切换控制有三种基本方法：手机控制、基站控制，以及基站与手机配合控制。

第一种方法是由手机控制。在这种情况下，手机需要连续监测当前基站与几个候选基站的信号强度与通信质量，选择信号最强的基站作为最佳候选基站，然后发出越区切换请求。

第二种方法是由移动通信网控制系统控制。在这种情况下，基站监测不同手机发送的信号强度与通信质量，当信号强度低于某个阈值时，向移动通信网控制系统报告。控制系统要求周围的基站监测该手机的信号，并向控制系统报告。控制系统根据监测结果选择下一个切换的基站，并将结果通过旧的基站通知手机。

第三种方法是由手机辅助移动通信网控制系统控制。在这种情况下，移动通信网控制系统要求手机监测周围基站的信号强度与通信质量，并通过旧的基站报告给控制系统。控制系统根据监测情况决定下一个切换的基站。

显然，对于普通用户使用手机打电话来说，第一种方法最简单和有效，其他两种方法可用于对通信可靠性有特殊要求的应用领域。

（3）越区切换时的信道分配

当手机越区切换时，如果信道分配出现问题，就会影响手机在漫游过程中的通信质量。为了降低越区切换时信道分配的失败率，常用方法是在每个基站为越区切换预留专用的信道。当正在通话中的手机越区切换到新的基站时，保证有预留的信道可以使用，以便降低通话中断的概率。

3.2 蜂窝移动通信网与移动互联网

3.2.1 蜂窝移动通信网

1. 蜂窝移动通信网的基本结构

图 3-6 给出了蜂窝移动通信系统的结构与工作原理示意图。蜂窝移动通信系统由移动终端设备、接入网与核心网三部分组成。

- 移动终端设备主要包括智能手机、可穿戴计算设备、物联网移动终端设备等。
- 接入网主要是由小区的基站天线、基站控制器（Base Station Controller，BSC）等无线通信设备组成。
- 核心网是由移动交换中心（Mobile Switching Center，MSC）的移动交换机，以及归属位置寄存器（Home Location Register，HLR）、访问位置寄存器（Visited Location Register，VLR）与鉴权中心（Authentication Center，AUC）服务器等组成。

移动终端与基站之间通过空中接口通信，基站与移动交换机之间通常采用光纤连接。

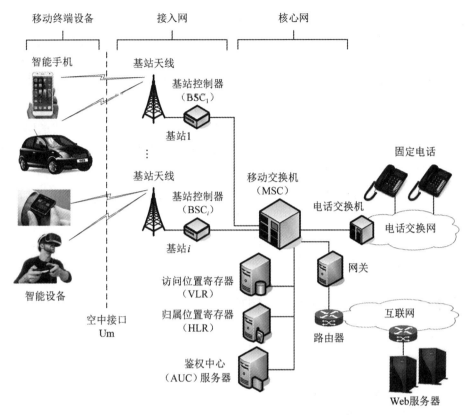

图 3-6 蜂窝移动通信系统的结构与工作原理

2. HLR 与 VLR 的基本功能

每个地区的移动通信系统都由地区移动交换中心、归属位置寄存器、访问位置寄存器与鉴权中心服务器组成。

分析归属位置寄存器与访问位置寄存器的基本功能，有助于读者了解蜂窝移动通信网管理节点移动性的基本方法。

（1）归属网络与 HLR

归属网络负责维护 HLR 的数据库。数据库中存储着在本地入网的移动节点的所有重要信息，如手机号码、国际用户识别码、申请的业务类型、漫游位置信息等。当移动用户漫游到另一个移动运营商的蜂窝网络时，HLR 获取将呼叫转交到被访问网络的移动用户的地址信息，该漫游位置信息包含用户当前的位置信息。归属网络的移动交换机 MSC 是入网主机的归属 MSC（home MSC）。

（2）被访问网络与 VLR

被访问网络负责维护 VLR 的数据库。数据库中存储着在被访问网络入网的移动节点的一个表项。该表项记录着进入被访问网络的手机号码、当前位置、状态与业务信息；当手机离开被访问网络时删除。例如，作者的手机在天津移动公司入网，那么作者手机的所有重要信息全部存储在天津移动公司的 HLR 中。当作者在北京使用手机时，作者手机当前位置的信息就需要存储到北京移动公司的 VLR 中，同时 VLR 需要向作者手机的 HLR 索取相关信息。当作者从北京返回天津之后，北京移动公司的 VLR 中有关作者手机的位置信息将被删除。VLR 通常与 MSC 在一起，MSC 协调到达或离开被访问网络的用户呼叫。

在蜂窝移动通信系统中，一个服务商的蜂窝网络将为其用户提供归属网络访问，同时要为其他蜂窝网络服务商的移动用户提供被访问网络服务。例如，一部手机在中国电信入网，另一部手机在中国联通入网，那么这两部手机的通信就需要中国电信与中国联通的蜂窝移动通信网进行协调和配合才能实现。

3.2.2　蜂窝移动通信中的移动性管理

图 3-7 给出了如何将一个呼叫定位到被访问网络中一个蜂窝移动通信网用户的示意图。

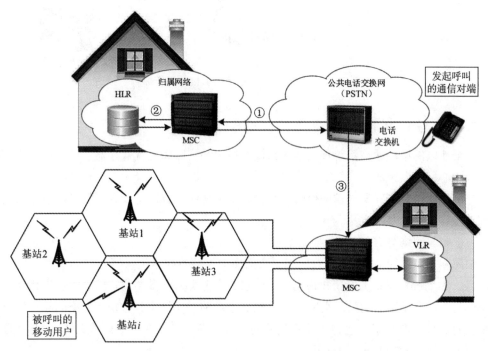

图 3-7　一个呼叫定位到被访问网络中一个蜂窝移动通信网用户

当一个呼叫定位到被访问网络中一个蜂窝移动通信网用户时，采用间接路由选择方法的过程大致可以分为以下三步。

第一步，发起呼叫的通信对端拨打移动用户的电话号码。11 位手机号码的前 3 位是分配给中国移动电信运营商的，中间 4 位为地区代码，后 4 位为用户个人的号码。因此，电话交换机很快就会找到移动用户的归属网络。如图 3-7 中①所示，通信对端通过公共电话交换网（PSTN）的电话交换机将呼叫信号发送到归属网络的 MSC。

第二步，归属 MSC 接收到呼叫之后，需要通过查找 HLR 来确定移动用户当前的位置。最简单的情况是 HLR 知道移动用户的当前位置，直接向 MSC 返回一个移动用户正在访问的外地基站的移动站点漫游号码（Mobile Station Roaming Number），简称为漫游号码（Roaming Number）。需要注意的是，漫游号码与用户手机号码不同。漫游号码是在移动用户接入一个被访问网络时，由被访问网络临时分配给移动用户的号码。漫游号码的作用与移动 IP 中的转交地址（CoA）的作用相同，它对移动用户是不可见的。如果 HLR 不知道移动用户的漫游号码，它将返回被访问网络的 VLR 地址。这时，HLR 需要查询 VLR 来获取移动用户的漫游号码。这个过程如图 3-7 中②所示。

第三步，MSC 获得移动用户的漫游号码之后，就可以在公共电话交换网与被访问网络的 MSC 之间建立连接，通过被访问网络的 MSC 确定移动用户接入的基站位置，通过基站将呼叫信号传送给移动用户。这个过程如图 3-7 中③所示。

在第二步中存在一个问题：既然 HLR 不知道移动用户的漫游号码，那它怎么知道被访问网络的 VLR 地址？回答这个问题要回到蜂窝移动通信网的信令系统。蜂窝移动通信网的信令系统规定，当一个移动手机切换或进入一个由新的 VLR 覆盖的被访问网络中，移动手机必须向新的 VLR 发送注册报文。被访问网络的 VLR 随后向移动手机归属网络的 HLR 发送一个位置更新报文，报文告知 HLR 用来联系移动手机的漫游号码或 VLR 地址；同时，新的 VLR 将从归属网络 HLR 获取移动手机的信息，以确定移动手机所享有的服务。

3.2.3 移动节点的基站切换

1. 在属于同一个 MSC 的基站之间切换的过程

在一次呼叫中，移动节点从一个基站关联到另一个基站的过程称为切换（handover），有两种情况可能引起基站的切换。一是当手机在移动过程中距离旧基站越来越远，信号变弱，而距离另一个基站越来越近，信号逐渐变强时，有可能出现基站切换。二是一个基站接入的手机越来越多，以至于出现拥挤，可以通过将一些手机切换到邻近不太繁忙的基站来解决拥塞问题时，也可能出现基站切换。为了讨论的简单性，我们假设切换的新旧基站属于同一 MSC。如图 3-8 所示，移动手机在呼叫初始期通过旧基站路由到移动手机，切换之后将通过新基站路由到移动手机。

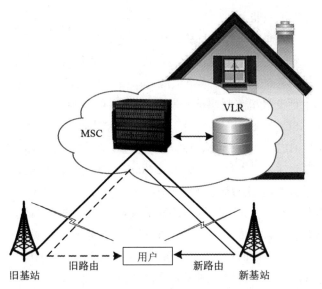

图 3-8　在属于同一个 MSC 的基站之间切换的示意图

　　需要注意的是：基站之间的切换不是简单地移动手机从旧基站变换到新基站去接收和发送信号，而是会导致正在进行的呼叫在网络中的路由选择变化。

　　在移动手机与一个基站关联期间，它需要周期性地测量接收到的当前基站与邻近基站信标信号的强弱。这些测量值以每秒 1～2 次的频率向移动手机当前关联的基站报告。根据信标信号强度测量值、邻近基站繁忙程度等因素，由基站决定是否发起切换。图 3-9 给出了当基站决定切换一个移动节点时的步骤。

　　①旧基站通知被访问网络的 MSC 将要进行一个移动节点的切换，告知将要切换到的基站或基站集群。

　　②被访问 MSC 发起建立到新基站的路径，分配承载呼叫的新路由所需要的资源，用信令通知新基站即将出现一个切换。

　　③新基站分配并激活一条无线信道供移动节点使用。

　　④新基站将信令发送到被访问 MSC 与旧基站，通报已经建立被访问 MSC 到新基站的路径，通知移动节点即将发生切换。

　　⑤移动用户被告知将被切换。之前移动节点并不知道前期移动通信网络系统所做的各种准备工作。

　　⑥移动节点与新基站交换一个或多个报文，以完全激活新基站的信道。

　　⑦移动节点向新基站发送一个切换完成报文，该报文同时转发给被访问 MSC。被访问 MSC 重新路由到移动节点正在进行的呼叫，使其经过新基站。

　　⑧释放沿着旧基站路径分配的资源，完成切换过程。

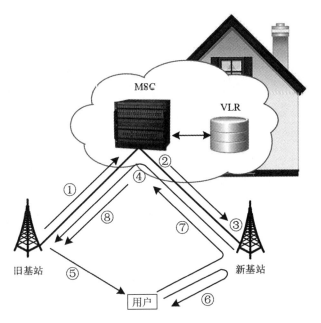

图 3-9　在属于同一个 MSC 的基站之间切换的过程示意图

2. 在不属于同一个 MSC 的基站之间进行切换

针对移动节点在不属于同一个 MSC 的新旧基站之间切换，并且这种 MSC 可能发生多次切换的情况，蜂窝移动通信网定义了锚 MSC（anchor MSC）的概念。锚 MSC 是指开始时移动节点访问的 MSC，它在整个呼叫过程中保持不变。在整个呼叫持续期间，无论移动节点进行多少次 MSC 之间的切换，呼叫总是从归属 MSC 路由到锚 MSC，再到移动节点当前所在的访问 MSC。

当移动节点从一个 MSC 覆盖的区域到达另一个 MSC 覆盖的区域后，正在进行的呼叫将从锚 MSC 到包含新基站的被访问 MSC 重新进行路由选择。因此，在任何情况下，发起呼叫的通信对端到移动节点之间有 3 个 MSC，即归属 MSC、锚 MSC 与被访问 MSC。例如，作者从天津坐飞机到上海，天津移动的 MSC 是作者手机的归属 MSC，作者在上海开机后访问的上海移动的 MSC 是作者手机的锚 MSC，作者拨号呼叫手机的 MSC 就是被访问 MSC。图 3-10a 与图 3-10b 分别描述了切换前与切换后的路由选择过程。

另一种办法是维护从锚 MSC 到被访问 MSC 的链接，从旧 MSC 直接连接到被访问 MSC。当移动节点切换到一个新的 MSC 时，直接由旧 MSC 将正进行的呼叫转发到被访问 MSC。

如果作者不是使用手机打电话，而是通过手机访问一个搜索引擎，那么移动通信网络对手机的移动位置管理与路由过程没有变化，移动通信网络将手机用户访问互联网的请求，通过移动通信网络与互联网连接的网关，转发给互联网，由互联网完成搜索引擎的访问过程，其过程如图 3-11 所示。

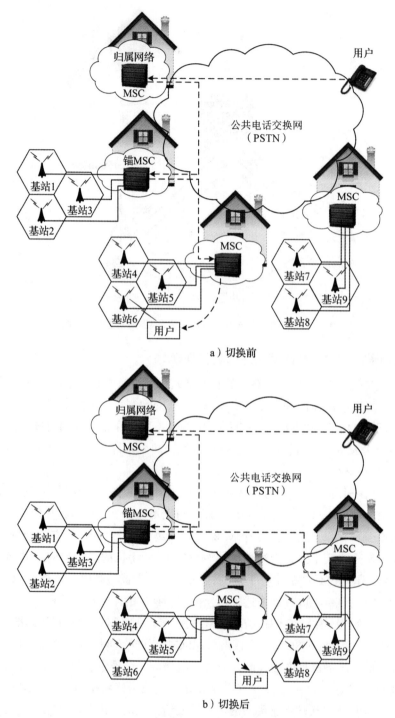

a）切换前

b）切换后

图 3-10 切换前与切换后的路由选择过程

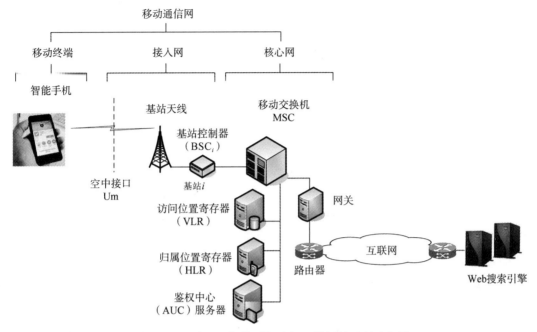

图 3-11　用户通过智能手机访问互联网的过程示意图

3.2.4　蜂窝移动通信网的安全性管理

蜂窝移动通信网对于用户身份与通信安全性管理主要采取了以下措施：手机合法性鉴权、对无线信道上传输数据的加密。

1. 鉴权

鉴权是指移动通信系统对手机身份的合法性进行鉴别的过程。

在用户购买手机入网时，移动通信系统将与手机号对应的国际移动用户识别码（International Mobile Subscriber Identity，IMSI）与用户鉴权键（Ki）一起分配给用户。Ki 是安全算法中需要使用的密钥。用户手机的 SIM 卡存储手机的 IMSI、Ki、安全算法等信息。同时，移动通信系统的 AUC 服务器中也存储该手机的 IMSI 与 Ki。当需要进行鉴权时，手机和 AUC 服务器分别使用相同的 IMSI、Ki 与安全算法进行计算，如果两者计算结果相同，则表明该手机合法；否则，说明这部手机不合法。

在以下几种情况下，需要对手机合法性进行鉴权：

- 手机开机。
- 接打电话。
- 漫游与位置更新。

- 手机补充业务的登记、使用与删除。

2. 无线信道加密

无线信道加密是指在手机与基站的通信过程中对传输的数据与信令进行加密，防止被第三者窃听。手机与基站按照预先约定的方法，对发送的数据进行加密；接收端进行解密，以还原出原始的数据。

3.2.5　手机结构与功能的演变

为了适应蜂窝移动通信网技术发展的要求，手机逐步从简单的移动语音通话设备向智能终端设备转化。智能手机性能与功能的提高，也为移动互联网应用的创新奠定了基础。本节将从硬件结构、操作系统与应用软件方面，对手机结构与功能的演变进行系统的讨论。

1. 智能手机的硬件结构

早期的手机（Mobile Phone）只具有移动语音通信功能。手机使用的是生产厂商自行开发的封闭式操作系统，不能随意安装、卸载软件，功能非常有限，不具备扩展性。声传感器（耳机、话筒）只起到语音交互功能。早期手机的结构如图 3-12 所示。

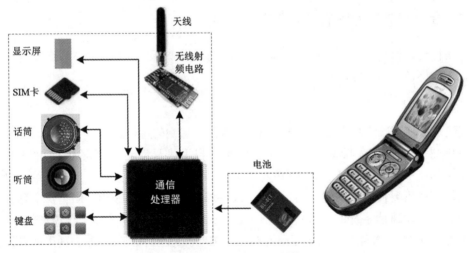

图 3-12　早期手机的结构

智能手机（Smart Phone）具有独立的操作系统，可由用户自行安装浏览器、信息处理、游戏等第三方服务商提供的应用程序，通过不断添加应用程序来扩展智能手机的功能。图 3-13 给出了智能手机的结构示意图。

为了帮助读者形象地理解嵌入式系统"面向特定应用""裁剪计算机的硬件与软件"与

"专用计算机系统"的特点，不妨以我们每天都在使用的智能手机与个人计算机为例，从硬件结构、操作系统、应用软件与外设等几个方面加以比较。

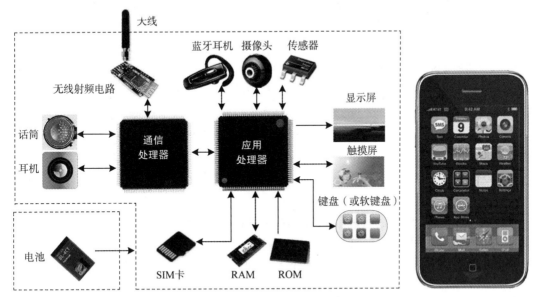

图 3-13 智能手机的结构示意图

从计算机组成的角度，智能手机的硬件结构如图 3-14 所示。

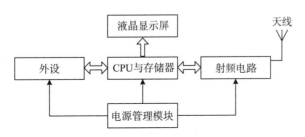

图 3-14 智能手机的硬件结构

我们可以从 CPU、存储器、显示器与外设等方面，对智能手机与个人计算机的硬件进行比较。

（1）CPU

智能手机的所有操作都是在 CPU 与操作系统的控制下实现的，这与传统的个人计算机相同。但是，手机的基本功能是语音通话，除了与传统的 CPU 功能类似的应用处理器之外，还需要增加通信处理器，智能手机的 CPU 由应用处理器与通信处理器芯片组成。对于应用处理器而言，耳机、话筒、摄像头、传感器、键盘与显示屏都是外设。通信处理器控制无线射频电路与天线的语音信号发送与接收过程。

在个人计算机领域，中央处理器（CPU）有 Intel 系列、AMD 系列等，但是作为一种"专用计算机"的智能手机，需要有适应手机应用需要的专用 CPU，如高通系列、TI 系列、MTK 系列、ADI 系列 CPU，以及华为公司麒麟系列 CPU。同时，由于智能手机的 CPU 除了支持常规的个人计算机进程控制与调度之外，还要执行语音处理与无线通信控制功能，因此人们并不将手机中的中央处理器单元称为 CPU，而是直接称为高通平台、MTK 平台，如高通 MSM7X27 平台、MTK657X 平台。至于手机的双核、四核、八核，是指在一个物理的 CPU 上，嵌入式操作系统支持并发运行的两个、四个或八个内核程序。

（2）存储器

和传统的个人计算机相似，手机的存储器也分为只读存储器（ROM）和随机读写存储器（RAM）。根据手机对存储器的容量、读写速度、体积与耗电等方面的要求，手机中的 ROM 基本都使用闪存（Flash ROM），RAM 基本都使用同步动态随机读写存储器（SDRAM）。

与传统的个人计算机相比，手机的 RAM 相当于个人计算机的内存条，用于暂时存放手机 CPU 中运算的数据，以及 CPU 与存储器交换的数据。手机所有程序都在内存中运行，手机关机时 RAM 中的数据自动消失。因此，手机 RAM 的大小对手机性能的影响很大。

手机 ROM 相当于个人计算机安装操作系统的系统盘。ROM 的一部分用来安装手机的操作系统，一部分用来存储用户文件。手机关机时，ROM 中的数据不会丢失。

手机的闪存相当于个人计算机的硬盘，用来存储 MP3、电影、图片等用户数据。

为了实现对手机用户的有效管理，手机需要内置一块用于识别用户的 SIM 卡，它存储用户办理入网手续时写入的相关个人信息。SIM 卡的信息分为两类：一类是由 SIM 卡生产商与网络运营商写入的信息，如网络鉴权与加密数据、用户号码、呼叫限制等；另一类是由用户在使用过程中自行写入的数据，如其他用户号码、SIM 卡的密码 PIN 等。

（3）显示器

与个人计算机的显示器对应的是手机的显示屏。显示屏一般采用的是薄膜晶体管（TFT）技术的液晶显示屏（LCD）。LCD 的分辨率使用行、列点阵形式表示。如果有两个手机，一个采用 3 英寸[⊖] LCD，一个采用 5 英寸 LCD，分辨率都是 640×480。由于这些像素要均匀分布在屏幕上，那么 3 英寸 LCD 在单位面积上分布的像素肯定比 5 英寸 LCD 多，3 英寸 LCD 的像素点阵更加密集，因此图像显示效果会更加细腻、清晰。

因此，从硬件结构来看，技术人员在设计智能手机时，需要根据实际应用需求对计算机的硬件与软件进行适当的"裁剪"。

（4）外设

由于个人计算机的工作重心放在信息处理上，因此配置的外设有硬盘、键盘、鼠标、

　⊖　1 英寸＝0.0254 米。

扫描仪，以及用于联网的 Ethernet 网卡、Wi-Fi 网卡、蓝牙网卡等。由于智能手机首先是语音通话设备，同时强调在无线环境中的信息处理能力，因此，智能手机除了需要配置键盘、鼠标、LCD 之外，还要重点考虑耳机、话筒、摄像头、各种传感器等方面。

智能手机配置的传感器类型包括：加速度传感器、磁场传感器、方向传感器、陀螺仪、光线传感器、气压传感器、温度传感器、湿度传感器、接近传感器等。智能手机利用气压传感器、温度传感器、湿度传感器可以方便地实现环境感知；利用磁场传感器、加速度传感器、方向传感器、陀螺仪可以方便地实现手机运动方向与速度感知；利用距离传感器可以方便地实现手机的位置发现、查询、更新与地图定位。

由于智能手机在移动过程中要完成语音通话、智能服务与信息处理的多重任务，而智能手机的电池消耗决定了手机使用的时间，因此如何减少手机耗电就成为设计中必须解决的难题。手机设计者千方百计地节约电能。例如，利用接近传感器发现使用者是否在接听电话。如果判断出使用者正在将手机贴近耳朵接听电话，那他就不可能看屏幕，这时手机操作系统就立即关闭屏幕，以节约电能。因此，智能手机中必须有一个电源管理模块，优化电池为手机各个功能模块供电，以及充电的过程。当手机没有处于使用状态时，就处于节能的待机状态。对于一般用于办公环境的个人计算机，它可以通过 220V 电路持续供电，因此在节能方面的要求比智能手机宽松得多。

（5）通信功能

目前，个人计算机通常配置了接入有线网络的 Ethernet 网卡、接入 Wi-Fi 的无线网卡，以及与鼠标、键盘、耳机等外设近距离通信的蓝牙网卡。个人计算机一般不需要配置接入移动通信网的 4G/5G 网卡。

由于智能手机的基本功能是移动语音通话，因此它必然要有功能强大的通信处理器芯片，以及能够接入 4G/5G 基站的射频电路与天线。另外，它需要配置接入 Wi-Fi 的无线网卡，以及与外设进行近距离通信的蓝牙网卡，但是不需要配置 Ethernet 网卡。智能手机的硬件设计受到电能、体积、重量的限制，包括网卡在内的各种外设驱动程序必须在手机操作系统上重新开发。

2. 智能手机软件结构

（1）操作系统

由于智能手机是一种典型的移动终端设备，也是一种具有移动通信功能的微型计算机，因此研究人员一定要专门研发适用于智能手机硬件结构与功能需求的专用操作系统。这体现出嵌入式系统是"面向特定应用"的计算机系统的特点。

理解移动终端操作系统需要注意以下几点：

第一，智能手机操作系统是管理和控制终端硬件与软件资源的程序，硬件资源调度及任何软件都必须在操作系统的支持下运行。操作系统的功能主要包括：管理系统的硬件、软件及数据资源，控制程序运行，提供人机交互界面，为其他应用软件提供支持，使终端的所有资源都能协同发挥作用，为第三方软件的开发、运行提供服务与接口支持。智能终端的硬件设备和应用软件在操作系统的驱动下为用户提供各种功能和服务。

第二，智能手机的硬件资源包括通信部件（蜂窝移动通信网卡、Wi-Fi 网卡）、传感器（麦克风、摄像头、GPS 终端等）、输入输出设备（红外线接口、蓝牙、USB 接口、SDIO 接口、显示屏）、数据存储（终端内部存储器、外置存储卡）等。

第三，智能手机的软件包括操作系统提供的基础应用与基础通信服务软件，包括电话号码本、通信记录、短消息、电子邮件、系统管理软件（如系统设置、文件管理与日常管理），以及第三方应用软件。

目前，智能手机操作系统主要有：苹果公司的 iOS 系统、谷歌公司的 Android 系统、微软公司的 Windows Mobile 系统、诺基亚等公司共同研发的 Symbian 系统，以及华为公司的鸿蒙系统等。

在各种手机操作系统上开发应用软件是比较容易的，这一点在 Android 操作系统上表现得更为突出。谷歌公司在 2007 年 11 月推出 Android 系统，它是基于 Linux 平台的开源手机操作系统，由操作系统内核、中间件、用户界面与应用软件组成。

Android 操作系统在网络功能实现上遵循的是 TCP/IP 协议体系，采用支持 Web 应用的 HTTP 协议来传送数据。Android 操作系统的底层提供了支持蓝牙协议与 Wi-Fi 协议的驱动程序，使得 Android 手机可以方便地与采用蓝牙或 Wi-Fi 的移动设备互联。

同时，Android 操作系统提供了支持多种传感器的应用程序接口（API），传感器类型主要包括：加速度传感器、磁场传感器、方向传感器、陀螺仪、光线传感器、气压传感器、温度传感器、湿度传感器与接近传感器等。利用 Android 操作系统提供的 API，可以方便地实现环境感知、移动感知、位置感知，以及语音识别、手势识别、基于位置服务与多媒体的应用功能。

（2）应用程序

随着智能手机 iPhone 的问世，智能手机的第三方应用程序（Application，App）以及 App 销售的商业模式逐渐被移动互联网用户所接受。手机 App 从游戏、基于位置的服务、即时通信，逐渐发展到手机购物、网上支付、社交网络等领域。近年来，手机 App 的数量与应用规模呈爆炸性发展的趋势。

嵌入式技术的发展促进了智能手机功能的演变，智能手机的大规模应用又为嵌入式技术发展提供了强大的推动力。现在，移动通信成为智能手机的基本功能，智能手机也成为移动上网、移动购物、网上支付与社交网络的主要终端，甚至逐步取代人们随身携带的名片、钱包、公交卡、照相机、摄像机、录音机、GPS 终端等。智能手机应用范围的不断扩大，也促使嵌入式技术研究人员不断改进智能手机的超级电池、快速充电、柔性显示屏、数据加密与安全认证技术。

从以上的分析中，我们可以得到以下结论：

第一，智能手机的硬件与软件结构充分体现了嵌入式系统"以应用为中心""裁剪计算机硬软件"的特点，是一种对功能、体积、功耗、可靠性与成本有严格要求的专用计算机系统。

第二，智能手机已经不是一种简单的通话工具，而是集电话、PDA、照相机、摄像机、录音机、收音机、电视机、游戏机及 Web 浏览器等功能为一体的消费类电子产品。智能手机所传输与处理的信号，已经从初期单纯的语音信号逐步扩展到文本、图形、图像与视频的多媒体信号。

第三，智能手机的演变正在以计算机、手机与电视机的"三屏融合"为切入点，悄然地推动着计算机网络、电信网与有线电视网的"三网融合"。智能手机使移动互联网成为用户上网的"第一入口"。

第四，以智能手机为代表的移动互联网终端设备已成为集移动通信、计算机软件、嵌入式系统、互联网应用等技术为一体的电子设备。智能硬件的研究涉及智能人机交互、机器学习、虚拟现实与增强现实，以及大数据、云计算等领域，体现出多学科、多领域交叉融合的特点。

3.3　蜂窝移动通信网的发展历程

3.3.1　从 1G 到 4G

移动通信经历了从语音业务到移动宽带数据业务的快速发展，促进了移动互联网应用的高速发展。移动互联网应用不仅深刻地改变了人们的生活方式，也极大地影响了当今社会经济与文化的发展。在过去的 40 多年中，移动通信每十年出现一代革命性技术，推动信息技术、产业与应用的革新。

1982 年，北欧移动电话系统（Nordic Mobile Telephone，NMT）的推出标志着第一代（1G）移动通信技术开始商用。1G 采用的是模拟通信方式，用户语音信息以模拟信号方式传输。

1992 年出现的第二代移动通信（2G）采用全球移动通信系统（GSM）、码分多址（CDMA）等数字技术，使得手机能够接入互联网。2G 时代的手机仅提供通话和短信功能。

2001 年，第三代（3G）移动通信技术问世。3G 的特点可以用一句话描述——"移动 + 宽带"，它能够在全球范围内更好地实现与互联网的无缝漫游。3G 手机能够支持高速数据传输，能够处理音乐、图像与视频，并能够进行网页浏览，开展网上购物与网上支付活动。3G 的应用推动了移动互联网应用的快速发展。

2012 年，第四代（4G）移动通信系统首次标准化。4G 通信技术是 3G 之后的又一次无线通信技术演进。4G 标准主要包括：TD-SCDMA 长期演进（TD-SCDMA Long Term Evolution，TD-LTE）与频分双工长期演进（Frequency Division Duplexing Long Term Evolution，FDD-LTE）。其中，TD-LTE 是由我国提出的。

与 3G 相比，4G 最大的突破点是将移动上网速度提高了 10 倍。2015 年，LTE（准 4G 标准）网络在全世界快速发展。2015 年 2 月，工业和信息化部向中国移动、中国电信和中国联通三大电信运营商发放 TD-LTE 牌照，标志着我国 4G 商用时代的到来。

4G 通信的设计目标是：更快的传输速度、更短的延时与更好的兼容性。4G 网络能够以 100Mbit/s 的速度传输高质量的视频数据，通话成为 4G 手机的基本功能之一。通过 4G 网络，下载一部长度为 2GB 的电影仅需几分钟；通过 4G 网络，在线看电影时画面流畅，不会出现"卡带"的现象；通过 4G 网络，急救车内的工作人员可以与医院的医生实时召开视频会议，在病人运送过程中进行会诊，指导对危重病人的抢救；通过 4G 网络，医院之间可以实时传送 CT 图像、X 光片，保障远程医疗会诊的顺利开展，使更多农村与边远地区的患者受益；通过 4G 网络，大量的视频摄像头拍摄的道路、社区、公共场所、突发事件现场的图像，可以迅速地传送到政府管理部门，帮助管理部门及时掌握情况，研究处置方案。4G 与物联网技术的结合，将会促进医疗、教育、交通、金融、城市管理等行业应用的发展，更深层次地渗透到社会生活的各个方面。

3.3.2　5G

在移动通信领域中，"没有最快，只有更快"。在推进 4G 商用的同时，研究人员紧锣密鼓开展第五代（5G）移动通信技术的研究。5G 技术与各行各业应用的融合，对于推动智能工业、车联网、超高清视频、智能技术、智慧城市等领域的发展具有重要的意义。全面部署 5G 产业已是大势所趋。

2013 年，我国科学技术部、国家发展和改革委员会等三部门联合组织成立了由运营商、制造商、高等院校与研究部门专家组成的 IMT-2020（5G）推动组。

2018 年 4 月，国家发展和改革委员会等部门批准中国联通、中国电信、中国移动在北京、天津、青岛、杭州、南京、武汉等部分城市试点建设 5G 网络。

2019 年 6 月 6 日，我国工业和信息化部正式向中国联通、中国电信、中国移动、中国广电发放 5G 商用牌照。2019 年被产业界定义为"5G 商用的元年"。

从国际标准来看，根据 3GPP 的 5G 技术推进计划，5G 标准完整版本于 2019 年底完成，并作为 IMT-2020 标准于 2020 年初提交 ITU。从我国发展规划来看，国家高度重视 5G 技术发展，《国民经济和社会发展"十三五"规划纲要》明确提出：积极推进第五代移动通信（5G）和超宽带关键技术研究，启动 5G 商用。

截至 2019 年 5 月，全球共有 28 家企业申请 5G 标准的必要专利，我国企业的专利数量超过总数的 30%，位居全球首位。在产品研发方面，华为、中兴等企业在 5G 手机、基站与核心网的芯片、产品与操作系统方面都推出了具有自主知识产权的技术、标准与产品。我国产业界正在进行大规模网络测试，尽快推进 5G 网络的商用。

3.3.3　6G

2019 年 3 月，全球首届 6G 峰会在芬兰举办，并发布了第一份 6G 白皮书（见图 3-15）。

从白皮书中可以看出 6G 的几个主要特点：

第一，6G 将采用太赫兹频段通信，网络容量将大幅提升。

第二，6G 的大多数性能指标相比 5G 将提升 10～100 倍。

第三，6G 无线网络将实现地面、卫星和机载网络的无缝连接。

第四，6G 将与人工智能、机器学习深度融合，智能化程度将大幅度提升。

6G 的高性能很诱人，但是需要解决的技术难题也不少。

第一个挑战是，如何攻克尚不成熟的太赫兹通信技术的问题。

图 3-15　第一份 6G 白皮书

随着波段频率增加，天线体积将越来越小，频率达到 250GHz 时，4cm² 的面积上足以安装 1000 个太赫兹天线。实现太赫兹频段的理想通信速率，对集成电路、新材料等技术是一个巨大的挑战。

第二个挑战是，如何保证 6G 网络安全性的问题。

随着数字世界与物理世界更深度的融合，人们的生活将会越来越依赖可靠的网络运行。6G 网络要形成地面、卫星和机载网络无缝连接的无线网络，并且要支持数以百万计的无人驾驶车辆、无人机、工业控制系统，这就要求 6G 网络必须具备更高的抵御网络攻击的网络安全性能。

第三个挑战是，如何解决 6G 与人工智能、机器学习的深度融合带来的新问题。

6G 将与人工智能、机器学习等深度融合，解决智能传感、智能定位、智能资源分配、智能接口切换问题。同时，移动学习、移动医疗、移动办公、移动游戏等应用，以及各种虚拟现实、增强现实等对延时敏感的应用产生的数据量剧增，很多现在幻想的场景都将成为现实。这就对移动边缘计算中的计算迁移算法与策略，以及移动边缘计算设备的计算与存储能力提出了新的挑战。

如果说 5G 在 2020 年赴"十年之约"，那么 6G 将在 2030 年再赴"十年之约"。

3.4　5G 技术的发展与应用

3.4.1　推动 5G 发展的动力

推动 5G 发展的两大动力是移动互联网与物联网。理解推动 5G 发展的需求与推动力需要从以下几个方面入手。

1. 未来移动互联网与物联网规模的快速发展

未来移动互联网与物联网的用户规模将呈现快速发展的趋势，对移动通信技术提出更高的要求。这种快速发展的趋势主要体现在三个方面：用户数量、数据流量与产业规模。

图 3-16 数据取自 2017 年 Cisco Visual Networking Index（VNI）第 11 次发布的全球移动数据流量预测的报告，它显示了 2016～2021 年全球移动数据流量的发展趋势。图中纵坐标单位是 EB/ 月。

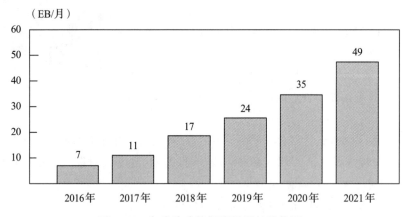

图 3-16　全球移动数据流量增长趋势图

从图中可以看出，2016 年全球每月的移动数据流量是 7EB，而 2021 年全球每月的移动数据流量预计是 49EB，是 2016 年的 7 倍。2021 年，全球移动数据流量达到 588EB，是 2011 年的 122 倍。

该报告提供了 2021 年移动联网设备与移动数据流量的相关预测数据：

- 2016 年，全球智能手机（包括平板电脑）拥有量为 36 亿部，2021 年将达到 62 亿部。
- 2016 年，移动联网设备的平均带宽为 6.8Mbit/s，2021 年将达到 20.4Mbit/s。
- 2016 年，移动 IP 数据流量仅占 IP 总流量的 8%，2021 年将上升到 20%。
- 2016 年，全球联网的可穿戴计算设备的数量约为 3.25 亿部，2021 年将达到 9.29 亿部。
- 2016 年，虚拟现实（VR）应用的数据流量每月约为 13.3PB，2021 年将达到 140PB。
- 2016 年，增强现实（AR）的数据流量每月约为 3PB，2021 年将达到 21PB。

- 从 2016 年到 2021 年，移动视频的数据流量将增长 8.7 倍，实时移动视频的数据流量将增长 39 倍。

从以上的数据中，可以看出以下 3 个重要特点：

第一，全球移动数据流量增长迅速。

第二，全球移动接入设备数量增长迅速。

第三，全球实时移动视频数据流量增长迅速。

从这 3 个特点可以看出，5G 的应用将带动移动互联网、物联网的快速发展，为移动用户带来各种创新应用，带动可穿戴计算设备与 VR/AR 等智能技术应用的快速发展，同时也对 5G 支持实时移动视频数据的应用提出了更高的要求。

这里，我们还需要注意两个问题：

第一，关于未来接入 5G 网络的用户数量预测问题。

麦特卡尔夫定律指出：网络价值与网络用户数量的平方成正比。在研究 5G 技术与应用、评价网络价值时一定会关注未来接入网络的终端数量，而对于这个问题我们很难得到一致的预测值，因为我们看到的是不同研究单位从不同角度做出的预测。

Cisco VNI-2017 年发布的预测报告：2016 年全球拥有的移动联网设备为 80 亿台，人均 1.1 台；2021 年移动联网设备（包括 M2M 模块在内）的总数将达到 120 亿台，人均数约为 1.5 台；2016 年采用 M2M 接入的移动联网设备约为 7.8 亿台，占移动联网设备总数的 5%；2021 年将达到 33 亿台，占移动联网设备总数的 29%。

Gartner 在 2016 年公布的预测数据：2020 年全球 M2M 接入的设备数量将达到 210 亿，年增长率是 26.8%。AT&T 预测 2020 年物联网的节点数量将达到 500 亿。

无论采纳哪种预测值，从本质上说：如此海量的用户接入 5G 网络所带来的海量用户数据中，蕴含着巨大的资源与财富，5G 网络具有巨大的经济价值与社会价值。由于 5G 技术日益显现出对未来经济社会发展的重大意义，因此国际上围绕着 5G 技术与标准制定的博弈日益激烈。

第二，5G 与 Wi-Fi 的关系问题。

从 Cisco VNI-2017 预测报告中可以看出，2021 年全球移动数据总流量分流到 Wi-Fi 网络的部分有所增长。

- 2016 年全球移动数据流量有 60% 被分流到 Wi-Fi 网络，2021 年将有 63% 被分流到 Wi-Fi 网络。
- 2016 年全球公共 Wi-Fi 热点设备总量约为 9400 万，2021 年将达到 5.416 亿，增长约 6 倍。

尽管 5G 发展成为当今社会的热点，但 5G 与 Wi-Fi 仍然是相辅相成的关系。

2. 5G 对全球经济增长的拉动作用

5G 对全球经济发展的推动作用可以从两个方面认识：一是对驱动全球经济增长，拉动就业方面的作用，二是 5G 对信息产业自身发展的推动作用。

（1）5G 对促进全球经济增长的作用

2017 年 1 月，世界知名咨询服务公司 HIS 受美国高通公司委托，研究并发表了《5G 经济：5G 技术将如何影响全球经济》报告。

该研究报告指出：5G 技术将成为和电力、互联网等一样的通用技术。5G 技术在与各行各业的融合中，对所有的产业部门都会产生积极的影响，成为社会经济发展主要动力的一部分。未来，5G 技术将成为转型变革的催化剂，而这些变革将会重新定义工作流程，并重塑经济竞争优势的规则。

图 3-17 是 HIS 关于 5G 应用对各行各业经济发展影响的预测。

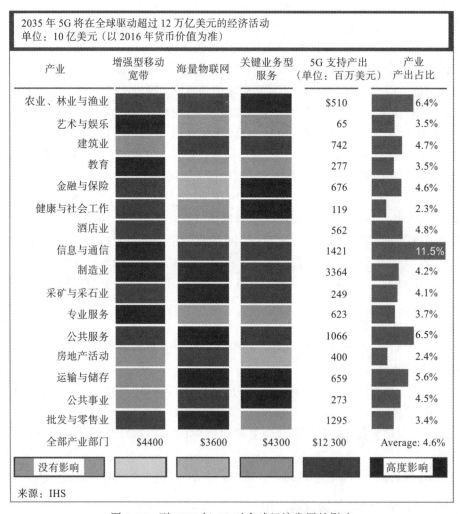

图 3-17　到 2035 年 5G 对全球经济发展的影响

预测结果表明：到 2035 年，5G 将在全球创造总计 12.3 万亿美元的经济产出，约占全球实际产出的 4.6%。5G 对各行各业的经济增长都有贡献，但是不同行业的产出占比不一样，信息与通信行业最高，产出占比达到 11.5%。

（2）5G 对信息产业发展的贡献

在未来的 20 年中，5G 将成为全球经济发展的重要贡献因素之一。报告指出：在 2020 年到 2035 年期间，全球 GDP 的年度平均增长率约为 2.9%，其中 5G 的贡献约为 0.2%。图 3-18 给出了 5G 对全球经济增长的年度净贡献值。

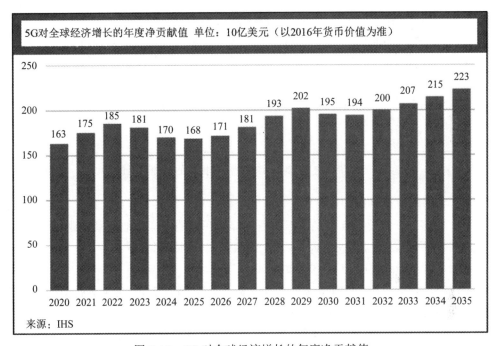

图 3-18　5G 对全球经济增长的年度净贡献值

图 3-19 给出了 5G 价值链在 2035 年的产出与提供的就业机会。从图中可以看出：到 2035 年，5G 产业链自身就有约 3.5 万亿美元的产出，同时会创造约 2200 万个就业岗位。

3. 物联网对 5G 的需求

物联网将成为 5G 技术研究与发展的重要推动力，同时 5G 技术的成熟和应用也将解决物联网应用的带宽、可靠性与延时瓶颈。5G 与物联网的关系可以从以下两个方面去认识。

（1）物联网规模的发展对 5G 技术的需求

物联网不同的应用场景对网络传输延时的要求从 1ms 到数秒不等，每个小区的在线连接数从几十个到数万个不等。特别是随着物联网的人与物、物与物互联范围的扩大，智能家居、智能工业、智能环保、智能医疗、智能交通等应用的发展，数以千亿计的感知与控制设备、智能机器人、可穿戴计算设备、无人驾驶汽车、无人机接入物联网；物联网控制指令和数据实时传输，对移动通信网提出了高带宽、高可靠性与低延时的需求。

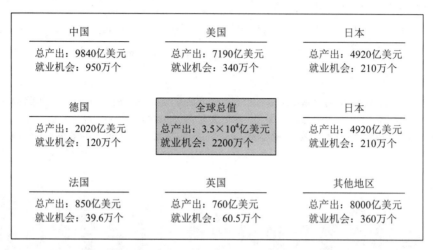

图 3-19　5G 价值链在 2035 年的产出与提供的就业机会的增长

　　未来，物联网规模将超常规发展，大量物联网应用系统将部署在山区、森林、水域等偏僻地区；很多物联网感知与控制节点将密集部署在大楼内部、地下室、地铁与隧道中。4G 网络与技术已难以适应相关需求，只能寄希望于 5G 网络与技术。

　　（2）物联网性能的发展对 5G 技术的需求

　　物联网涵盖智能工业、智能农业、智能交通、智能医疗与智能电网等各个行业，业务类型多、业务需求差异大。在智能工业的工业机器人与工业控制系统中，节点之间的感知数据与控制指令传输必须保证正确性，延时必须在毫秒量级，否则就会造成工业生产事故。无人驾驶汽车与智能交通控制中心之间的感知数据与控制指令传输尤其要求准确性，延时必须控制在毫秒量级，否则就会造成车毁人亡的重大交通事故。物联网中对反馈控制的实时性、可靠性要求高的应用对 5G 的需求格外强烈。

3.4.2　5G 的特征与技术指标

1. 5G 的基本概念

　　由于 5G 需要满足移动互联网与物联网"万物互联"的各种应用场景，因此 5G 不能仅仅在传统移动网络的关键指标（如峰值速率、系统容量）上做进一步提升，还要在无线接入网（Radio Access Network，RAN）和核心网（Core Network，CN）的架构上全面创新，研究新型的网络体系结构。IMT-2020（5G）推进组对 5G 的概念做出了描述：5G 是由"标志性能力指标"和"一组关键技术"来共同定义的（见图 3-20）。

- 标志性能力指标：每秒千兆比特量级的用户体验速率。
- 一组关键技术：大规模天线阵列、超密集组网、全频谱接入与新型多址。

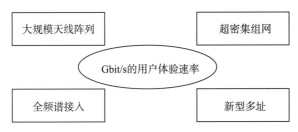

图 3-20　5G 的概念

2. 5G 的技术指标

未来 5G 典型的应用场景涉及人们的居住、工作、休闲与交通区域，特别是人口密集的居住区、办公区、体育场、晚会现场、地铁、高铁等。这些地区存在超高流量密度、超高接入密度、超高移动性，这些都对 5G 网络性能有较高要求。为了满足用户要求，5G 研发的技术指标包括：峰值速率、用户体验速率、延时、移动性、流量密度与连接密度等。具体的性能指标如表 3-1 所示。

表 3-1　5G 性能指标

名称	定义	单位	指标
峰值速率	在理想条件下可以实现的数据速率的最大值	bit/s	常规情况为 10Gbit/s 特定场景为 20Gbit/s
用户体验速率	在真实网络环境和有业务加载的情况下，用户实际可以获得的数据速率	bit/s	0.1~1Gbit/s
延时	包括空口延时与端–端延时	ms	空口延时低于 1ms
移动性	在特定的移动环境中，用户可以获得体验速率的最大移动速度	km/h	500km/h
流量密度	单位面积的平均流量	$bit/(s \cdot km^2)$	$10Mbit/(s \cdot m^2)$
连接密度	单位面积可支持的各类设备数量	个 $/km^2$	1×10^6 个 $/km^2$

（1）峰值速率

峰值速率（Peak Data Rate）是指在理想信道条件下单用户所能达到的最大速率，单位为 Gbit/s。5G 的单用户理论峰值速率一般为 10Gbit/s，在特定条件下能达到 20Gbit/s。

（2）用户体验速率

用户体验速率（User Experienced Data Rate）是指在实际网络负荷下可以保证的用户速率，单位是 bit/s。由于在实际的网络使用中，用户实际能使用的速率与无线环境、接入的用户数量、用户位置等因素相关，因此一般用 95% 比例统计方法进行评估。用户体验数据速率是第一次作为衡量移动通信系统核心指标被引入。在不同的场景之下，5G 支持不同的用户体验速率，在连续广覆盖的场景中需要达到 0.1Gbit/s，在高热量场景中希望能达到 1Gbit/s。

（3）延时

延时（Latency）是指在保证一定可靠性的前提下包括空口延时在内的端到端延时，单位为 ms。5G 的空中接口延时低于 1ms。

（4）移动性

移动性（Mobility）是指在满足特定的 QoS 与无缝移动切换条件下可支持的最大移动速率，单位为 km/h。移动性指标是针对地铁、高铁、高速公路等特殊场景，5G 允许的最大移动速度为 500km/h。

（5）流量密度

流量密度（Area Traffic Capacity）是指在忙时测量的典型区域内单位面积上的总业务吞吐量，单位是（Mbit）/(s·km^2)。流量密度是衡量典型区域覆盖范围内数据传输能力的重要指标，如大型体育场、露天会场等局部热点区域的覆盖需求，与网络拓扑、用户分布、传输模型等因素相关。5G 的流量密度为每平方米为 10Mbit/s。

（6）连接密度

连接密度（Connection Density）是指单位面积上可支持的在线终端的总数。在线是指终端正以特定的 QoS 进行通信，一般可用每平方千米上的在线终端数量来衡量连接密度。5G 连接数密度为每平方千米可以支持 100 万个在线设备。

3.4.3　5G 网络的小基站

随着移动通信网应用的推进与业务的指数量级增长，需要更多的频谱、更高的小小区（或微小区）连接密度，部署小小区（Small Cell）已被认为是一种提供局部通信资源、填补覆盖空洞、维持服务质量的有效手段。

在讨论小区时，人们经常将蜂窝通信网称为宏蜂窝网络、宏小区或宏基站，将小小区的基站称为小基站。小基站由电信运营商建设和管理，小小区支持多种标准。在 3G 网络中，小基站被视为分流技术；在 4G 网络中，引入了异构网络（HetNet）的概念。

从严格意义上说，小小区是指工作在授权频段上的低功率无线接入点小基站覆盖的区域，它不仅可以改善家庭或企业的无线通信网覆盖、容量和应用体验，也可以改善城市特别是郊区的网络性能。小基站无论从尺寸到发射功率都远小于普通蜂窝通信网的基站。

小基站的类型多种多样，从尺寸与发射功率最小的家庭基站到最大的小基站，它们的部署区域、支持的用户数与功率大小如表 3-2 所示。

表 3-2 小基站的类型

类型	典型的部署场景	同时支持的用户数量	典型的功率大小		覆盖的区域
			室内	室外	
Femto	住宅与公司	家庭：4~8 个用户 公司：16~32 个用户	10~100mW	0.2~1W	数十米
Pico	公共区域（室内/室外： 机场、购物中心、火车站）	64~128 个用户	100~250mW	1~5W	数十米
Micro	填补宏蜂窝覆盖 空洞的城市区域	128~256 个用户	—	5~10W	几百米
Metro	填补宏蜂窝覆盖 空洞的城市区域	大于 250 个用户	—	10~20W	数百米
Wi-Fi	住宅、办公室、公司环境	小于 50 个用户	20~100mW	0.2~1W	小于数十米

理解小区的基本概念，需要注意以下几个问题：

1）从广义的角度，符合 IEEE 802.11 标准的 Wi-Fi 网络工作在非授权的 ISM 频段，并且 Wi-Fi 网络也不一定是电信运营商或网络服务提供商组建、管理的，但是它们也可以归入小小区的范畴之内。成熟的 LTE 网络中的小小区通常也包含一些 Wi-Fi 网络。

2）住宅中部署的小小区可以用很低发射功率的小区基站，提供等同于一个 3G 网络扇区的容量，还可以显著增加现有手机电池的使用时间。在公司与办公室部署的微小区可以提供一个更方便、更低成本的方案，替代传统的楼内部署方案，提供高质量的移动服务，以及更好的楼内覆盖和更高的数据速率。在地铁热点区内，部署小小区有利于改善区域覆盖范围、增加容量，分流宏蜂窝网络业务。同时，由于小小区组建成本较低、便于部署，因此可以大规模部署在城市的远郊区域。

3）未来 5G 工作的频段很高，传统的建设宏基站和组网方法的覆盖效果不佳。由于小基站部署灵活、建造简单、成本低、效率高、贴近用户，在 5G 的深度和广度覆盖上将发挥重要的作用，因此小基站在 5G 时代将迎来巨大的发展机遇，预计中国市场的 5G 小基站数量将达到数千万个。

3.4.4 5G 的应用场景

1. 5G 的愿景与应用场景

WPSD 是国际电信联盟无线电通信部门（ITU-R 之下）专门研究和制定 5G 标准的工作组。2015 年 6 月，WPSD 在第 22 次会议上正式将 5G 命名为 IMT-2020，并确定了 5G 的愿景、应用场景、时间表等重要内容。

ITU-R 明确了 5G 的三大应用场景：增强移动宽带通信、大规模机器类通信与超可靠低延时通信（见图 3-21）。

增强移动宽带通信:
移动宽带服务的直接演进, 热点覆盖
与广域覆盖, 以及VR/AR等极高宽带服务

eMBB
高速率、高流量

mMTC
大量终端的接入

uRLLC
超低延时、超高
可靠性与可用性

大规模机器类通信:
支持大量低功耗、低延时的
终端接入, 如智慧城市、智
能交通等高连接密度的应用

超可靠低延时通信:
以机器为中心的应用, 如无人
驾驶、交通安全、自动控制与
智能制造等延时敏感的应用

图 3-21 5G 的三大应用场景

在这次会议上, ITU-R 根据 5G 业务性能需求与信息交互对象的划分, 明确了 5G 的主要应用场景(见图 3-22)。

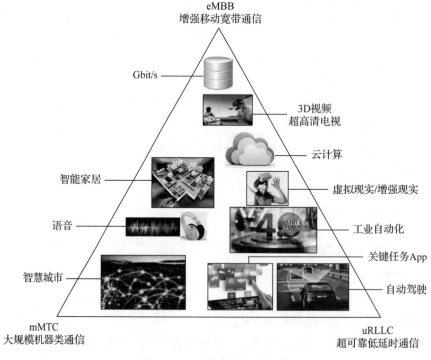

图 3-22 5G 的主要应用场景

2. 5G 三大应用场景的基本内容

（1）增强移动宽带通信（enhance Mobile Broadband，eMBB）

3G/4G 应用的主要驱动力来自移动带宽，这对于 5G 来说仍然是最重要的应用场景。不断增长的新应用和新需求对增强移动带宽提出了更高的要求。eMBB 主要满足未来的移动互联网应用的业务需求。

IMT-2020 推进组进一步将 eMBB 场景划分为连续广覆盖场景和热点高容量场景。连续广覆盖场景是移动通信最基本的覆盖方式，主要为用户提供高速体验速率，着眼于移动性、无缝用户体验的需求；热点高容量场景主要满足局部热点区域内用户高速数据传输的需求，着眼于高速率、高用户密度和高容量的需求。

在 eMBB 应用场景中，除了需要关注传统的移动通信系统的峰值速率指标之外，5G 还需要解决新的性能需求。在连续广覆盖场景中，需要保证高速移动环境下良好的用户体验速率；在热点高容量场景中，需要保证热点覆盖区域内用户 Gbit/s 量级的高速体验速率。eMBB 主要针对以人为中心的通信。

（2）大规模机器类通信（massive Machine Type of Communication，mMTC）

大规模机器类通信是 5G 拓展的新应用场景之一，涵盖以人为中心的通信和以机器为中心的通信。

以人为中心的通信如 3D 游戏、触觉互联网等，这类应用的特点是低延时与超高数据传输速率。以机器为中心的通信主要是面向智慧城市、环境监测、智慧农业等应用，为海量、小数据包、低成本、低功耗的设备提供有效的连接方式。例如，有安全要求的车辆间的通信、工业设备的无线控制、远程手术，以及智能电网中的分布式自动化。mMTC 关注的是系统可连接的设备数量、覆盖范围、网络能耗和终端部署成本。

（3）超可靠低延时通信（ultra-Reliable Low Latency Communication，uRLLC）

超可靠低延时通信是以机器为中心的应用，主要是满足车联网、工业控制、移动医疗等行业的特殊应用对超高可靠、超低延时通信场景的需求。其中，超低延时指标极为重要，例如在车联网中，当传感器监测到危险时，消息传送的端 – 端延时过长，极有可能导致车辆不能及时做出制动等动作，酿成重大交通事故。

为了验证 5G 能否满足以上三种应用场景的需求，研究人员通过一系列测算和实验，根据 5G 的不同应用场景，给出了表 3-3 所示的实际需求数据。

同时，为了使普通用户能够直观地体验 5G 技术的优越性，研究人员给出了表 3-4 所示的对 5G 关键指标的感性认知描述。

从表 3-3 与表 3-4 的数据中可以看出：从密集的居民区、办公室、商场、体育馆、大型集会现场、地铁、高速公路、高铁，到智能工业、智能农业、智能交通、智能医疗、智能电网等各个行业的实际应用，5G 的关键技术指标都能够满足需求。

表 3-3　不同应用场景对移动通信的实际需求数据

分类	场景	流量密度 [下行 / 上行，单位 bit/ (s · km²)]	连续数密度 (设备数) /km²	延时 /ms	用户体验速率 (下行 / 上行，单位 Mbit/s)	移动性 / (km/h)	典型区域面积 /km²
住宅型	密集住宅	3.2T/130G	1 000 000	10～20	1 045/512	—	1
工作型	办公室	15T/2T	750 000	20	1 045/512	—	500～1 000
休闲型	商场	120G/150G	160 000	5～10	15/60	—	0.24
	体育场馆	800G/1.3T	450 000	5～10	60/60	—	0.2
	露天集会	800G/1.3T	450 000	5～10	60/60	—	0.44
交通型	地铁	10T/—	6 000 000	10～20	60/—	110	410
	火车站	2.3T/330G	1 100 000	10～20	60/15	—	9 000
	高速公路	—	—	< 5	60/15	180	—
	高铁	1.6T/500G	700 000	50	15/15	500	1 500

表 3-4　从用户角度对 5G 关键指标感性认知描述

名称	ITU 指标	感性认知
用户体验数据速率	100Mbit/s	• 用户随时随地地体验 4G 的峰值速率 • 标清、高清、4K 视频所占的带宽分别为 3Mbit/s、6Mbit/s 与 50Mbit/s，VR 所占带宽为 170Mbit/s
峰值速率	20Gbit/s	单用户理想情况下，1s 可以下载一部 25GB 的 4K 超高清视频
流量密度	10(Tbit)/(s · km²)	
连接密度	1 000 000/km²	
空口延时	1ms	• 普通场景：电影胶片以 24 帧/s 的速率播放，相对于延时 41.66s，人的视觉感觉流畅；声音超前或滞后于画面 40～60ms，人不会感觉到声像不同步 • VR 场景：业界普遍认为在画面延时小于 20ms 时，人没有眩晕感 • 车联网场景：以 60km/h 速度行驶的汽车，1ms 延时的制动距离为 17m
移动性	500km/h	地面移动速度最快的高铁的最高速度为 486.1km/h，即使在这种情况下，5G 也可以满足要求

3. 华为 "5G 十大应用场景白皮书"

2019 年 2 月，华为公司发布了 "5G 十大应用场景白皮书"。在白皮书的引言中有这样一段话：与 2G 萌生数据、3G 催生数据、4G 发展数据不同，5G 是跨时代的技术。5G 除了更极致的体验和更大的容量，它还将开启物联网时代，并渗透进各个行业。它将和大数据、云计算、人工智能等共同迎来信息通信时代的黄金 10 年。

白皮书列举了最能体现 5G 能力的十大应用场景：

• 云 VR/AR：实时计算机图像渲染和建模。

- 车联网：远控驾驶、编队行驶、自动驾驶。
- 智能制造：无线机器人云端控制。
- 智慧能源：馈线自动化。
- 无线医疗：具备力反馈的远程诊断。
- 无线家庭娱乐：超高清 8K 视频和云游戏。
- 联网无人机：专业巡检和安防。
- 社交网络：超高清 / 全景直播。
- 个人 AI 辅助：AI 辅助智能头盔。
- 智慧城市：AI 辅助视频监控。

同时，华为"5G 十大应用场景白皮书"给出了不同应用场景与 5G 技术相关度的描述，如图 3-23 所示。

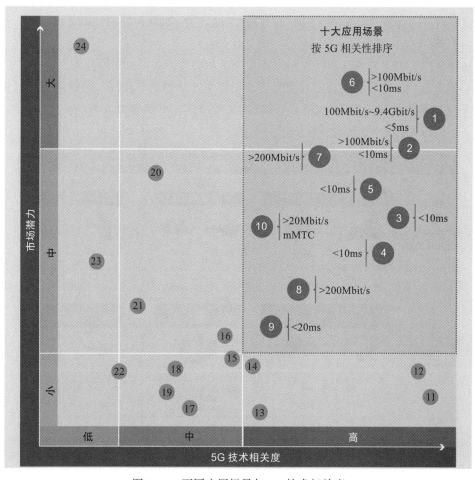

图 3-23　不同应用场景与 5G 技术相关度

说明	
1. 云 VR/AR：实时计算机图像渲染和建模	13. 无线医疗联网：救护车通信
2. 车联网：远控驾驶、编队行驶、自动驾驶	14. 智能制造：工业传感器
3. 智能制造：无线机器人云端控制	15. 可穿戴设备：超高清穿戴摄像机
4. 智慧能源：馈线自动化	16. 无人机：媒体应用
5. 无线医疗：具备力反馈的远程诊断	17. 智能制造：基于云的 AGV
6. 无线家庭娱乐：超高清 8K 视频和云游戏	18. 家庭：服务机器人（云端 AI 辅助）
7. 联网无人机：专业巡检和安防	19. 无人机：物流
8. 社交网络：超高清 / 全景直播	20. 无人机：飞行出租车
9. 个人 AI 辅助：AI 辅助智能头盔	21. 无线医疗联网：医院看护机器人
10. 智慧城市：AI 使能的视频监控	22. 家庭：家庭监控
11. 全息	23. 智能制造：物流和库存监控
12. 无线医疗联网：远程手术	24. 智慧城市：垃圾桶、停车位、路灯、交通灯、仪表

来源：华为公司"5G 十大应用场景白皮书"

图 3-23　不同应用场景与 5G 技术相关度（续）

我们可以选择移动互联网应用中与 5G 相关性最紧密的两种应用做出分析。

（1）VR 与 AR

虚拟现实（VR）与增强现实（AR）是颠覆人机交互方式的变革性技术。这种变革不仅体现在消费领域，更体现在很多商业与企业市场中。从移动互联网不同应用场景与 5G 技术相关度的角度分析，VR 与 AR 是与 5G 相关度最高、市场潜力大的一类应用。图 3-24 给出了 VR 与 AR 技术演进与连接需求的变化。

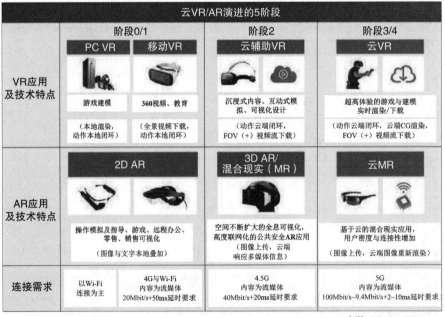

来源：Wireless X Labs

图 3-24　VR 与 AR 技术演进与连接需求的变化

　　VR 与 AR 需要大量网络、存储与计算能力的支持，要提高 VR 与 AR 的性能，必须借助 5G 的高带宽、低延时的数据传输能力，以及云端服务器的数据存储与计算能力。从图 3-25 中可以看出，VR 与 AR 应用的 5G 的数据流量、实时性与 QoS 保障要求最高。

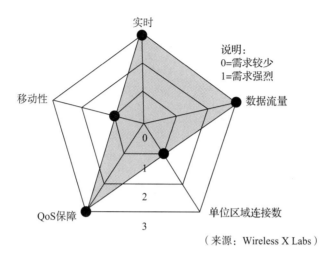

图 3-25　VR 与 AR 对 5G 需求的分析

（2）社交网络

　　目前，十大社交网络活跃的用户总数约 100 亿，这样庞大的用户群的活动直接影响着人类的社会生活与经济生活。智能手机一直是人们参与社交网络的主要设备，随着智能可穿戴计算设备的使用，尤其是 2017 年推出的 360° 实时视频直播技术，将使人们分享社会生活、文化与体育活动成为下一个热点。实时视频直播有两个特点，一是直播视频不需要网络主播事先存储视频内容，然后上传到直播平台。实时视频直播用户可以立即看到视频内容。二是新型的"一对多"或"多对多"实时视频直播，比传统的"一对多"视频广播具有更好的互动性与社交性。未来，沉浸式视频将被社交网络工作者、极限运动爱好者、运动员、时尚博主等广泛使用。实时视频直播对 5G 技术的需求如图 3-26 所示。

　　5G 网络作为面向 2020 年之后的技术，需要满足移动宽带、移动互联网以及其他超可靠通信的要求，同时它也是一个智能化的网络。5G 网络具有自检修、自配置与自管理能力。5G 的技术指标与智能化程度远超过 4G，很多对带宽、延时与可靠性有高要求的移动互联网应用在 4G 网络中无法实现，但是在 5G 网络中可以实现。5G 技术的应用将大大推动"万物互联"的发展。

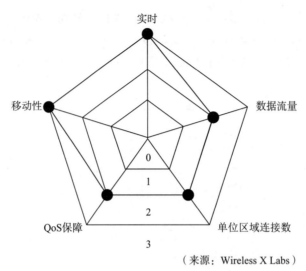

（来源：Wireless X Labs）

图 3-26　实时视频直播对 5G 技术的需求

3.4.5　6G 的主要技术指标与应用展望

6G 的主要技术指标包括以下几项：

- 峰值传输速度达到 100Gbit/s～1Tbit/s，而 5G 仅为 10Gbit/s。
- 空口通信时延为 0.1ms，而 5G 是 1ms。
- 室内定位精度为 10cm，室外为 1m，相比 5G 提高 10 倍。
- 超高密度，连接设备密度达到每立方米百个以上。
- 超高可靠性，中断概率小于百万分之一。

"6G 无线智能无处不在的关键驱动与研究挑战"报告中展望：到 2030 年，随着 6G 技术的到来，许多当前仍是幻想的场景都将成为现实，人类生活将发生巨大变革。

随着新型显示、传感和成像设备及低功耗专用处理器等技术的发展，现在的智能手机将被一个轻量的眼镜替代，通过超高的网速实现超高的分辨率、帧速率，并能提供虚拟现实、增强现实、混合现实合而为一的"XR"服务，与我们的感官、运动无缝连接。

高分辨率的传感成像、可穿戴显示器、超高速的无线网络将使实时捕捉、传输和渲染 3D 图像的远程全息成为现实。例如，在会议中实时"投影"每个参与者、通过 XR 制造感知幻觉，使处于不同城市的人感觉同处一室。这在远程教育、协作设计、远程医疗、远程办公、高级三维模拟和训练，以及国防领域有广阔的应用前景。

预计到 2030 年，全世界将会有数以百万计接入网络的自动驾驶车辆，运输和物流将更为高效。这些车辆既包括在家庭、学校、工作场所之间运行的无人驾驶汽车，也包括用于运送货物的自动卡车、无人机等。每辆车上将配备很多不同类型的传感器，包括摄像机、激光扫描仪、里程计、太赫兹雷达等。控制算法必须快速融合生成周边环境地图，包括可能碰撞的其他车辆、行人、动物等信息。

6G 网络的高性能很诱人，但要解决的技术难题也很多。芬兰奥卢大学"6G 旗舰计划"负责人 Matti Latva-aho 在白皮书的发布声明中指出：6G 的根本是数据，无线网络采集、处理、传输和消耗数据的方式将推动 6G 发展。

参考文献

[1] 刘光毅，方敏，关皓，等 . 5G 移动通信：面向全连接的世界 [M]. 北京：人民邮电出版社，2019.
[2] 万芬，余蕾，况璟 . 5G 时代的承载网 [M]. 北京：人民邮电出版社，2019.
[3] 黄劲安，曾哲君，蔡子华，等 . 迈向 5G：从关键技术到网络部署 [M]. 北京：人民邮电出版社，2018.
[4] 彭木根 . 5G 无线接入网络：雾计算和云计算 [M]. 北京：人民邮电出版社，2018.
[5] 兰巨龙，胡宇翔，张震江，等 . 未来网络体系与核心技术 [M]. 北京：人民邮电出版社，2017.
[6] 张传福，赵立英，张宇，等 . 5G 移动通信系统及关键技术 [M]. 北京：电子工业出版社，2018.
[7] 杨峰义，张建敏，王海宁，等 . 5G 网络架构 [M]. 北京：电子工业出版社，2017.
[8] 陈鹏，刘洋，赵嵩，等 . 5G：关键技术与系统演进 [M]. 北京：机械工业出版社，2016.
[9] 达尔曼，巴克浮，舍尔德 . 5G NR 标准：下一代无线通信技术：第 2 版 [M]. 朱怀松，周晓津，译 . 北京：机械工业出版社，2021.
[10] WONG V W, SCHOBER R, KWAN D W, et al. 5G 系统关键技术详解 [M]. 张鸿涛，译 . 北京：人民邮电出版社，2018.
[11] 许辰人 . 迈向极限无线互联之路 [J]. 中国计算机学会通讯，2019，15(9)，53-60.
[12] IMT-2020 (5G) Promotion group. 5G vision and requirement, white paper[EB/OL]. (2014-05-01)[2023-03-07]. https://wenku.baidu.com/view/02540487360cba1aa811da7d.html?_wkts_=1680076512625.
[13] IMT-2020 (5G) Promotion Group. 5G concept, white paper[EB/OL].(2015-02-01)[2023-03-07]. https://wenku.baidu.com/view/2a32635a0066f5335b81215a.html?_wkts_=1680076683863.
[14] IMT-2020 (5G) Promotion Group. 5G wireless technology architecture, white paper[EB/OL]. (2015-05-01)[2023-03-07].https:/www.doc88.com/p-7982537460274.html?r=1.
[15] IMT-2020 (5G) Promotion Group. 5G network architecture design，white paper[EB/OL]. (2015-05-01)[2023-03-07].https://www.academia.edu/24352895/WHITE_PAPER_ON_5G_NETWORK_TECHNOLOGY_ARCHITECTURE.
[16] IMT-2020 (5G) Promotion Group. 5G network security requirement and architecture，white paper[EB/OL]. (2017-06-13)[2023-03-07].https://wenku.baidu.com/view/72068530ac51f01dc281e53a580216fc710a5318.html?_wkts_=1680077407618&bdQuery=5G+Network+Security+Require-ment+and+Architecture%2CWhite+Paper.

[17]   5G PPP Architecture Working Group.View on 5G architecture，white paper[EB/OL].(2016-06-10)[2023-03-07]. https://5g-ppp.eu/wp-content/uploads/2014/02/5G-PPP-5G-Architecture-WP-July-2016.pdf.

[18]   5G PPP Architecture Working Group.5G PPP phase1 security landscape，white paper[EB/OL].(2017-06-10)[2023-03-07]. https://5g-ppp.eu/wp-content/uploads/2014/02/5G-PPP_White-Paper_Phase-1-Security-Landscape_June-2017.pdf.

[19]   Ericsson.5G system: enabling the transformation of industry and society, white paper[EB/OL].(2017-01-11)[2023-03-07]. https://www.ericsson.com/49daeb/assets/local/reports-papers/white-papers/wp-5g-systems.pdf.

[20]   Huawei Technologies. 5G network architecture: a high-level perspective, white paper[EB/OL].(2016-12-15)[2023-03-07]. https://www.huawei.com/en/huaweitech/industry-insights/outlook/mobile-broadband/insights-reports/5g-network-architecture.

[21]   Qualcomm Technologies. Qualcomm's 5G vision，white paper[EB/OL]. (2017-02-27)[2023-03-07]. https://www.counterpointresearch.com/qualcomm-researchs-vision-for-5g/.

[22]   Samsung Electronics. 5G vision, white paper[EB/OL].(2015-02-26)[2023-03-07].https://www.samsung.com/global/business/networks/insights/white-papers/5g-vision/.

[23]   GSMA Intelligence. Understanding 5G: perspectives on future technological advancements in mobile, white paper[EB/OL]. (2014-12-01)[2023-03-07]. https://www.gsma.com/futurenetworks/resources/understanding-5g-perspectives-on-future-technological-advancements-in-mobile-gsmai-report-3/.

[24]   Nokia.Now is the time to prepare for 5G, white paper[EB/OL]. (2017-06-26)[2023-03-07]. https://www.5gcc.ca/wp-content/uploads/2018/06/Nokia-Now-is-the-time-to-prepare-for-5G.pdf.

移动 IP

IP 是 TCP/IP 协议体系中的网络层协议，也是互联网的核心与基础性协议之一。移动互联网仍建立在传统互联网的基础上，客户端从计算机扩展为以手机为主的移动终端，并且将 IP 扩展为移动 IP 以支持节点的移动性。本章将在介绍移动互联网应用发展的基础上，系统地讨论移动 IP 的概念、关键技术，以及移动 IPv4、移动 IPv6 的工作原理。

4.1　移动 IP 的概念

4.1.1　移动 IP 的研究背景

移动 IP(Mobile IP，MIP）技术是移动互联网发展的基础。要研究移动互联网相关技术，首先需要了解移动 IP 的概念。

移动 IP 节点（简称"移动节点"）是指从一个链路移动到另一个链路，或从一个接入网移动到另一个接入网的主机或路由器。当移动节点在不同的网络或传输介质之间移动时，随着接入位置的变化，接入点将会改变，最初分配给它的 IP 地址已经不能表示当前所在的网络位置，如果仍然使用原来的 IP 地址，那么路由选择算法就不能为移动节点提供正确的路由服务。

在不改变现有 IPv4 协议的条件下，解决这个问题只有两种可能：一是每次改变接入点时，也改变它的 IP 地址；二是改变接入点时不改变 IP 地址，但是在整个互联网中加入该主机的特定主机路由。基于这样的考虑，人们提出了两种基本方案：第一种方案是在移动节点每次变换位置时，不断改变它的 IP 地址。第二种方案是根据特定主机的地址进行路由选择。

比较这两种方案，会发现它们都有重大的缺陷。第一种方案的主要缺点是不能保持通信的连续性，特别是当移动节点在不同的接入网漫游时，由于它的 IP 地址不断变化，会导致移动节点无法与其他主机通信。第二种方案的主要缺点是路由器对移动节点发送的每个分组都要进行路由选择，路由表会急剧膨胀，路由器处理特定路由的负担加重，不能满足大型网络的要求。因此，必须寻找一种新的机制来解决主机在不同网络之间移动的问题。为此，互联网工程任务组（IETF）成立了移动 IP 工作组（IP Routing for Wireless/Mobile Hosts），并在 1992 年开始制订移动 IPv4 的标准草案。这些文档主要包括：

- RFC 2002：定义了移动 IPv4（MIPv4）。
- RFC 1701、2003 与 2004：定义了移动 IPv4 的三种隧道技术。
- RFC 2005：定义了移动 IPv4 的应用。
- RFC 2006：定义了移动 IPv4 的管理信息库（MIB）。

1996 年 6 月，互联网工程指导组（IESG）通过了移动 IP 标准草案；1996 年 11 月，IESG 公布了移动 IP 建议标准，为移动 IPv4 成为互联网标准奠定了基础。

考虑到技术发展的过程，本章中提到的"移动 IP"是指移动 IPv4 环境中的移动节点及协议。在研究 IPv6 环境中的移动问题时，会明确表述为移动 IPv6 节点及协议。

4.1.2 移动 IP 的设计目标与主要特征

1. 移动 IP 的设计目标

移动 IP 的设计目标是：移动节点在改变接入点时，无论是在不同的网络之间移动，还是在不同的传输介质之间移动，都不必改变其 IP 地址，并能在移动过程中保持已有通信的连续性。

移动 IP 工作的前提是当前互联网基于网络前缀进行路由选择，那么对于"移动节点在不同网络之间移动的过程中仍然能保持通信"的问题，如果从网络层次结构的角度来看，移动 IP 研究的思路实质上是在网络层支持移动。因此，移动 IP 研究要解决支持移动节点转发 IP 分组的网络层协议问题。

移动 IP 的研究主要解决以下两个基本问题：

- 移动节点可通过一个永久的 IP 地址连接到任何链路上。
- 移动节点切换到新的链路上时，仍然保持与通信对端主机的正常通信。

2. 移动 IP 协议的基本要求

为了解决以上两个问题，移动 IP 协议应该满足以下几个要求：

- 移动节点在改变网络接入点后，仍然能够与互联网的其他节点通信。
- 移动节点无论连接到哪个接入点，都能够使用原来的 IP 地址进行通信。
- 移动节点能够与互联网的其他不具备移动 IP 功能的节点通信，而不需要修改协议。
- 考虑到移动节点通常使用无线方式接入，涉及无线信道带宽、误码率与电池供电等因素，因此应尽量简化协议，减少协议开销，提高协议效率。
- 移动节点受到的安全威胁不应比互联网的其他节点受到的安全威胁更大。

3. 移动 IP 协议的基本特征

作为网络层的一种协议，移动 IP 应该具备以下几个特征：

- 移动 IP 与现有的互联网协议兼容。
- 移动 IP 与底层采用的传输介质类型无关。
- 移动 IP 对传输层及以上的高层协议是透明的。
- 移动 IP 应该具有良好的可扩展性、可靠性和安全性。

4.2　移动 IPv4

4.2.1　移动 IP 的逻辑结构和基本术语

1. 移动 IP 的逻辑结构

图 4-1 给出了移动 IP 的逻辑结构与组成单元。其中，图 4-1a 给出了一个移动节点从家乡网络漫游到外地网络的示意图。为了研究方便和表述简洁，读者经常会在一些文献和教材中看到如图 4-1b 所示的移动 IP 的逻辑结构图。逻辑结构图简化了移动节点接入网络的细节，突出了链路接入和 IP 地址的概念。

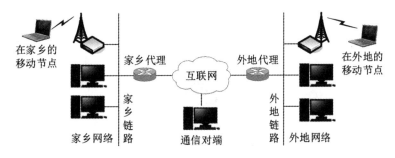

a）移动节点从家乡网络漫游到外地网络

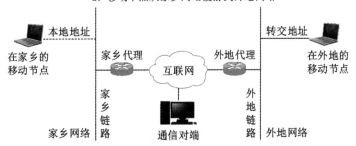

b）移动 IP 的逻辑结构

图 4-1　移动 IP 的逻辑结构与组成单元

2. 移动 IP 的基本术语

（1）移动 IP 的功能实体

在讨论移动 IP 的工作原理时，涉及构成移动 IP 的 4 个功能实体：

- 移动节点（Mobile Node，MN）：是指从一个链路移动到另一个链路的主机或路由器。在移动节点改变网络接入点后，可以不改变其 IP 地址，并且继续与其他节点通信。
- 家乡代理（Home Agent，HA）：是指移动节点的家乡网络连接到互联网的路由器。当移动节点离开家乡网络之后，它负责将发送到移动节点的分组通过隧道转发到移动节点，并且维护移动节点当前的位置信息。
- 外地代理（Foreign Agent，FA）：是指移动节点所访问的外地网络连接到互联网的路由器。它接收家乡代理通过隧道发送给移动节点的分组，并且为移动节点发送的分组提供路由服务。家乡代理和外地代理统称为移动代理。
- 通信对端（Correspondent Node，CN）：是指与移动节点通信的节点。它可以是一个固定节点，也可以是一个移动节点。

图 4-2 给出了移动网络体系结构中的初始要素。

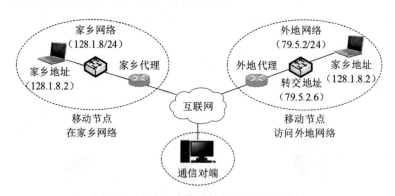

图 4-2　移动网络体系结构中的初始要素

（2）移动 IP 的常用术语

在讨论移动 IP 的工作原理时，常用的术语主要包括：

- 家乡地址（Home Address，HoA）：是指家乡网络为移动节点分配的一个长期有效的 IP 地址。
- 转交地址（Care-of Address，CoA）：是指移动节点接入一个外地网络时被分配的一个临时 IP 地址。
- 家乡网络（Home Network，HN）：是指为移动节点分配家乡地址的网络。目的地址为家乡地址的 IP 分组，将以标准的 IP 路由机制发送到家乡网络。
- 家乡链路（Home Link，HL）：是指移动节点在家乡网络时接入的本地链路。
- 外地链路（Foreign Link，FL）：是指移动节点在访问外地网络时接入的链路。与家乡网络和外地网络相比，家乡链路与外地链路能够更精确地表示出移动节点的接入位置。

- 移动绑定（Mobility Binding，MB）：是指家乡网络维护的移动节点的家乡地址与转交地址的关联。

（3）隧道技术

在移动 IP 中，家乡代理通过隧道（tunnel）将发送给移动节点的 IP 分组转发到移动节点。隧道的一端是家乡代理，另一端通常是外地代理，也可能是移动节点。图 4-3 给出了通过隧道传输 IP 分组示意图。

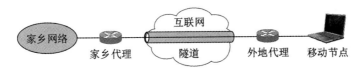

图 4-3　通过隧道传输 IP 分组示意图

原始 IP 分组准备从家乡代理转发到移动节点，它的源地址为发送该分组的节点的 IP 地址，目的地址为移动节点的 IP 地址。家乡代理在转发之前需要加上外层分组头。外层分组头的源地址为隧道入口的家乡代理的 IP 地址，目的地址为隧道出口的外地代理的 IP 地址。在隧道传输的过程中，中间的路由器看不到移动节点的家乡地址。

为了支持节点在不同网络之间或不同传输介质之间移动，并且实现移动 IP 协议，数据链路层需要为网络层的移动特性提供服务。例如，当移动节点在无线收发器之间切换，在同一数据链路层的不同蜂窝之间移动时，在物理层与数据链路层要解决节点在移动过程中通信的连续性问题。

4.2.2　代理发现

移动 IP 的研究重点是：如何保证节点在移动过程中通信的连续性。移动 IP 协议主要由 3 个部分组成：代理发现、移动节点注册、数据分组传输（间接路由选择）等。移动 IPv4 的主要部分是由 RFC 5944 定义的。

1. 代理发现的基本概念

当移动节点到达一个新的网络时，无论是接入一个外部网络还是返回家乡网络，它都要知道相应的外部代理或家乡代理的身份。移动节点要通过获取一个新的 IP 地址来判断它是否进入一个新的网络，这个过程称为代理发现（agent discovery）。代理发现过程通过扩展 ICMP 路由发现机制定义的"代理通告"和"代理请求"报文来实现。

图 4-4 给出了具有移动代理扩展的 ICMP 路由器发现报文结构。

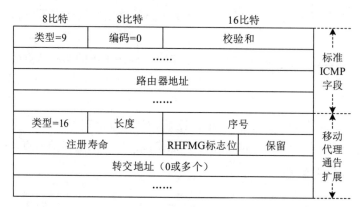

图 4-4 移动代理扩展的 ICMP 路由器发现报文结构

2. 代理通告

借助代理通告（agent advertisement），外部代理或家乡代理使用了一种现有路由器发现协议的扩展协议（RFC 1256）。外部代理周期性地在连接的所有链路上广播一个类型字段值为 9 的 ICMP 路由器发现报文，其中包含该路由器的 IP 地址，以及 8 字节的移动代理通告扩展信息。移动代理通告扩展信息包括以下主要内容：

- 家乡代理标志位（H）：1 表示该代理是它所在网络的一个家乡代理。
- 外部代理标志位（F）：1 表示该代理是它所在网络的一个外部代理。
- 注册要求标志位（R）：1 表示该网络中的某个移动用户必须向某个外部代理注册。
- M、G 封装标志位：1 表示除了 "IP 中的 IP（IP-in-IP）" 封装方式之外，还支持采用其他封装方式。
- 转交地址（CoA）：1 表示由外部代理提供的一个或多个转交地址的列表。CoA 将与外部代理关联，外部代理接收发送给该 CoA 的分组，然后转发到适当的移动节点。移动节点向其家乡代理注册时，将选择这些地址中的一个作为 CoA。

3. 代理请求

移动节点不仅可以等待接收外部代理发送的代理通告，它也可以主动广播一个代理请求（agent solicitation）报文，该报文的类型值为 10。移动代理接收到代理请求之后，直接向该移动节点单播一个代理通告。

4.2.3　移动节点的注册

移动节点获得 CoA 之后，需要向家乡代理注册。注册过程分为 4 步：

1）移动节点收到一个外部代理通告之后，向外部代理发送一个注册请求，该请求是一个端口号为 434 的 UDP 报文。报文携带的内容包括：外部代理通告的 CoA、家乡代理的 HoA、移动节点的永久地址（MA）、请求的注册寿命，以及一个 64 位的注册标识。注册寿命指出注册有效的时间，单位为秒。如果在家乡代理的更新时间内没有注册，则该注册将变为无效。注册标识就像一个序号，用于将收到的注册回答与注册请求匹配。

2）外部代理接收注册请求并记录移动节点的永久地址。外部代理知道应该查找目的地址与该移动节点的永久地址匹配的分组。外部代理向家乡代理发送一个注册请求，它是一个端口号为 434 的 UDP 报文，该报文包含 CoA、HoA、MA、请求的注册寿命与注册标识。

3）家乡代理接收注册请求并检查真实性和正确性。家乡代理将移动节点的 MA 与 CoA 绑定。此后，到达家乡代理的分组与发往移动节点的分组将在封装后通过隧道传送到 CoA。家乡代理发送一个注册响应，该报文中包含 HoA、MA、实际注册寿命与确认的注册标识。

4）外部代理接收注册响应报文，然后将它转发给移动节点。

至此，注册过程完成，移动节点就能接收目的地址为其永久地址的分组。当移动节点回到家乡网络时，它需要解除注册。

图 4-5 描述了代理通告与移动 IP 注册的过程。

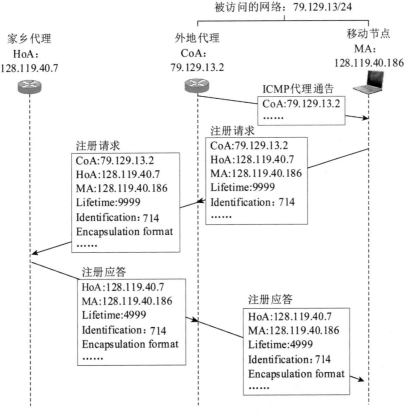

图 4-5　代理通告与移动 IP 注册

代理发现可以总结为图 4-6 描述的过程。

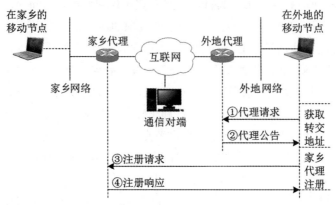

图 4-6　代理发现过程示意图

4.2.4　数据传输

在普通的 IP 网络中，通信的两个节点的 IP 地址确定，路由选择算法根据源地址与目的地址找到最佳传输路径，实现分组传输。但是，在移动 IP 网络中，通信对端仅知道移动节点的 HoA。随着位置的变化，移动节点的 CoA 可能变化。因此，在移动 IP 网络中，必须考虑移动节点与家乡代理、外地代理之间的交互。当移动节点接入外地网络时，它需要向家乡代理注册当前的 CoA。家乡代理同意注册请求之后，维护移动节点的 HoA 与 CoA 的映射关系，并建立一条家乡代理与 CoA 之间的双向隧道。RFC 2003 与 RFC 2004 规定了不同的隧道封装方法。RFC 2003 的隧道封装方法是在原分组的 IP 分组头之外又加上一个完整的 IP 分组头，这样就会在分组头中出现一些冗余字段。RFC 2004 定义了最小封装方法，它删除了一些冗余字段。在最小封装的 IP 分组内部，源地址、目的地址与 "IP-in-IP" 隧道封装方法相同。

图 4-7 给出了通信对端向移动节点发送分组的过程。在通信对端向移动节点发送分组时，原 IP 分组头作为内部的 IP 分组头，源地址是通信对端的 IP 地址（IP-C），目的地址是移动节点的 HoA（IP-M）；增加的外部 IP 分组头的源地址是家乡代理的 IP 地址（IP-H），目的地址移动节点的 CoA（IP-F）。

通信对端向移动节点发送 IP 分组时，首先将分组发送到移动节点的家乡代理；家乡代理封装原 IP 分组后，通过隧道发送到外地代理；外地代理将封装的 IP 分组拆封后，还原出原 IP 分组，然后直接转发给移动主机。

图 4-8 给出了移动节点向通信对端发送分组的过程。移动节点通常选择外地代理作为默认路由器。移动节点向外地代理发送 IP 分组，源地址为移动节点的 CoA（IP-M），目的

地址为通信对端 IP 地址（IP-C）。外地代理将 IP 分组的源地址改为移动节点的 HoA（IP-M），目的地址仍为通信对端 IP 地址（IP-C），然后将该分组作为普通的 IP 分组发送，而无须通过隧道发送。

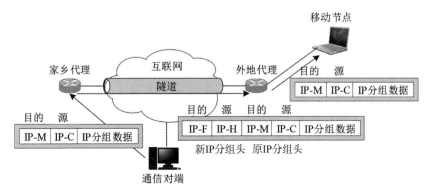

图 4-7　通信对端向移动节点发送分组过程

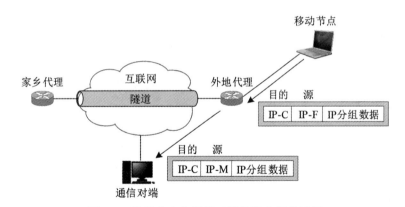

图 4-8　移动节点向通信对端发送分组的过程

家乡代理一般不将广播、多播分组发送给移动主机，除非移动主机提出明确的要求。如果移动主机要接收广播分组，需要在注册请求中将"B"位设为 1。移动节点可通过加入家乡网络的多播组来实现多播。广播、多播分组的发送过程与单播类似。

4.2.5　MAC 地址解析

在局域网中发送与接收 IP 分组时，网络层使用的是 IP 地址，数据链路层使用的是 MAC 地址。在移动 IP 分组的传输过程中，家乡代理的 IP 地址并不是移动节点的家乡地址，在正常情况下，移动节点的家乡地址与 MAC 地址绑定。这就存在一个问题：家乡代理如何截获发送给移动节点的数据帧？因此，需要在地址解析协议（ARP）上增加代理

ARP 机制，使家乡代理能侦听发送给移动节点 MAC 地址的数据帧。

代理 ARP 是指当一个节点不能或不愿意对 ARP 请求做出响应时，由代理节点来发送 ARP 响应的机制。代理节点将其 MAC 地址填写在响应分组中，从而使收到响应的节点将该 MAC 地址和最初请求的 IP 地址关联。这样，该节点此后就会将目的地址作为该 IP 地址的分组，在数据链路层以对应的 MAC 地址为目的地址传送到代理节点。

当移动节点在外地网络中注册时，其家乡地址可使用代理 ARP 响应它收到的关于该节点的 MAC 地址请求。当家乡代理监听一个 ARP 请求时，如果家乡代理确认该请求的 IP 地址是已经注册的地址，但是现在移动到外地网络，那么它使用代理 ARP 将自己的 MAC 地址添加到请求响应报文中，使发送 ARP 请求的通信对端得到请求的 IP 地址关联的家乡代理的 MAC 地址，从而将数据发送给这个家乡代理。这个过程如图 4-9 所示。

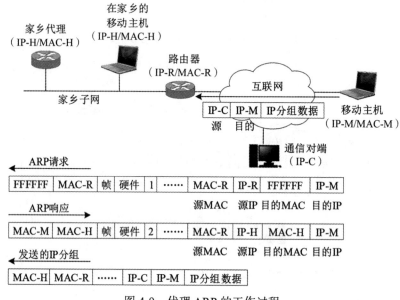

图 4-9　代理 ARP 的工作过程

4.2.6　路由优化

在移动 IP 方案中存在"三角路由"问题。当通信对端向处于外地链路的移动节点发送数据时，数据首先发送到移动节点的家乡代理，然后通过家乡代理与外地代理构成的隧道发送到外地代理，最后由外地代理转交给移动节点。当移动节点向通信对端发送数据时，数据可以直接发送。因此，移动节点与通信对端之间的数据通路形成一个类似三角形的路由路径，该路径就称为"三角路由"（如图 4-10 所示）。

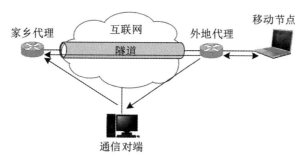

图 4-10　移动 IP 中的"三角路由"问题

"三角路由"有以下三个缺点：

- 这种路由通常不是最优的，容易出现绕路与路由不对称现象，导致端到端延时增加。
- 家乡代理可能因负荷太重而成为通信的瓶颈。
- 当移动节点移动到较远的地方时，注册的开销会越来越大。

在通信对端的路由优化方案中，每个通信对端都维护一个移动绑定的缓存，每个绑定项是有关移动节点的家乡地址与转交地址的映射；每个绑定有一定的生存时间，超过生存时间的绑定将从缓存中删除。通信对端只有收到并认证节点的绑定时，缓存才能够被创建或更新。当通信对端向移动节点发送数据时，如果存在该节点的目的地址的绑定，那么通信对端可以用绑定的转交地址将分组封装后，通过隧道传送给移动节点的 CoA。如果没有该移动节点的绑定项，分组仍将发送给移动节点的家乡代理，同时向通信对端发送一个绑定更新消息，以便通信对端能够建立绑定缓存。

4.3　移动 IPv6

4.3.1　移动 IPv6 与移动 IPv4 的比较

支持 IPv6 环境中的移动节点的协议称为移动 IPv6 协议。IPv6 对移动节点的支持主要表现在以下两个方面：

- IPv6 的节点自动配置功能使节点在改变网络接入点之后，能够保持网络连接。
- IPv6 协议的移动选项可以放在扩展分组头中。

IPv4 将支持移动作为一个可选的部分，而 IPv6 将支持移动作为一个组成部分。IPv6 为每个移动节点分配一个全球唯一的临时地址；而 IPv4 由于地址结构的限制，不可能给每个移动节点分配这样的地址。

由于移动 IPv6 是在移动 IPv4 的基础上发展起来的，因此移动 IPv6 与移动 IPv4 在概念和术语上有很多相似之处，如移动节点、家乡代理、家乡地址、转交地址等。移动 IPv6 也对移动 IPv4 进行了改进，因此移动 IPv6 与移动 IPv4 有很多不同之处，它们主要表现在以下几个方面。

（1）外地代理

移动 IPv6 中没有"外地代理"的概念，只定义了一种"转交地址"。它不需要像移动 IPv4 那样将某些路由器配置为外地代理，移动节点利用 IPv6 的一些特点（如邻居发现与地址自动配置方法），通过地址自动配置获取"配置转交地址"，不需要外地网络中的路由器提供的特殊服务功能。

（2）路由优化

移动 IPv6 将路由优化作为一个基本功能，而移动 IPv4 将它作为一个可选的功能。移动 IPv6 允许通信对端发送的分组不经过家乡代理，而是直接路由到移动节点。在移动 IPv6 中，如果移动节点发送多播分组，则不必通过家乡代理转发，可以直接发送。

（3）移动检测

移动 IPv6 的移动检测可实现移动节点和默认路由器之间的双向通信认证，保证移动节点接收到路由器发送的分组，也保证路由器接收到移动节点发送的分组。

（4）截取分组

移动 IPv6 的家乡代理使用邻居发现协议，截取发送给离开家乡网络的移动节点的分组；移动 IPv4 的家乡代理则使用 ARP 协议，截取发送给离开家乡网络的移动节点的分组。

（5）隧道封装与隧道软状态

在移动 IPv6 中，除了家乡代理截取的分组之外，大多数分组都使用 IPv6 分组头直接发送到移动节点，而不需要使用隧道封装。移动 IPv4 需要对所有截取的分组进行封装。

移动 IPv6 使用 ICMPv6 协议，不需要使用"隧道软状态"。由于 IPv4 有 ICMP 协议限制，因此移动 IPv4 通过管理"隧道软状态"，将隧道返回的 ICMP 差错报文转发给发送方。

（6）家乡代理发现

移动 IPv6 具有动态家乡代理发现机制，通过 IPv6 泛播地址，仅需向移动节点返回一个响应；而移动 IPv4 使用的是分组广播机制，家乡链路上的每个家乡代理都要向移动节点返回一个响应。

表 4-1 给出了移动 IPv4 与移动 IPv6 的比较。

表 4-1　移动 IPv4 与移动 IPv6 的比较

比较项	移动 IPv4	移动 IPv6
是否需要外地代理	需要	不需要
转交地址	FA 或 CoA	CoA
捕获转交地址	通过 FA 或 DHCPv4	IPv6 无状态与有状态机制
路由优化	可选	强制
路由优化中是否需要隧道传输	在 MN 与 CN 之间建立隧道	不需要建立隧道

（续）

比较项	移动 IPv4	移动 IPv6
家乡代理是否参与路由优化	参与	不参与
移动 IP 消息格式	ICMP 与 UDP 包	IP 头与 ICMP 包

通过简单的比较可以发现，移动 IPv6 在移动 IPv4 的基础上做了一些重要改进，使移动 IPv6 比移动 IPv4 更有效率，也更可靠。

4.3.2 移动 IPv6 的基本操作

对移动 IPv6 的基本操作的研究主要涉及移动节点与通信对端之间、移动节点与家乡代理之间的两类通信。移动节点与通信对端之间的通信又可以分为：移动节点到通信对端、通信对端到移动节点的通信。

为了解决实际的移动 IPv6 通信问题，需要考虑很多因素：在移动 IPv6 中，节点可能连续改变接入点；通信对端可能是一个固定节点，也可能是一个移动节点；通信对端可能在节点移动之前就开始通信，也可能是一个新的通信节点；当移动节点离开家乡网络时，家乡网络进行了重新配置，原来的家乡代理已经被另一个新的路由器代替；移动节点与新的通信对端之间建立一个新的 TCP 连接，这与基于 UDP 的通信要求不同；如何屏蔽移动节点的地址变化，使移动 IPv6 的操作对高层协议是透明的。同时，移动 IPv6 在通信过程中面临着一系列安全威胁。

本节讨论的是移动 IPv6 的基本操作，不涉及以上复杂情况的处理。图 4-11 给出了移动 IPv6 的基本操作过程。

1. 从本地链路移动到外地链路

当移动节点从本地链路移动到外地链路时，它必须进行"获取转交地址"与"家乡注册"操作，如果有必要，还需要进行"发现本地链路上的家乡代理"操作。

移动节点通过检查当前的默认路由器是否可达来判断自己是否已经发生移动。如果当前的默认路由器已经不可达，并且发现了一个新的默认路由器，那么表明该节点已经移动到一个新的链路。

移动节点可以在外地链路向路由器发送多播"路由器请求"报文，或者被动等待下一个周期的"路由器公告"报文。

从"路由器公告"报文中，移动节点可以发现新的路由器和新的"链路在线子网前缀"（on-link subnet prefix），根据子网前缀形成移动节点的转交地址。由于在当前链路上可能存在多个可用的子网前缀，有些无线环境中存在多条可用链路，因此移动节点通过自动配置可能得到多个转交地址。那么，移动节点将新发现的路由器和子网前缀形成的转交地址确定为主转交地址（primary care-of address）。移动节点获得新的主转交地址之后，对该地址进行重复地址检测（Duplicated Address Detection，DAD），以确定它的唯一性。

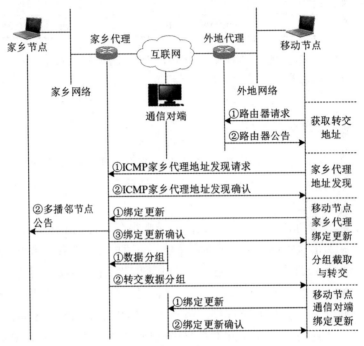

图 4-11　移动 IPv6 的基本操作过程

2. 发现本地链路上的家乡代理

在一般情况下，家乡网络的本地链路上可能有多个路由器。当移动节点离开家乡网络时，家乡网络可能进行了重新配置，原来的家乡代理已经被另外一个路由器代替。移动节点进行家乡注册时，不知道家乡链路上的哪个路由器正在提供家乡代理服务。这时，移动节点需要通过动态家乡代理地址发现机制，使用"ICMP 家乡代理地址发现请求"报文与"ICMP 家乡代理地址发现响应"报文来发现本地链路上的家乡代理地址。

3. 移动节点和家乡代理的绑定更新

（1）家乡注册

当移动节点使用主转交地址时，必须向家乡代理进行注册，完成移动节点和家乡代理的绑定更新。

（2）绑定更新

在家乡代理注册的过程中，移动节点首先向家乡代理发送"绑定更新"报文，家乡代理收到报文后向移动节点发送"绑定确认"报文。

在移动节点和家乡代理的绑定更新过程中，家乡代理维护绑定缓存和家乡代理列表，移动节点维护绑定更新列表。

4. 截取与转发分组

在完成移动节点和家乡代理的绑定更新之后，家乡代理可以使用代理邻居发现机制，在家乡链路上截取以家乡地址发送给移动节点的分组，然后根据主转交地址转发给已移动到外地网络的移动节点。

5. 移动节点与通信对端的绑定更新

移动节点与通信对端的绑定过程由移动节点发起和结束，其目的是优化移动节点和通信对端的路由。在完成移动节点和家乡代理的绑定更新之后，移动节点就可以开始更新与通信对端的绑定。

在绑定更新的过程中，移动节点首先向通信对端发送"绑定更新"报文，通信对端接收到"绑定更新"报文后，向移动节点发送"绑定确认"报文。

考虑到与通信对端建立绑定更新的安全性，当发起移动节点和通信对端的绑定更新时，移动节点需要启动一个返回路径，检查通信对端是否可以通过家乡地址或转交地址访问移动节点。同时，移动节点需要确定是否创建必要的绑定密钥。

需要注意的是，在完成移动节点和家乡代理的绑定更新之后，移动节点应该向绑定更新列表中的所有节点发送"绑定更新"报文，通知新的转交地址，刷新移动节点与这些节点的绑定关系。这样，这些节点就可以使用新的转交地址，直接将分组发送给移动节点。

4.3.3　移动 IPv6 对 IPv6 的修改

为了实现移动 IPv6 的基本功能，移动 IPv6 对 IPv6 协议在 3 方面做了修改。

1. 移动分组头

移动 IPv6 定义了一种新的移动分组头（mobility header）。移动分组头用于携带与移动 IP 相关的信息，构成实现检测返回路径可达和绑定更新功能的各种报文。

（1）用于检测返回路径可达的报文

- 家乡测试初始（Home Test Init，HoTI）报文。
- 家乡测试（Home Test，HoT）报文。
- 转交测试初始（Care-of Test Init，CoTI）报文。
- 转交测试（Care-of Test，CoT）报文。

（2）用于实现绑定更新的报文

- 绑定更新（binding update）报文。
- 绑定确认（binding acknowledgement）报文。

- 绑定更新请求（binding refresh request）报文。
- 绑定错误（binding error）报文。

绑定更新报文用于移动节点向通信对端或家乡代理通知当前的绑定关系；绑定确认报文用于确认移动节点发送的绑定更新；绑定更新请求报文用于在绑定生存时间快过期时，要求移动节点发送新的绑定更新请求；绑定错误报文用于通知通信对端移动过程中出现错误。

2. 新的目的选项

移动 IPv6 定义了一个新的目的选项，即家乡地址选项。该选项用于屏蔽使用移动 IPv6 对上层协议的影响，以及对接收报文的过滤。

3. 新的 ICMP 报文

为了支持家乡代理地址的自动发现，以及实现网络重新编号和移动配置功能，移动 IPv6 引入了一些新的 ICMP 报文。

（1）用于家乡代理地址自动发现的报文
- 家乡代理地址发现请求报文。
- 家乡代理地址发现响应报文。

（2）用于网络重新编号和移动配置的报文
- 移动前缀请求报文。
- 移动前缀响应报文。

4.3.4 移动 IPv6 通信的类型

移动 IPv6 通信的类型包括移动节点与通信对端之间的通信、移动节点与家乡代理之间的通信。

1. 移动节点与通信对端之间的通信

移动节点与通信对端之间的通信又可以分为：从移动节点到通信对端的通信、从通信对端到移动节点的通信。

（1）从移动节点到通信对端的通信

移动节点向通信对端发送两类分组：绑定更新分组与数据分组。

第一类是移动节点向通信对端发送绑定更新分组。

图 4-12 给出了移动节点向通信对端发送绑定更新分组的过程。

绑定更新分组主要包括两个部分：IPv6 分组头与目的选项扩展头。IPv6 分组头的源地址为移动节点转交地址 CoA，目的地址为通信对端 IP 地址 CAN。由于用移动节点的 CoA

代替了本地节点地址 HA，外地链路上的路由器的准入过滤不会阻止分组转发。目的选项扩展头包含本地地址选项和绑定更新选项。本地地址选项向通信对端说明绑定移动节点的本地地址。图中虚拟移动节点表示移动节点漫游前所在的本地网络位置。绑定更新可以和高层 PDU 数据一起发送，也可以单独发送。

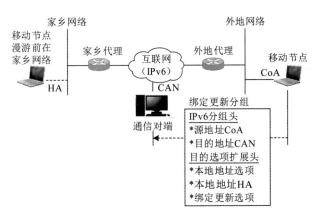

图 4-12　移动节点向通信对端发送绑定更新分组的过程

第二类是移动节点向通信对端发送数据分组。

移动节点向通信对端发送数据分组可以分为两种情况。第一种情况是用移动选项从本地地址 HA 向通信对端发送数据分组，第二种情况是从转交地址 CoA 向通信对端发送数据分组。

如果要求长时间传输，并且传输层使用 TCP 会话，那么应选择用本地地址 HA 向通信对端发送数据分组。如果要求短时间传输，像 DNS 域名解析之类的应用时，那么应选择用转交地址 CoA 向通信对端发送数据分组。

图 4-13 给出了移动节点向通信对端发送数据分组的过程。

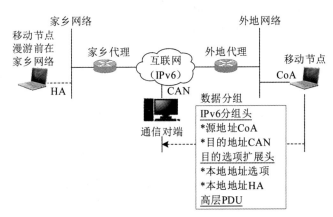

图 4-13　移动节点向通信对端发送数据分组的过程

（2）通信对端到移动节点的通信

通信对端向移动节点发送两类分组：绑定维持分组与数据分组。

第一类是通信对端向移动节点发送绑定维持分组。

通信对端向移动节点发送的是绑定确认分组或绑定维持分组。图 4-14 给出了通信对端向移动节点发送绑定维持分组的过程。

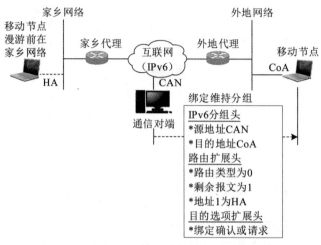

图 4-14　通信对端向移动节点发送绑定维持分组的过程

绑定维持分组包括 3 个部分：IPv6 分组头、路由扩展头与目的选项扩展头。IPv6 分组头的源地址为通信对端地址 CAN，目的地址为移动节点的转交地址 CoA。在路由扩展头中，路由类型字段值为 0，剩余报文字段值为 1，地址 1 字段值为移动节点的本地地址 HA。目的选项扩展头中包含确认选项或绑定请求选项。绑定确认或请求可以和高层 PDU 数据一起发送，也可以单独发送。

第二类是通信对端向移动节点发送数据分组。

从通信对端向移动节点发送数据分组又分为两种情况。

第一种情况是当通信对端的绑定缓存中存在与移动节点对应的表项时，从通信对端向移动节点发送数据分组。图 4-15 给出了通信对端向移动节点发送数据分组的过程。

数据分组的 IPv6 分组头的源地址为通信对端地址 CAN，目的地址为移动节点的转交地址 CoA。在路由扩展分组头中，路由类型字段值为 0，剩余报文字段值为 1，地址 1 字段值为移动节点的本地地址 HA。高层 PDU 数据包含发往移动节点的应用层数据。

第二种情况是当通信对端的绑定缓存中不存在移动节点对应的表项时，从通信对端向移动节点发送数据分组。图 4-16 给出了通信对端向移动节点发送数据分组的过程。

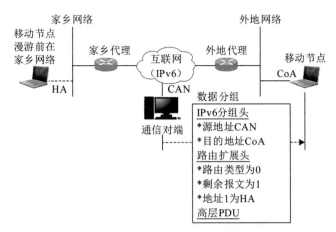

图 4-15 通信对端向移动节点发送数据分组的过程

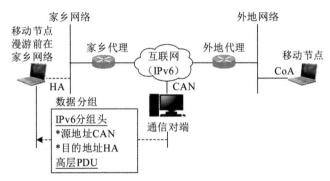

图 4-16 通信对端向移动节点发送数据分组的过程

数据分组的 IPv6 分组头中源地址为通信对端地址 CAN，目的地址为移动节点的本地地址 HA。高层 PDU 数据包含应用层的数据。高层 PDU 数据包含发往移动节点的应用层数据。

由于数据分组的目的地址为移动节点的本地地址 HA，因此具有与移动节点对应的绑定缓存表项的家乡代理将截获该数据包，并通过 IPv6 over IPv6 隧道方式将数据分组转发给移动节点。

2. 移动节点与家乡代理之间的通信

移动节点与家乡代理之间的通信包括以下两种情况：从移动节点到家乡代理的通信、从家乡代理到移动节点的通信。

（1）从移动节点到家乡代理的通信

从移动节点到家乡代理的通信发送两类数据分组：绑定更新分组与 ICMPv6 家乡代理发现请求分组。

第一类是移动节点向家乡代理发送绑定更新分组。

图 4-17 给出了移动节点向家乡代理发送绑定更新分组的过程。

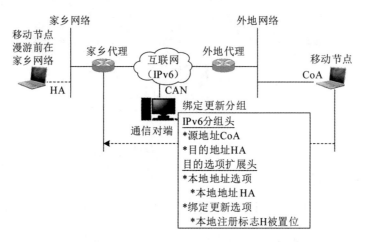

图 4-17 移动节点向家乡代理发送绑定更新分组的过程

绑定更新分组主要包括两个部分：IPv6 分组头与目的选项扩展头。IPv6 分组头的源地址为移动节点的转交地址 CoA，目的地址为家乡代理地址 HA。由于使用移动节点的转交地址 CoA 代替了本地节点地址，因此外地链路上的路由器的准入过滤不会阻止分组的转发。目的选项扩展头包含本地地址选项和绑定更新选项。本地地址选项包含移动节点的本地地址 HA，用于向家乡代理说明这是绑定的本地地址。在绑定更新选项中，本地注册标志 H 被置位，表示发送方请求接收方作为该移动节点的家乡代理。

第二类是移动节点向家乡代理发送 ICMPv6 家乡代理发现请求分组。

图 4-18 给出了移动节点向家乡代理发送 ICMPv6 家乡代理地址发现请求分组的过程。

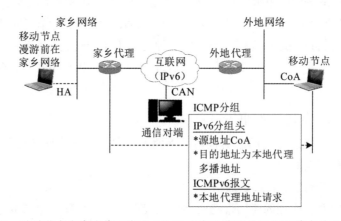

图 4-18 移动节点向家乡代理发送 ICMPv6 家乡代理地址发现请求分组的过程

ICMPv6 家乡代理地址发现请求分组头的源地址为移动节点的转交地址 CoA，目的地址为对应本地链路前缀的家乡代理多播地址。移动节点通过 ICMPv6 家乡代理地址发现请求分组在本地链路中查询家乡代理列表。

（2）从家乡代理到移动节点的通信

家乡代理到移动节点的通信发送三种分组：绑定维持分组、ICMPv6 家乡代理地址发现响应分组、通过隧道发送的数据分组。

第一类：家乡代理向移动节点发送绑定维持分组。

图 4-19 给出了家乡代理向移动节点发送绑定维持分组的过程。绑定维持分组又分为绑定请求与绑定确认。

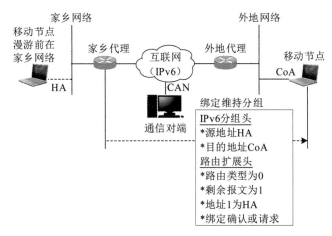

图 4-19　家乡代理向移动节点发送绑定维持分组的过程

绑定维持分组的源地址为家乡代理的地址 HA，目的地址为移动节点的转交地址 CoA。在路由扩展分组头中，路由类型字段值为 0，剩余报文字段值为 1，地址 1 字段的值为移动节点的本地地址 HA。目的选项扩展头中包含确认选项或绑定请求选项。

第二类是家乡代理向移动节点发送 ICMPv6 家乡代理地址发现响应分组。

图 4-20 给出了家乡代理向移动节点发送 ICMPv6 家乡代理地址发现响应分组的过程。IPv6 分组头的源地址为家乡代理地址 HA，目的地址为移动节点的转交地址 CoA。ICMPv6 家乡代理地址发现响应分组包含按优先级排序的家乡代理列表。

第三类是通过隧道发送数据分组。

图 4-21 给出了家乡代理通过隧道向移动节点发送数据分组的过程。当通信对端的绑定高速缓存中不存在与移动节点的本地地址对应的表项，IPv6 分组头的源地址为家乡代理地址 HA，目的地址为移动节点的转交地址 CoA，仅有移动节点相应的绑定缓存表项的家乡代理将截获该分组，并通过 IPv6 over IPv6 隧道将该分组转发给移动节点。

在转发之前需要对分组进行第二次封装。封装后的外层 IPv6 分组头的源地址为家乡代理的地址 HA，目的地址为移动节点的转交地址 CoA。封装后的内层 IPv6 分组头的源地址为通信对端的地址 CAN，目的地址为移动节点的本地地址 HA。高层 PDU 是通信对端发送给移动节点的应用层数据。

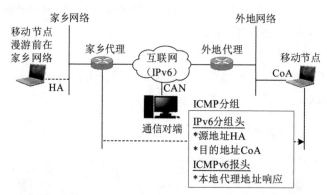

图 4-20　家乡代理向移动节点发送 ICMPv6 家乡代理地址发现响应分组的过程

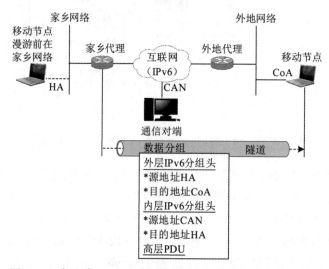

图 4-21　家乡代理通过隧道向移动节点发送数据分组的过程

4.4　移动 IP 的关键技术

移动 IP 的关键技术涉及移动切换、移动 IP 的安全、服务质量（QoS）、移动组播技术等。

4.4.1　移动切换

移动节点从一个链路移动到另一个链路的漫游过程称为切换（如图 4-22 所示）。移动节点在切换之前与切换之后的转交地址是不同的。移动 IP 是网络层协议，而支持它的是数据链路层和物理层，由于无线链路的高误码率、无线信号强度的动态变化等原因，切换过程可能导致移动节点在一定时间内不能收发数据帧，进而不能正常收发数据分组，会引起移动节点与通信对端之间的通信暂时中断。如何保持节点在移动过程中的通信连续性，缩短移动切换时间，减少对通信服务质量的影响，是移动 IP 研究的关键技术。

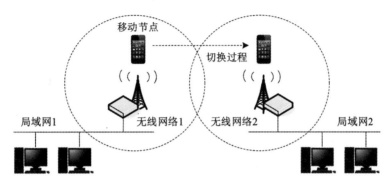

图 4-22　移动节点从一个链路移动到另一个链路的切换过程

移动 IP 是网络层协议，它必须保持与数据链路层相对独立。移动节点只有在完成从一个链路移动到另一个链路的移动切换之后，通过移动 IP 获取转交地址，才能够开始注册和绑定更新。因此，物理层和数据链路层的移动切换速度、延迟与稳定性直接影响移动IP 协议的实现和服务质量。人们研究移动切换技术时提出了以下几种方法。

1. 低延迟切换

基于移动 IPv4 的低延迟切换（low latency handover）的基本思想是使移动节点在切换过程中的通信连接中断时间最小。移动 IPv4 的低延迟切换又可以分为 3 种类型。

（1）预注册切换

预注册（pre-registration）切换是指当移动节点接入外地链路时，在进行切换之前就与新的外地网络的外地代理通信，建立注册关系，然后进行切换，以减少切换的影响。

（2）过后注册切换

过后注册（post-registration）切换是指当移动节点接入外地链路时，在完成注册之前，在新、旧两个外地代理之间建立双向隧道，移动节点继续使用前一个外地网络的转交地址，通过前一个外地代理维持已有通信连接，以减少切换的影响。

（3）组合切换

组合切换是指如果预注册切换可以在数据链路层切换之前完成，则使用预注册切换；如果预注册切换不能在数据链路层切换之前完成，则使用过后注册切换。

2. 快速切换

RFC 5142 与 RFC 5568 定义了基于移动 IPv6 的快速注册切换（fast handover）的基本方法。

（1）预切换

预切换是指移动节点与前一个接入路由器（外部代理）保持在数据链路层连接时，就开始建立与新的外地代理的注册关系，启动网络层切换。

（2）基于隧道的切换

基于隧道的切换是指在移动节点与新的接入路由器（外部代理）的数据链路层连接已经建立的情况下，利用前一个外部代理和新外部代理之间建立的隧道传输数据分组，尽量减少实时流传输中断的时间。

（3）平滑切换

平滑切换不仅要求切换时间短，而且要通过状态信息转移使切换更平滑。平滑切换可分成网络控制移动协助（Network-Controlled Mobile-Assistant，NCMA）与移动控制网络协助（Mobile-Controlled Network-Assistant，MCNA）。

网络控制移动协助方法使用移动 IPv6 中的 ICMP 绑定更新报文携带的转移状态信息，网络了解移动节点将切换到哪个路由器，前一个外地代理和新的外地代理提前通信并建立请求状态。在移动控制网络协助平滑切换方法中，移动节点的网络层在接收到切换即将发生的通知之后，立即发送移动 IPv6 报文。

（4）层次型移动 IPv6

层次型移动 IPv6（Hierarchical Mobile IPv6，HMIPv6）采用层次型路由结构，引入了称为移动锚点（Mobility Anchor Point，MAP）的实体。一个区域内部包含多个子网，子网个数根据情况变化。每个子网都有接入路由器，每个区域有一个移动锚点。移动节点通过锚点获得的地址是区域转交地址，可使用区域转交地址对家乡代理和通信对端进行绑定。当移动节点在锚点区域内移动时，无须对家乡代理和通信对端进行重新绑定，这样可减少移动时的通信中断时间。

4.4.2 移动 IP 的安全

从物理层与数据链路层角度看，移动节点大多通过无线链路接入。无线链路是一种开放的链路，容易遭受窃听、重放或其他攻击。从网络层移动 IP 协议的角度，移动节点不断从一个网络移动到另一个网络，通过家乡代理和外地代理使用代理发现、注册与隧道机制，实现与通信对端的通信。

代理发现机制很容易遭到恶意节点的攻击，它可以发出一个伪造的代理通告，使移动节点认为当前的绑定失效。

移动注册机制容易受到拒绝服务攻击与假冒攻击。典型的拒绝服务攻击是攻击者向家乡代理发送伪造的注册请求，把自己的 IP 地址当作移动节点的转交地址。在注册成功后，发送到移动节点的数据分组被转发给攻击者，而真正的移动节点接收不到数据分组。攻击者也可以通过窃听会话与截取分组，存储一个有效的注册信息，然后采取重放的办法向家乡代理注册一个伪造的转交地址。对于隧道机制，攻击者可以伪造一个从移动节点到家乡代理的隧道分组，从而冒充移动节点非法访问家乡网络。

移动 IP 面临着传统 IP 网络中几乎所有的安全威胁，而且有其特有的安全问题。家乡代理、外地代理、通信对端等角色，以及代理发现、注册与隧道机制，都可能成为攻击目标。因此，移动 IP 的安全问题是研究的重点之一。

4.4.3　服务质量

无线通信质量、手持设备的电池使用时间、屏幕尺寸与显示精度、无线连接费用与移动管理等问题都是影响移动 IP 的服务质量的重要因素。移动节点在相邻区域间的切换会引起分组传输路径的变化，从而对服务质量造成较大影响。移动节点转交地址的变化也会导致传输路径上的某些节点不能满足分组传输所需的服务质量。显然，针对 IP 网络提出的集成服务和区分服务机制不适合移动环境。移动 IP 服务质量解决方案需要考虑切换期间通信连接的中断时间，有效确定切换过程中原有路径的重建，切换完成后要及时释放原有路径上的服务质量状态和已分配资源等。目前，研究较多的解决方案都基于资源预留协议（RSVP），它可以为不同服务质量的会话管理提供更灵活的机制。

在移动 IP 的服务质量保证机制中，服务质量的协商机制是至关重要的。当移动节点的位置发生变化，或网络提供的服务质量发生变化时，都需要进行服务质量协商，从而在一定条件下保证移动节点得到比较满意的服务质量。

4.4.4　移动组播

很多应用需要网络提供组播技术的支持。在节点移动的无线环境中，移动组播不仅要处理组播组中成员关系的动态变化，而且要处理移动节点位置的动态变化。在组中成员不断移动的过程中，如果每次移动节点接入新的网络时，都需要重新构建组播传播树，就意味着会极大地增加网络协议的开销。当移动节点快速移动时，可能因为来不及重建组播树而造成组播服务中断。针对目前 IP 网络提出的组播协议，基本上都是假设在构建组播树时节点位置固定的前提下做出的，因此不适合组成员移动的环境。

随着移动 IP 技术的快速发展，人们开始研究支持主机移动的组播协议。在移动 IPv4 与移动 IPv6 中给出了两种支持节点移动的组播机制：双向隧道（Bi-directional Tunneling,

BT) 与远程签署（Remote Subscription，RS）。

在双向隧道方法中，当移动节点接入外地网络时，与家乡代理建立双向隧道，通过隧道发送和接收组成员控制消息。家乡代理加入组播组，并将收到的组播分组通过隧道转发给移动节点。如果移动节点向某个组发送组播分组，则先使用隧道将分组发送到家乡代理，再由家乡代理进行转发。双向隧道机制可以屏蔽节点的移动，不需要重构组播树，但是移动节点需要经过到家乡代理的隧道收发组播分组，组播传输路径不是优化的。

在远程签署方法中，当移动节点到达新的网络后，直接在新的网络中发送组成员报文，通过绑定的外地网络重新申请加入组播组。移动节点响应外地网络中的组播路由器查询报文，通过外地网络的组播路由器接收和发送数据。远程签署优化了组播传输路径，但是移动节点每次移动到新的网络都要重新申请加入组播组，引起组播传输树的频繁重构，组播服务的中断时间较长。

这两种基本方法都有明显的优点和不足之处。因此，适合移动环境的组播通信技术已成为移动 IP 研究的重点方向之一。

参考文献

[1] 库罗斯，罗斯 . 计算机网络：自顶向下方法：第 8 版 [M]. 陈鸣，译 . 北京：机械工业出版社，2022.

[2] 特南鲍姆，费姆斯特尔，韦瑟罗尔 . 计算机网络：第 6 版 [M]. 潘爱民，译 . 北京：清华大学出版社，2022.

[3] 傅洛伊，王新兵 . 移动互联网导论 [M].4 版 . 北京：清华大学出版社，2022.

[4] 崔勇，张鹏 . 移动互联网：原理、技术与应用 [M]. 2 版 . 北京：机械工业出版社，2018.

[5] 危光辉 . 移动互联网概论 [M]. 2 版 . 北京：机械工业出版社，2020.

[6] 吴功宜，吴英 . 计算机网络 [M]. 5 版 . 北京：清华大学出版社，2021.

[7] 吴功宜，吴英 . 计算机网络高级教程 [M]. 2 版 . 北京：清华大学出版社，2015.

[8] JOHNSON D B, ARKKO J, PERKINS C E. Mobility support in IPv6[EB/OL].(2020-01-21)[2023-03-10]. https://datatracker.ietf.org/doc/rfc6275/.

[9] PERKINS C. IP mobility support for IPv4 (Revised)[EB/OL].(2010-07-30)[2023-03-05]. https://www.ietf.org/archive/id/draft-ietf-mip4-rfc3344bis-09.html.

[10] KOODLI R. Mobile IPv6 fast handovers[EB/OL]. (2020-01-21)[2023-03-05]. https://datatracker.ietf.org/doc/rfc5568/.

[11] SOLIMAN H. Hierarchical mobile IPv6 (HMIPv6) mobility management[EB/OL]. (2008-10-01)[2023-03-05]. https://www.rfc-archive.org/getrfc?rfc=5380.

[12] GUNDAVELLI S, LEUNG K, DEVARAPALLI V, et al. Proxy mobile IPv6[EB/OL]. (2008-08-01)[2023-03-05]. https://www.rfc-editor.org/rfc/rfc5213.

[13]　KEMPF J, HALEY B , HUI D, et al. Mobility header home agent switch message[EB/OL].(2015-10-14)[2023-03-07].https://datatracker.ietf.org/doc/rfc5142/.

[14]　DEVARAPALLI V. Mobile IPv6 experimental messages[EB/OL]. (2015-10-14)[2023-03-07]. https://datatracker.ietf.org/doc/rfc5096/.

[15]　HADDAD W, ARKKO J, VOGT C.Enhanced route optimization for mobile IPv6[EB/OL]. (2021-01-21)[2023-03-07]. https://datatracker.ietf.org/doc/rfc4866/.

[16]　ERONEN P. IKEv2 Mobility and Multihoming Protocol (MOBIKE)[EB/OL].(2015-10-14)[2023-03-07]. https://datatracker.ietf.org/doc/rfc4555/.

[17]　CONTA A, DEERING S, GUPTA M. Internet Control Message Protocol (ICMPv6) for the Internet Protocol Version 6 (IPv6) specification[EB/OL].(2006-03-10)[2023-03-07]. https://datatracker.ietf.org/doc/html/rfc4443.

[18]　PATEL A, LEUNG K, KHALIL M，et al.Mobile Node Identifier Option for Mobile IPv6(MIPv6) [EB/OL].(2005-11-12)[2023-03-07].https://datatracker.ietf.org/doc/html/rfc4283.

[19]　MODARES H, AMIRHOSEIN M, JAIME L, et al. A survey on proxy mobile IPv6 handover[J]. IEEE Systems Journal, 2016, 10(1): 208-217.

[20]　WANG Y, BI J.Software-defined mobility support in IP networks[J].The Computer Journal，2016, 59(2): 159-177.

[21]　ALSHALAN A, PISHARODY S, HUANG D J. A survey of mobile VPN technologies[J].IEEE Communications Surveys & Tutorials，2016，18(2): 1722-1729.

[22]　WANG S, CUI Y, DAS S K, et al.Mobility in IPv6: whether and how to hierarchize the network[J].IEEE Transactions on Parallel and Distributed Systems，2011，22(10)：1722-1729.

[23]　ROMDHANI I, KELLIL M, LACH H Y，et al. IP mobile multicast: challenges and solutions[J]. IEEE Communications Surveys & Tutorials，2004, 6(1): 18-41.

第 5 章 ●─○─●─●─○─●

移动互联网传输机制

在移动互联网应用中，由于无线信道不稳定、节点在移动过程中信号受遮挡、远距离传输延时长等因素，导致 TCP 传输机制在无线通信中面临数据丢失、延时过长、链路中断的挑战。因此，移动互联网传输机制的研究受到学术界与产业界的重视。本章将从 TCP 的概念与面临的挑战出发，讨论单跳与多跳无线 TCP 传输机制、新的传输层协议 QUIC，以及容迟网（DTN）研究。

5.1　TCP 传输机制及其面临的挑战

5.1.1　互联网传输层协议的特点

1. 传输层的基本功能

在讨论移动互联网中传输层与传输层协议的特殊性时，首先需要回顾一下传统互联网传输层的基本概念与传输层协议的特点。

物理层、数据链路层与网络层实现了网络中主机之间的数据通信，但数据通信并不是构建计算机网络的最终目的。传输层的主要功能是实现分布式进程通信。因此，传输层是实现各种网络应用的基础。图 5-1 给出了传输层的基本功能。

理解传输层的基本功能时，需要注意以下几个问题：

- 网络层的 IP 地址标识了主机、路由器的位置信息。路由选择算法可以在互联网中选择一条由源主机 – 路由器、路由器 – 路由器、路由器 – 目的主机的多段点 – 点链路组成的传输路径，IP 协议通过这条传输路径完成 IP 分组的传输。传输层协议利用网络层提供的服务，在源主机的应用进程与目的主机的应用进程之间建立端 – 端连接，实现分布式进程通信。

- 互联网中的路由器与通信线路构成传输网（或承载网），传输网一般由电信公司运营和管理。如果传输网提供的服务不可靠（如频繁丢失分组），但是用户又无法对传输网加以控制，那么需要从两个方面入手解决这个问题：一是电信公司提高传输网的服务质量；二是传输层对分组丢失、线路故障进行检测，并采取相应的差错控制措施，满足分布式进程通信的服务质量（QoS）要求。因此，传输层需要讨论如何改善 QoS 以达到计算机进程通信要求的问题。

- 传输层可以屏蔽传输网实现技术的差异性，弥补网络层提供服务的不足，使应用层在设计各种网络应用系统时，仅需考虑选择怎样的传输层协议来满足应用进程通信的要求，而不需要考虑数据传输的细节问题。

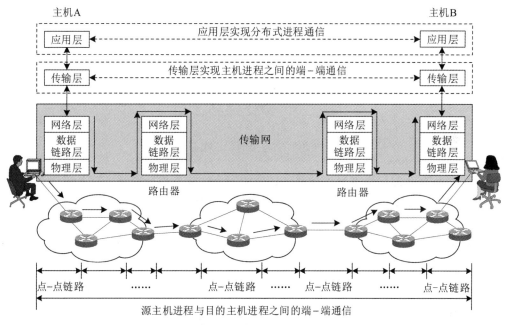

图 5-1　传输层的基本功能

因此，从点 – 点通信到端 – 端通信是一次质的飞跃，为此传输层引入了很多新的概念和机制。

2. TCP 的特点

传统的互联网传输层协议主要有两种：TCP 与 UDP。设计 UDP 的主要原则是协议简洁、运行快捷。UDP 是一种无连接、不可靠的传输层协议。TCP 是一种面向连接、可靠的传输层协议。大量互联网、移动互联网与物联网应用建立在 TCP 的基础上。因此，我们主要分析 TCP 的特点，研究无线通信中 TCP 不适用的问题。

TCP 的特点主要表现在：支持面向连接的传输服务、支持字节流的传输、支持全双工通信、支持同时建立多个并发连接等方面。

（1）面向连接、维护与释放

"面向连接"对提高数据传输的可靠性很重要。应用程序在使用 TCP 传送数据之前，必须在源进程与目的进程之间建立一条 TCP 连接。

TCP 是一种面向连接的协议，这类协议在源进程和目的进程之间建立一条虚路径，属于一个报文的所有报文段都沿着这条虚路径传输，使报文的确认、损伤或丢失报文段的重传更容易。建立 TCP 连接需要经过"三次握手"过程（如图 5-2 所示）。

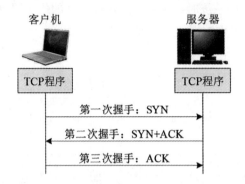

图 5-2 建立 TCP 连接的"三次握手"过程

随着基于 TCP 的应用越来越规范，TCP 的安全性漏洞逐渐暴露。TCP 连接看似完美的"三次握手"机制，已成为当前严重危害互联网安全的 DDoS 攻击的切入点，这是一个典型的例子。

TCP 连接的任何一方都可以提出释放连接，释放 TCP 连接需要经过"四次握手"过程（如图 5-3 所示）。

图 5-3 TCP 连接释放的"四次握手"过程

（2）字节流的传输

图 5-4 给出了 TCP 支持字节流传输示意图。流（stream）相当于一个管道，从流的一端放入内容，从另一端就可以原样取出这些内容。它描述了一个不出现丢失、重复和乱序的数据传输过程。由于 TCP 将应用程序提交的数据视为一连串无结构的字节流，因此接

收端规定数据字节的起始与终结位置必须由应用程序自己确定。

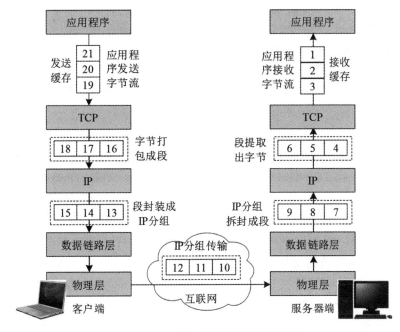

图 5-4　TCP 支持字节流传输的示意图

（3）TCP 的差错控制

TCP 通过滑动窗口机制来跟踪和记录发送字节的状态，实现差错控制功能。在理解 TCP 的差错控制原理时，需要注意以下几个问题：

- TCP 的设计思想是让应用进程将数据作为一个字节流传送给它，而不限制应用层数据的长度。应用进程不需要考虑发送数据的长度，由 TCP 负责将这些字节分段打包。
- 发送端利用已经建立的 TCP 连接，将字节流传送到接收端的应用进程，并且字节流没有差错、丢失、重复或乱序。
- TCP 发送的报文交给 IP 协议来传输，IP 只能提供尽力而为的服务。IP 分组在传输过程中出错是不可避免的，TCP 必须提供差错控制、确认与重传功能，以保证接收的字节流是正确的。
- TCP 采用以字节为单位的滑动窗口协议（sliding-windows protocol），以便控制字节流的发送、接收、确认与重传过程。

（4）TCP 的计时器

TCP 是一个可靠的传输层协议，发送端的应用程序将数据流交付给 TCP，它依靠 TCP 将整个数据流交付给接收端的应用程序，并且不会出现差错、丢失、重复或乱序。TCP 使

用差错控制来提供可靠性。TCP 差错检测是通过校验和、确认和超时来完成的。每个 TCP
报文段都包括校验和字段。校验和用来检查受损的报文段。如果发现报文段受损，则丢弃
它。TCP 通过确认来证实收到某些报文段，它们已无损伤地到达目的地。如果一个报文段
在超时之前未被确认，则被认为受损或已丢失。

为了实现 TCP 的功能，使用了四种计时器：

- 重传计时器：为了控制丢失或丢弃的报文段，TCP 使用了重传计时器。实际的 TCP
  连接的两个端点可能只相隔一个物理网络，也可能相隔数千个互联的物理网络。因
  此，一个 TCP 连接的路径长度可能和另一个 TCP 连接相差非常大，导致传输延迟
  变化范围相当大。重传计时器用来控制报文段的确认与等待重传的时间。
- 坚持计时器：在 TCP 中，对确认报文段不需要确认。如果确认报文段丢失，接收端
  的 TCP 就认为已经完成任务，并等待对方发送更多的报文段。发送端的 TCP 由于
  没有收到确认，就等待对方发送确认通知窗口大小。于是双方永远互相等待，这就
  可能出现死锁。因此，TCP 为每个连接使用一个坚持计时器，以防止死锁情况出现。
  坚持计时器的阈值通常是 60s。发送端每隔 60s 发送一个探测报文段，直到窗口重
  新打开。
- 保持计时器：保持计时器又称为激活计时器，用来防止某个 TCP 连接长期空闲。假
  设客户端与服务器建立了连接，传送了一些数据，然后停止了传送，这可能是客户
  端出现故障导致的。在这种情况下，这个连接一直处于打开状态。为了解决这类问
  题，TCP 在服务器端设置了激活计时器。
- 时间等待计时器：时间等待计时器在连接终止期间使用。当一个 TCP 连接释放时，
  TCP 并没有立即关闭这个连接。在等待期间，连接还处于过渡状态。时间等待计时
  器通常设置为一个报文段的寿命期待值的 2 倍。

显然，TCP 在无线通信环境中很难正确执行。

5.1.2　无线环境中 TCP 面临的挑战

1. 无线信道的特点

无线信道与有线信道相比存在很大差异，主要表现在以下几个方面。

（1）信号强度递减

当电磁波在自由空间传播时，信号强度随传播距离的增加而减弱；当电磁波穿过物体
（如墙壁）时，信号强度会减弱，这种现象称为路径损耗（pass loss）。

（2）相邻频道的干扰

相同或相近频道的信号之间会相互干扰，微波源或大型电机产生的电磁噪声也会对信
号产生干扰，造成信号接收困难。例如，IEEE 802.11b 的 Wi-Fi 使用相同的频段，不可避

免地会出现相互干扰问题。

（3）多径传播的干扰

电磁波除了在空中传播之外，有一部分会经过地面反射或在建筑物之间反射，从而出现多径传播（multipath propagation）问题。由于接收到的不同路径信号在空间传播的距离不同，信号的相位不同，两部分信号在接收端叠加之后，将会造成信号波形畸变，容易造成数据传输出错。另外，由于建筑物遮挡，接收端信号丢失，甚至会造成无线通信中断。

2. 无线 TCP 面临的问题

从 TCP 的发展过程来看，TCP 是为有线网络进程通信而设计的，传输过程中数据丢失主要是由于网络拥塞造成的。TCP 在无线网络应用中面临着一些新的问题。

（1）数据传输不稳定

由于无线信号存在信号强度递减与相邻频道之间干扰、多径传播干扰等问题，必然会造成无线通信中的数据传输误码率高。在无线通信过程中，如果出现数据传输出错或丢失，TCP 必然要启动拥塞控制机制。由于移动互联网中丢包主要不是延时所导致的，因此执行传统 TCP 的拥塞控制会导致无线网络的吞吐量与效率下降，甚至出现 TCP 连接非正常中断或死锁等现象。

（2）延时与延时抖动不稳定

由于无线信道的通信质量降低，数据传输误码率高，进而会因为数据传输出错导致重传增加，这就容易造成数据传输延时的增加与延时抖动。在互联网的实时性、交互式应用中，数据通过网络的单程传输延时一般要低于 250ms，网络延时抖动一般不超过 100ms。对于虚拟现实等对传输延时有严格要求的应用，延迟抖动甚至不能超过 20~30ms。在互联网中实现这样的延时与延时抖动参数尚且有一定的困难，更何况在移动互联网中，由于无线信道自身的不稳定性，加上移动节点频繁切换，满足这样的技术指标更加困难。

（3）移动节点能源的限制

在移动互联网应用中，移动节点一般采用电池供电。由于电池的能量有限，当移动节点的电池能量耗尽时，就会在没有任何警告的情况下突然中断通信。

正是由于无线信道自身存在的不稳定性与移动节点的特殊性，传统的 TCP 已经不能适应无线网络通信的需求，必须研究适用于无线网络的传输机制。

5.2　无线 TCP 传输机制

5.2.1　单跳无线 TCP 传输机制

在讨论如何改进 TCP 时，首先考虑一种单跳有线 / 无线混合网段结构（如图 5-5 所示）。由于从移动主机到基站（BS）仅有一跳的距离，因此这种方法又称为单跳无线 TCP 传输机制。

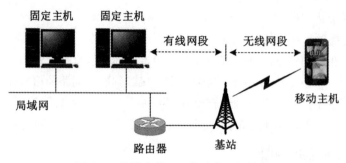

图 5-5　单跳有线 / 无线混合网段结构

单跳无线 TCP 的研究开展较早。单跳无线 TCP 主要解决数据的随机丢失与节点在移动过程中频繁切换基站的问题。它主要包括两方面内容：丢包恢复与连接管理。丢包恢复包括链路层丢包恢复与丢包原因通知机制，连接管理包括分离链路管理与端 – 端连接机制。图 5-6 说明了单跳无线 TCP 传输机制。

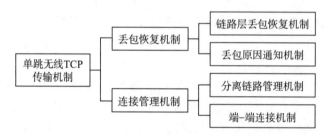

图 5-6　单跳无线 TCP 传输机制

1. 链路层丢包恢复机制

链路层丢包恢复机制相对成熟，通常采用两种机制：前向纠错机制（Forward Error Correction，FEC）和自动请求重传（Automatic Repeat Request，ARQ）。FEC 通过在传输的数据比特序列中增加冗余位，使接收端可根据冗余位来判断数据传输是否出错。如果冗余位足够多，则接收端可根据冗余位来自动恢复丢失的数据。如果接收端仅能发现数据传输出错，那么接收端可采用 ARQ 方法来请求发送端重传数据。

FEC 与 ARQ 机制的优点是：在链路层采取差错控制措施，可以在不改变移动主机 TCP 的前提下，减轻传输层差错控制的负荷，提高数据传输的可靠性。缺点是：发送端在发送数据中增加冗余位，以保证接收端利用这些冗余位进行检错或纠错；ARQ 机制要求发送端在收到接收端的接收确认之前，保留数据帧的副本，以备重传。但是，这里存在两个问题：

第一，发送端在发送的数据帧中增加冗余位，接收端利用冗余位来检查差错，然后决定是否要求重传，这样做导致编码效率降低；查错、纠错给接收端增加了计算量；ARQ

必然会导致传输延时增加。

第二，数据链路层的差错控制与传输层 TCP 的差错控制可能发生冲突，从而进一步增加端 – 端传输延时。

因此，链路层 FEC/ARQ 不适合移动互联网。学术界的研究思路可归纳为以下几种。

（1）混合自动重传机制

混合自动重传机制也称为链路层非对称移动访问（Asymmetric Reliable Mobile Access In Link-layer，AIRMAIL）机制。AIRMAIL 机制利用链路层 FEC/ARQ 降低数据分组丢失重传的概率；接收端根据无线链路的通信质量向发送端建议采用的纠错级别，可以是比特级、字节级或分组级纠错。

（2）监听 TCP 机制

监听 TCP（Snoop TCP）机制在基站上增加了监听代理，由基站设置缓存区并代替发送端执行 ARQ 功能。

（3）传输未察觉的链路增强协议

传输未察觉的链路增强协议（Transport Unaware Link Improvement Protocol，TULIP）与监听 TCP 的思路基本相同，但是为了减轻基站的负荷，由移动主机缓存分组并转发到下一跳基站。

在进一步优化监听 TCP 的过程中，当基站与移动主机的链路中断时，基站向发送端发出零窗口通知，发送端收到通知后冻结计时器，暂停发送数据。

2. 丢包原因通知机制

为了区分丢包是由拥塞还是传输出错造成的，接收端根据中间节点发送数据包丢失的相关信息进行判断，将原因通知到发送端。代表性的解决方法包括：带确认回复的显示丢失通知与显示错误状态报告。

（1）带确认回复的显示丢失通知

在监听 TCP 工作过程的基础上，研究人员设计了一种带确认回复的显示丢失通知（Explicit Loss Notification，ELN）协议。这种确认报文称为 ACK_{ELN}，其中有最近丢失的 4 个报文的序列号、ELN 位等信息。其中，ELN=0 表示报文丢失是由无线链路差错造成的；ELN=1 表示报文丢失是由有线网络拥塞造成的。ELN 位的判断在基站进行。图 5-7 给出了 ELN-ACK 协议中的报文处理流程。

如果基站 ELN 代理模块发现 ELN=1，表示报文丢失是由有线网络拥塞造成的，缓存区中有丢失报文的副本，那么代理模块保持 ELN=1，向下一跳发送丢失的报文。如果发现报文丢失是由无线链路出错造成的，缓存区中没有丢失报文的副本，那么代理模块向发送端发出 ELN=0 的 ACK_{ELN} 报文，通知丢包原因。

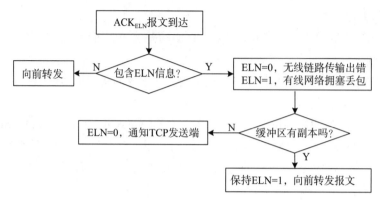

图 5-7　ELN-ACK 协议中的报文处理流程

（2）显示错误状态报告（Explicit Bad State Notification，EBSN）

EBSN 机制的原理是在分析无线链路通信质量不好时，基站立即向发送端发出消息，调整报文长度并更新超时的长度，以避免不必要的超时。

3. 分离链路管理机制

既然确定造成有线网络丢包的主要原因是拥塞，而造成无线网络丢包的主要原因是链路传输出错，那么一种解决思路是将源主机与目的主机之间的 TCP 连接分成两段，即有线网络的固定主机到基站、基站到移动主机分别建立 TCP 连接。基站可以是蜂窝移动通信网基站，也可以是无线局域网的 AP。如图 5-8 所示，固定主机到基站采用传统 TCP，无线节点之间采用单跳无线 TCP，也称为间接 TCP（Indirect-TCP，I-TCP）。

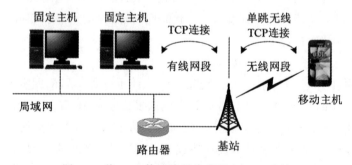

图 5-8　将 TCP 传输路径分成两个 TCP 连接

另外，有一种改良的 I-TCP 方法，即发送端不是与基站，而是与支持移动节点的路由器（Mobility Support Router，MSR）建立 TCP 连接。由 MSR 接收发送端向移动节点发送的数据包，MSR 向发送端返回确认消息，然后将数据包转发给移动节点。

I-TCP 的优点是：基站对两段 TCP 连接双向传输的数据包进行复制与转发，两个 TCP 可执行不同的流量控制与差错控制机制；基站承担了更多工作，减轻了移动主机的计算负荷。I-TCP 的缺点是在一定程度上违反了 TCP 端 – 端连接的原则。

M-TCP 链路管理机制有助于提高无线网络性能。与 I-TCP 的不同之处是：M-TCP 机制在固定主机与管理主机之间建立 TCP 连接，在管理主机与移动主机之间建立 M-TCP 连接。只有收到移动主机的确认消息之后，移动主机才向固定主机发送确认消息。这种机制降低了固定主机与基站维护 TCP 连接的负担，但是增加了管理主机与移动主机的计算负荷。图 5-9 给出了 M-TCP 机制的工作原理。

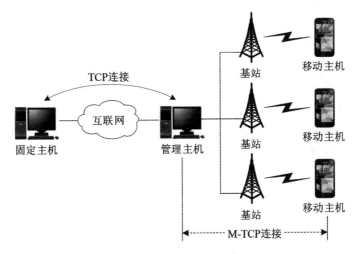

图 5-9 M-TCP 机制的工作原理

为了进一步减轻移动主机的计算负荷，有些研究在固定主机与基站之间采用传统的 TCP 协议，而在基站与移动主机之间采用更简单的传输协议。

4. 端 – 端连接机制

针对频繁出现链路中断与切换导致的 TCP 连接问题，研究人员提出了 Freeze-TCP 机制。Freeze-TCP 实现的前提是移动主机可根据接收信号的强度预测出可能的信道切换与链路的暂时中断。这时，移动主机提前将发送窗口设置为 0，同时保持拥塞窗口不变。Freeze-TCP 机制的优点是无须对基站、发送端与中间节点做任何修改，只需要增加移动主机的功能。它的缺点是要求移动主机准确地预测无线链路的状态，否则整个机制的适用范围会受到很大的限制。

为了提高信道预测的准确性，研究人员提出了 TCP-Veno 机制。TCP-Veno 要求预先设定信道不稳定的级别，以便区分和判断是否出现了拥塞或链路不稳定的情况，然后根据检测数据来调整慢启动的阈值。这种方法可以在一定程度上提高无线链路的利用率，但是不适合链路中断与频繁切换的情况。

针对链路中断与频繁切换问题，研究人员进一步提出了基于抖动的 TCP（Jitter-based

TCP，JTCP）机制。JTCP 机制根据抖动率来区分拥塞与链路中断。抖动率是指在一定时间内由于抖动造成的丢包数量，可通过连续接收应答消息到达时间的差异来计算。

从已有的研究工作来看，目前还没有保证无线网络中端 – 端连接机制的方法。如何保持 TCP 协议对端 – 端连接的语义，同时适应无线链路不稳定与主机频繁切换的应用场景，仍然有很多问题需要深入研究。

5.2.2 多跳无线 TCP 传输机制

1. 多跳无线传输的特殊性

与单跳无线 TCP 传输机制相比，多跳无线 TCP 传输机制面临新的问题。这些问题主要表现在以下几个方面。

（1）多跳无线链路传输差错的累加效应

单跳无线传输中花费了很多精力应对无线信道的低可靠性给 TCP 连接带来的问题，而多跳无线传输的出错累积效果远大于单跳的情况。因此，解决多跳无线 TCP 传输问题难度更大、更复杂。

（2）无线链路频繁中断和切换引发路由失败

主机移动造成相邻节点之间的无线链路频繁中断和切换，必然会造成 TCP 连接的中断。在无线网络中，发现一条新路径所需的时间一般比 TCP 发送端的重传超时更长。如果在超时前不能发现新路径，TCP 发送端将开启拥塞控制机制，这会使已经很低的 TCP 传输量进一步降低。同时，无线链路频繁中断和切换也会造成路由选择困难。

（3）隐藏终端、暴露终端造成无线信道利用率降低

在无线通信中，两台主机之间正常通信需要满足两个条件：一是发送端与接收端使用的频率相同；二是接收端收到的发送信号功率大于或等于它的接收灵敏度。

由于无线信号发送与接收过程中存在干扰与信道争用的问题，因此无线网络中会出现隐藏终端和暴露终端的问题。这些问题会造成以下情况：检测到信道忙，实际上并不忙；检测到信道闲，实际上并不闲。对于多跳无线网络，必须解决隐藏终端与暴露终端问题，以提高无线信道的利用率。

多跳无线 TCP 必须采用改进措施，解决无线传输面临的区分无线传输损失与拥塞、降低路由失败的损失、降低信道竞争、增强公平性等问题。

2. 区分无线传输损失与拥塞

如何区分无线传输丢包的原因是拥塞还是无线链路传输出错或中断，这是改进 TCP 时首先要解决的问题。目前，研究人员提出了 TCP- 反馈机制。

（1）TCP- 反馈机制

TCP- 反馈（TCP-Feedback，TCP-F）机制是无线网络的拥塞控制方法。TCP-F 机制

不采用 TCP 拥塞控制机制，避免非拥塞丢包与路由失败导致的超时。在发生路由失败时，中间节点通过"路由失败通知（RFN）报文"通知发送端；在发现一个新路由时，中间节点通过"重新构建路由通知（RRN）报文"通知发送端。图 5-10 是发送端 TCP-F 机制的状态机。

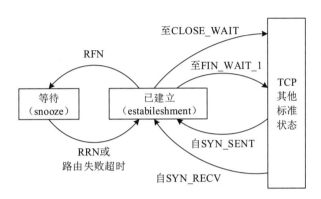

图 5-10　发送端 TCP-F 机制的状态机

在 TCP-F 机制中，发送端建立连接时可以处于"等待（snooze）"状态。当中间节点探测到链路上有一个连接失败时，会产生一个 RFN 报文通知发送端。在接收到 RFN 报文之后，发送端处于"等待"状态，并冻结所有计时器、TCP 拥塞窗口、重传超时等状态。如果中间节点发现一个新路由，则产生一个 RRN 报文通知发送端。在接收到 RRN 报文之后，发送端恢复所有计时器、TCP 拥塞窗口、重传超时等状态，继续发送数据包。为了防止发送端由于没收到 RRN 报文而一直处于"等待"状态，TCP-F 机制增加了一个计时器，控制发送端处于"等待"状态的时间。

（2）明确链路故障通知机制

明确链路故障通知（Explicit Link Failure Notification，ELFN）机制使用来自底层的反馈信息，能够准确通知 TCP 是处于连接状态还是路由失败状态。当出现链路失败时，发送端进入相当于 TCP-F "等待"状态的待命模式（standby mode）。与 TCP-F 不同的是，ELFN 没有链路重新建立通知机制。发送端在待命模式下定期发送探测包。探测包并不是特殊的 RRN 报文，而是发送队列中的第一个数据包。当探测包由接收端确认接收后，发送端立即离开待命模式。

对于路由失败，ELFN 也没有采用特殊的通知报文，可以捎带在路由协议发送的路由失败信息中发送，也可以通过 ICMP 向发送端返回不可达信息。由于 ELFN 机制简单易行，因此受到了广泛的关注。研究人员在 ELFN 基础上做了一些改进，主要表现在以下几个方面。

1）TCP- 再计算。针对路径重建后路由属性的变化，TCP- 再计算（TCP-ReComputation，

TCP-RC）对 ELFN 机制进行了扩展。TCP-RC 基于新的路由属性来重新计算 TCP 拥塞窗口（CWND）大小和慢启动阈值（SS-THRESH）。TCP-RC 使用路径属性、路径长度和往返时间来确定新的 CWND 与 SS-THRESH 值。

2）跨层信息知晓。针对 ELFN 在状态冻结之前仍有一定数量的数据包和 ACK 丢失，并在状态恢复时引起超时与多次确认的问题，跨层信息知晓机制通过 DSR 缓存的路由信息实现对 ELFN 的改进。跨层信息知晓引入了两种机制：早期包丢失通知（Early Packet Loss Notification，EPLN）和最大努力 ACK 递交（Best-Effort ACK Delivery，BEAD）。EPLN 给 TCP 发送各个节点无法被补救的丢包序列号。发送端可以不用重传计时器，路径建立后就可以重传数据包。BEAD 在中间节点产生 ACK 丢失通知，并送到 TCP 接收端，这样就避免了 ACK 的永久丢失。

3）带缓存能力和序列信息的 TCP。带缓存能力和序列信息的 TCP（TCP-BuS）采用网络层的准确通知机制，并进行了优化。当 TCP-BuS 中发生路由失败时，为了不重新发送所有数据包，中间节点对数据包进行缓存。为了避免被缓存的数据包在路径重新建好后虽然成功发送，但是在发送端已处于超时状态的情况，这些数据包的超时时间加倍。由于重传的超时时间加倍，从发送端到断开节点之间的数据包在加倍的超时到期之前不会重传。同时，为了防止出现丢包现象，TCP-BuS 引入选择重传请求机制，即接收端可以请求有选择地重发丢失包。

TCP-BuS 使用明确通知机制，通过两种控制信息来通知源路径失败与路径重建。这两种控制信息是明确路由断开通知（Explicit Router Disconnection Notification，ERDN）与明确路由成功通知（Explicit Router Successful Notification，ERSN），它们分别使用 TCP-F 与 ELFN 发现新路径的方法。

4）增强的中间层通信和控制机制。增强的中间层通信和控制机制（Enhanced Inter-layer Communication and Control，ENIC）将 ELFN 类似的路由失败处理与 TCP SACK、DACK 机制相结合。与 TCP-BuS 相比，ENIC 对于中间节点的协助要求更少。与 TCP-F 不同的是，当 ELFN 中发生路由失败或路径恢复时，都不会单独发送特别的通知信息，而是重新使用路由协议的通知。ELFN 不在中间节点缓存数据包，当路径断开时，队列中待发送的数据包被丢弃。在 ENIC 机制中，不仅是发送端，接收端同样被通知路由失败。和发送端一样，接收端冻结自己状态，典型的例子就是 DACK 机制。当路径断开时，确认包无法到达发送端。在路径改变后，发送端基于新路径的跳数来计算新的重传超时时间。

5）固定重传超时。固定重传超时（Fixed RTO）是一种基于发送端、不依赖网络反馈，使用启发式算法来区分路由失败与拥塞的控制机制。当发送端连续两次遇到重传超时，且在第二次重传超时前，没有收到已丢失包的 ACK 时，发送端认为已发生路由失败，并以固定间隔不断重发最后一个未确认包作为探测包，以探测路径是否重新建立，但是不将重传超时加倍。

尽管对 ELFN 的改进在一定程度上改善了 TCP 性能，但是会导致无线网络中的数据包数量增多，使 MAC 层的无线信道争用更加激烈，MAC 层丢包率上升，TCP 连接中断增加，最终导致 TCP 性能下降。

3. 降低路由失败的损失

无线网络中经常会出现路由失败的情况，仅防止错误启动拥塞控制机制是不够的，还要尽量减少路由失败对传输性能带来的影响。这方面的研究主要有以下内容。

（1）先占路由

先占路由（Preemptive Routing）的思路是能够预见到路由失败，并且尽早发现新的路径。这么做的目的是尽量减少 TCP 连接断开的时间，以改进 TCP 性能。

当路径上的每个节点收到一个数据包时，会检查数据包的信号强度。如果它在一个给定的阈值之下，则向发送端发出一个警告。为了减轻小范围信道衰退造成的短期影响，可以使用指数平均算法或通过在路径上发送小的 Ping 包来确认。

（2）基于信号强度的链路管理

基于信号强度的链路管理（Signal Strength-based Link Management）是另一种预测路由失败的方法。当 IEEE 802.11 的 MAC 出现拥塞时，不能准确判断链路是否断开，而且不能区分是节点漫游出网络覆盖范围，还是因拥塞而无法成功发送 RTS。

为了解决这个问题，基于信号强度的链路管理方法要求每个节点保存与其相邻的一跳节点的信号强度记录，路由协议根据接收数据帧的信号强度来预测可能发生链路中断。如果一个连接可能断开，节点会通知路由协议，提前开始新路径的搜索。

除了基于信号强度的链路管理之外，该机制还采用反作用链路管理机制（Reactive Link Management Mechanism），即暂时增大发送功率，重新恢复刚断开的链路。当出现拥塞时，数据包被丢弃之前的 RTS/CTS 重试数目增加。当传输路径上的其他节点收到重试的 RTS/CTS，它们就可以知道是发生了拥塞，而不是链路断开。

（3）后备路径路由选择

后备路径路由选择（Backup Path Routing）利用多路径路由来提高 TCP 连接的可用性。后备路径路由协议在源主机到目的主机之间维护多条链路，但是每次仅使用其中的一条路径。当正在使用的链路断开时，能够很快地切换到另一条链路。

（4）Atra 框架

Atra 框架（Atra Framework）是针对 DSR 路由协议，通过预测机制在出现路由失败时立即向发送端发送通知，从而将路由失败带来的损失降到最小。为了实现这个目标，它采用对称路由约束（Symmetric Route Pinning）、路由失败预测（Route Failure Prediction）与主动路由错误（Proactive Route Error）等机制。

在 DSR 中可以使用不同的路径，对称路由约束要求 TCP 确认使用与它对应的数据包相同的路径。路由失败预测机制与先占路由方案相似，路径上的每个节点估计收到信号的强度趋势。一旦预测到路由失败，采用实际路由错误机制，通知所有节点当前使用的链路断开。

4. 降低信道竞争与增强公平性

TCP 的公平性是 TCP 传输机制研究的重点问题之一，而无线 TCP 增加了隐藏终端和暴露终端问题，这也增加了解决此类问题的难度。目前，无线 TCP 的公平性研究主要涉及以下内容。

（1）基于竞争的路径选择协议

基于竞争的路径选择协议（Contention-based Path Selection Protocol，COPSP）的目标是解决无线链路因竞争而产生的 TCP 性能下降问题。该协议将前向和反向路由分离，为TCP 数据包和 TCP 确认选择不同的传输路径，通过动态更新不相邻路由来达到动态竞争平衡。当某个路径的竞争超出下降阈值（Backoff Threshold）时，选择一条低竞争的新路径来代替高竞争的旧路径。

对于无线链路中的竞争程度，COPSP 根据一定时间间隔内某节点开启指数下降策略的次数来度量。当一条链路断开时，除了初始化路径重建过程，COPSP 还会指定 TCP 使用另一条备选路径。

通过比较 COPSP 和 DSR 可以发现，COPSP 在 TCP 传输量和路由开销方面比 DSR 好。TCP 传输量增加了 90%。COPSP 更适用于相对稳定的网络环境。当节点移动速度非常快时，使用不相邻的前向和反向路由会增加路由失败的概率。

（2）链路随机提前探测

链路随机提前探测（Link Random Early Detection，Link RED）通过在链路层监测重传的平均次数来降低无线信道中的竞争。当重传平均次数比给定的阈值大时，根据 RED 算法计算丢弃与标记的概率。由于该算法在数据包上做标记，因此链路 RED 可以和 ECN 结合使用，用来通知发送端的拥塞水平。

（3）邻居随机提前探测

由于无线网络中的拥塞一般不是发生在单个节点中，而是发生在邻近的多个节点组成的一个区域内，因此单个节点的本地队列并不能充分反映无线网络的拥塞状态。于是，研究人员定义了一个新的分布式邻居队列。在某个节点中，邻居队列应包括所有能够影响该节点传输的数据包。控制邻居队列的大小非常关键，否则会导致通信开销大幅增加。在实际应用中，通常采用一个简化的邻居队列，它将某个节点的本地队列和邻居队列相聚合。这样，RED 算法就可以基于邻居队列的平均长度进行计算。该算法使用分布式算法来计算平均队列大小，它将时间分成离散的时间片，对每个时间片测量信道的闲置时间，并根据测量结果来评估节点的信道利用率和平均邻居队列大小。

5.3　QUIC 协议

5.3.1　QUIC 协议的基本概念

1. QUIC 协议的特点

HTTP 作为互联网最主要的应用层协议之一，负责将文本、视频、音频等数据发送给移动互联网中的数十亿台笔记本计算机、智能手机等设备。从 HTTP 1.1 发布以来，基于 Web 的应用发展非常迅速，而网页加载时间（Page Load Time，PLT）一直是 Web 服务提供商最关注的指标。影响 PLT 的因素不仅来自 HTTP 自身，而且受制于传输层的 TCP。

TCP 提供面向连接的服务，强调的是传输的可靠性；UDP 提供无连接的服务，强调的是协议效率高、速度快、占用资源少。随着互联网、移动互联网与物联网应用对低延时、多连接、网络安全的需求不断提升，TCP 的不适用性逐渐显露出来。能否将两种协议的优点结合起来，研发一种兼顾低延时、高可靠性与高安全性的传输层协议，一直是传输机制研究的主要方向。

2012 年，Google 公司的研究人员 Jim Rockind 在 IETF 讨论会上首次公布了融合 TCP、TLS、HTTP/2.0 特点的 QUIC（Quick UDP Internet Connections）协议。作为一种基于 UDP 的低延时应用层协议，QUIC 有如下特点：

- 传输连接延时短。
- 支持多路复用。
- 拥塞控制灵活。
- 提供数据流与连接两级流量控制。
- 整个传输过程自带安全加密。

QUIC 提供了与 HTTP 2.0 等效的多路复用与流控制，与 TLS 等效的安全性，与 TCP 等效的连接语义、可靠性与拥塞控制机制。由于 QUIC 具有的特点，特别是能够降低基于 Web 的视频传输延时，极大地提升了用户体验，满足了移动与无线网络发展的需求，因此它更适用于移动互联网与物联网应用。

2013 年，QUIC 开始在 Google 与 YouTube 服务器上部署。到 2014 年，QUIC 陆续出现了 6 个版本。2015 年以来，关于 QUIC 的论文在各种学术会议显著增多。2017 年，腾讯安全云网关和云负载均衡器开始在服务器端支持 QUIC。另外，Google 的 Chrome 浏览器也支持 QUIC。当前的 QUIC 开源代码由 Google 在 GitHub 上公布，QUIC 的源代码与技术细节由 Google 负责更新。QUIC 的研究得到了学术界与产业界的高度关注。

IETF 的 QUIC 工作组负责推动 QUIC 的标准化进程。2016 年 11 月，在 IETF-97 会议期间召开了第一次工作会议。IETF 社区对 QUIC 的标准化表现出很大兴趣。QUIC 的标准化工作完全开放，社区中每个人都可以提出建议，最终确定一个最佳方案。因此，QUIC

最终标准很可能与现在使用的协议有较大的差异。

2. QUIC 协议的结构

（1）QUIC 在协议栈中的位置

图 5-11 给出了 QUIC 在协议栈中的位置。

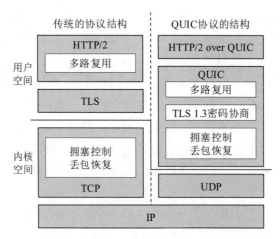

图 5-11　QUIC 在协议栈中的位置

理解 QUIC 协议时，需要注意两个问题：

1）QUIC 是应用层协议，它包含传统的 TCP 拥塞控制、丢包恢复与多路复用功能；同时它融合了最新版本的 TLS 1.3 协议，实现了可靠传输与数据加密的功能。

2）在传统的网络协议体系中，TCP 协议软件运行在操作系统内核上，TLS 与 HTTP 2.0 协议软件运行在用户空间。在新的网络协议体系中，UDP 协议软件运行在操作系统内核，QUIC 与 HTTP 2.0 协议软件运行在用户空间。这样的改进可以方便高层应用程序开发与 QUIC 版本更新。

（2）QUIC 协议的内部结构

QUIC 协议分为两层。在传输层 UDP 套接字之上是 QUIC 连接（QUIC Connection），靠近上层应用的是一条或多条 QUIC 流（QUIC Stream）。图 5-12 给出了 QUIC 协议的结构。

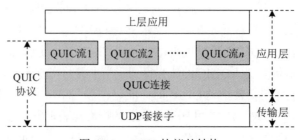

图 5-12　QUIC 协议的结构

3. 客户端与服务器程序流程

QUIC 协议的主要功能包括：认证加密、多路复用、拥塞控制、丢包恢复等。其中，QUIC 提供流级与连接级的流量控制。接收端收到一个流之后，启动流级的流量控制；流关闭之后，启动连接级的流量控制。

（1）客户端程序流程

图 5-13 给出了 QUIC 客户端程序流程。首先，客户端创建一个客户端类实例，并初始化相关的配置；然后，创建一个 UDP 套接字，在套接字上建立 QUIC 连接，并建立相应的会话；接着，建立 Stream 发送数据，等待读取套接字的数据，并对接收到的数据进行处理。

连接建立报文在 QUIC 专用流（Stream ID 1）中传输，然后开始发送与接收数据。如果发送的数据为 HTTP 请求与应答，其头部经过 HTTP 2 HPACK 压缩后在专用流（Stream ID 3）中传输。如果有 HTTP 主体，HTTP 请求方式为 POST；如果没有 HTTP 主体，HTTP 请求方式为 GET。HTTP 其他数据在普通流中传输。由于 HTTP 请求与应答头部经过 HTTP 2 HPACK 压缩，因此需要采用类似 TCP 的按序传输方式。

（2）服务器程序流程

图 5-14 给出了 QUIC 服务器程序流程。首先，服务器端创建一个服务器类实例，并初始化相关的配置；然后，创建一个 UDP 套接字，在套接字上建立 QUIC 连接，并建立相应的会话；接着，建立 Stream 发送数据；最后，等待读取套接字的数据，并对接收到的数据进行处理。

图 5-13　QUIC 客户端程序流程

图 5-14　QUIC 服务器程序流程

5.3.2　QUIC 连接

1. QUIC 连接的特点

很多网络服务需要采用 TCP+TLS 实现安全、可靠的传输连接。图 5-15 比较了 TCP+TLS1.2、TCP+TLS1.3 与 QUIC 第一次建立连接和再次建立连接时的握手时间。

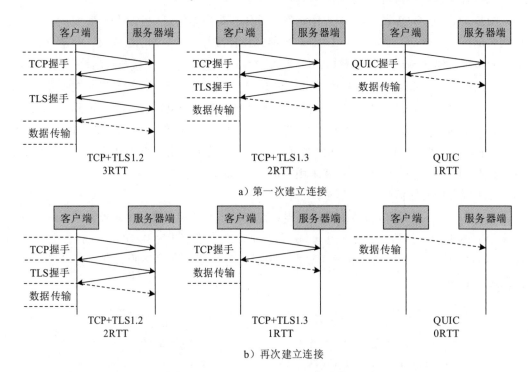

a）第一次建立连接

b）再次建立连接

图 5-15　不同协议的握手时间比较

（1）第一次建立连接

第一次建立连接时，通常 TCP+TLS1.2 需要 3RTT 时间建立连接，TCP+TLS1.3 需要 2RTT 时间建立连接，QUIC 仅需 1RTT 时间就能建立连接。

当 QUIC 客户端第一次和服务器建立连接时，客户端发送一个 "Client Hello" 报文给服务器，并携带有私钥和证书协商信息，以及请求 QUIC 连接的选项和参数，如连接标识符、协议版本等。客户端根据建议的 QUIC 协议版本来封装握手数据包。如果服务器不支持客户端建议的协议版本，将会发起与客户端协商其他版本的过程。如果服务器支持客户端建议的协议版本，则回复 "Server Hello" 报文、数字证书，以及供客户端再次建立连接时使用的配置信息。这个握手过程需要一个 1RTT 时间完成。

在第一次建立连接时，协商的配置参数、客户端的 IP 地址包含在一个加密的 "source-address token" 中，并存储在客户端。当客户端再次与同一服务器建立连接时，可通过该信息确认客户端的身份。客户端同时将与服务器第一次建立连接时协商的 TLS 参数、服务器的 Diffie-Hellman 私钥值包含在"server config"中。当客户端再次与同一服务器建立连接时，可通过它计算出客户端和服务器的公钥。认证与加密协商过程在握手过程中完成。

（2）再次建立连接

当再次建立连接时，TCP+TLS1.2 需要 2RTT 时间建立连接，TCP+TLS1.3 需要 1RTT 时间建立连接，QUIC 仅需 0RTT 时间就能建立连接。

在很多实际的应用场景中，连接在曾经通信过的客户端与服务器之间建立。如果服务器能识别出之前通信过的客户端，就可以大大减少连接建立时间。QUIC 利用缓存信息避免了传输握手与私钥协商的过程，客户端可直接向服务器发送加密消息。

为了再次恢复一个加密的连接，客户端将第一次与该服务器建立连接时缓存的"source-address token"与"server config"发送给服务器，同时直接发送加密的请求消息。服务器通过"source-address token"中包含的信息来认证客户端的身份，并通过"server config"中包含的 Diffie-Hellman 私钥值计算出它们的公钥。服务器可通过公钥解密客户端发送的请求消息，并且向客户端发送加密的回复消息。

这样，QUIC 初次建立连接只需要 1RTT，再次建立连接时可以实现 0RTT，即发送端可以立即发送数据包，而不需要等待接收端的回复。

2. QUIC 连接迁移

图 5-16 给出了 QUIC 公共报头结构。

标识（8bit）
连接标识符（0或64bit）
版本号（8bit，可选）
多样化临时值（256bit，可选）
报文序号（8、16、32或48bit，可选）

图 5-16　QUIC 公共报头结构

QUIC 连接层封装传输层的 UDP 报文，通过连接标识符（Connection ID）来标识不同连接。数据传输采用一个连接复用多个流的方式，每个请求对应一个流。整个公共报头使用明文传输，QUIC 连接层用于封装与拆封 UDP 报文，并控制整个连接的总流量。在客户端与服务器握手之前，连接标识符由客户端随机选择，如果服务器同意与客户端连接，则客户端可以继续使用这个标识符；服务器也可以选择一个新的连接标识符，那么客户端本次连接必须使用这个新的标识符。

TCP 的一次连接用一个四元组（源 IP 地址与端口号、目的 IP 地址与端口号）作为唯一标识，而 QUIC 选择连接标识符作为一次连接的唯一标识。这样做的好处是：如果采用四元组，当客户端在异构网络中切换时，容易因四元组中的元素变化而导致重新连接。QUIC 选择连接标识符作为一次连接的唯一标识就不会发生这类问题。如图 5-17 所示，当客户端从蜂窝移动通信网（4G/5G）切换到 Wi-Fi 网络时，IP 地址会发生变化，但是并不影响用连接标识符标识的 QUIC 连接，客户端可以用这个连接继续切换前的通信。

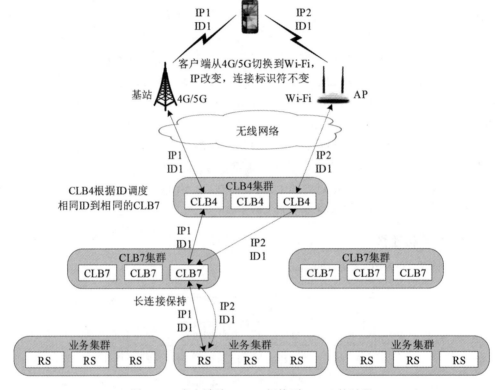

图 5-17 客户端从 4G/5G 切换到 Wi-Fi 的过程

5.3.3 多路复用与流量控制机制

1. QUIC 公共报头结构

QUIC 公共报头中有一个报文序号字段。每个 QUIC 报文都有唯一的报文序号，每个 QUIC 报文携带多个数据帧（Data Frame）。多个 QUIC 流可以共享一个连接标识符。在数据发送过程中，公共报头与数据帧是分开处理的，使一个 QUIC 连接可以多路复用 QUIC 流。QUIC 要求将数据切分成帧在某个流上传输。流传输是双向的，即使同一个连接的不同流传输也是相互独立的。图 5-18 给出了 QUIC 流的数据帧头部格式。

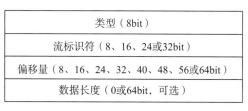

图 5-18　QUIC 流的数据帧头部格式

（1）流标识符

QUIC 流的每个数据帧都用一个长度可选的流标识符（Stream ID）字段来标识，协议规定：

- 对于服务器端建立的流，流标识符值为偶数；对于客户端建立的流，流标识符值为奇数。
- 流标识符值不能为 0，流标识符值为 1 保留给加密握手。
- 对于通信的任何一方，流标识符值是单向增大。例如，流标识符为 11 的流一定在流标识符为 13 的流之前创建。

（2）偏移值

QUIC 流的每个数据帧头有一个偏移量字段。接收端需要将被拆分的数据还原时就要使用偏移值，根据偏移量确定接收数据在完整数据中所处的位置。

（3）数据长度

QUIC 流的每个数据帧头有一个数据长度字段，用来表示携带数据的大小。除非 FIN 位被置位，否则数据长度字段值不能为 0。虽然数据长度字段被标记为"可选"，但是几乎所有应用都会用到这个字段。

2. QUIC 的多路复用与流量控制

多路复用是指在一个传输连接上传输多个数据流。浏览器通常在访问一个网站时打开多个 TCP 连接。HTTP 1.1 一次只能请求一个资源。如图 5-19a 所示，客户端与服务器之间经常建立多个很短的 TCP 连接来传输数据。这样不仅造成额外的延迟，而且会造成管理多个连接的额外开销。

HTTP 2 在一个 TCP 连接上复用多个数据流，每个流是一个资源的"请求 / 应答"交互，从而避免建立多个 TCP 连接的问题。如图 5-19b 所示，虽然每个流的有效载荷是独立的，但是同一连接上的数据要按顺序传输给上层应用，当一个流的数据丢失时，其他流的数据就要等待，从而造成队头阻塞问题。

QUIC 支持多个 HTTP 数据流在一个连接上的多路复用，但是不需要在一个连接上按顺序传输数据。如图 5-19c 所示，QUIC 保证每个流的数据都按顺序传输，但是当一个流的数据丢失时，不会对同一连接上的其他流造成影响。

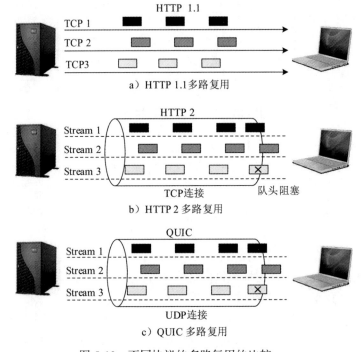

图 5-19 不同协议的多路复用的比较

3. QUIC 流量控制

QUIC 实现类似于 HTTP 2 与 TCP 的两层流量控制机制：流级与连接级。

（1）流级流量控制

流级流量控制用于调节 QUIC 接收端每个流接收数据的大小，避免一个流占据所有缓存区资源，影响其他流传输。接收端通告接收范围内每个流的偏移限制。当数据在特定流上发送、接收和转发并满足一定条件时，接收端发送 WINDOWS_UPDATA 帧，增加通告的流偏移限制，允许对方在对应流上发送更多数据。

（2）连接级流量控制

连接级流量控制用于限制 QUIC 接收端分配给连接的总缓存区大小，避免服务器为某个客户端分配过大的缓存。连接级流量控制的过程与流级流量控制基本相同，它将转发数据与接收数据的偏移限制在所有流的总和之内。

5.3.4 拥塞控制和丢包恢复机制

QUIC 提供了多个可选的拥塞控制算法以及信令。QUIC 使用不同的报文序号传输新的和重传的数据包。QUIC 发送端接收到 ACK 帧后，可以区分应答的是新的还是重传的数据包，还能区分当前检测到的最大报文序号与未接收的包列表，从而避免 TCP 重传模糊性问题。接收端收到 ACK 消息后启动拥塞控制算法。

QUIC 设计了一个特殊的 STOP_WAITING 帧，用于通知接收端应该停止接收哪些数据包。发送端以一定的周期定时向接收端发送 STOP_WAITING 帧，以便获取接收端不需要继续等待的报文序号的最小值。

QUIC 提供了一个可嵌套的拥塞控制接口，使 QUIC 可以对不同的拥塞控制算法进行测试。目前，IETF 的 QUIC 工作组计划将 NewReno 和 Cubic 作为 QUIC 的默认拥塞控制机制。QUIC 支持很多已有的 TCP 丢包恢复机制，包括 F-RT0 与 Early Retransmit。

目前，QUIC 的技术研究与协议标准化工作主要集中在传输、拥塞控制、丢包恢复、TLS1.3 密钥协商等方面。作为第一步，QUIC 将 HTTP 2.0 映射到 QUIC 上，但是作为与应用层协议的深度融合，QUIC 未来应该承载更多应用，例如容许数据丢失但对延时敏感的实时通信、流媒体、虚拟现实等服务。

QUIC 的未加密信息（例如连接标识符）会引发潜在的网络攻击。QUIC 的 0RTT 连接过程也会造成新的安全威胁，例如重放攻击或篡改之前的连接握手数据。这类攻击强制客户端与服务器执行完整的握手过程，消耗计算资源和存储空间，为潜在的 DDoS 攻击提供机会。网络攻击检测与隐私保护是 QUIC 技术研究的重点之一。

5.4　容迟网技术

5.4.1　容迟网的研究背景

目前，大量使用的互联网服务（如 Web、E-mail、FTP 等）都建立在能够保证 TCP 持续连接的基础上。但是，移动互联网、物联网等类型的应用，例如 LEO 卫星通信网、星际网络、水下无线传感器网、地下无线传感器网、军用无线传感器网、GPS 网络、无线车载网 VANET 等，实际上是运行在一个复杂的受限网络（challenged network）上，TCP 持续连接的假设是无法保证的。

1963 年，美国国家航空航天局（NASA）将"深空仪器设施"正式更名为深空网（Deep Space Network，DSN）。经历了 30 多年的发展之后，1998 年，NASA 在 DSN 的基础上开始研究星际互联网（Inter Planetary Internet，IPN）。IPN 的研究目标是：将地球和距离很远的太空船之间的数据通信简化到像地球上互联网中的两个节点通信一样方便。从表面上看，这项研究非常困难，但是它推动了容迟网（Delay-Tolerant Network，DTN）的发展。容迟网又称为中断容忍网络（Disruption-Tolerant Network）。

NASA 的研究人员后来成立了互联网的 IPNSIG 工作组。但是，IPNSIG 遇到的一个问题是还没有一个星际网络可以进行试验，于是有些研究人员开始关注如何将 IPN 运用到陆地网络中。因此，IETF 成立了新的 DTNRG 工作组，开始研究更通用的 DTN 体系结构、技术与标准。

DTN 的特点表现在以下几个方面。

（1）长延时

在星际通信中，地球与火星之间距离最近时，光传播需要 4 分钟，但是距离最远时，光传播时间会超过 20 分钟。在互联网通信中，传播时间一般以毫秒计算，对于如此长的延时，传统的 TCP/IP 是无法适应的。

（2）间歇性连接

当空间节点之间受到其他星球阻挡、移动节点与基站之间被建筑物阻挡、卫星离开卫星地面站的接收范围、VANET 节点之间被其他车辆阻挡时，都会造成节点之间端 – 端连接间歇性断开。如果在一辆经常往返两地的公共汽车上安装无线通信设备，那么它就可以用作信息存储和转发工具。在这辆公共汽车往返的过程中，它可以在附近的客户机和目的地的远程客户机之间提供数据交换服务。这些端 – 端连接中断可以有一定的规律，也可以是随机的。但是，传统的 TCP 并不支持这类通信。

（3）低信噪比和高误码率

无线、移动与长距离传输会导致接收信号的低信噪比与高误码率。互联网中光纤传输的误码率可以达到 $10^{-12} \sim 10^{-15}$，星际通信中的误码率甚至可以达到 10^{-1}。这种低信噪比、高误码率将极大地影响接收端对信号解码和恢复，造成 TCP 连接的非正常中断，使网络系统无法正常工作。

（4）不对称数据速率

在特殊的网络应用中，数据传输的双向速率经常是不对称的。在星际通信中，双向数据速率比可以达到 1000∶1，甚至更高。这是传统 TCP 设计时没有考虑的情况。2010年，DTN 的下行速率为 100Mbit/s，上行速率为 4kbit/s。计划到 2030 年，下行速率达到450Mbit/s，上行速率达到 25Mbit/s。

（5）节点资源的限制

太空、水下、战场、救灾、环境监测等环境中应用的无线传感器节点由于受到体积和重量的限制，电源与计算、存储资源非常有限，不可能像办公环境中的 PC 那样有足够的电源、计算与存储资源以及网络带宽。如果无线传感器节点因电池耗尽而停止工作，则其他节点需要重新计算路由。传感器节点为了节省电量而经常处于休眠状态，只有被其他节点唤醒或休眠时间结束时，该节点才会重新加入无线自组网并进入工作状态。在这种情况下，节点之间的端 – 端连接会经常中断。

2002 年，针对间歇性通信与长延时的网络消息交换（Message Switching）技术开始引起学术界的重视。2003 年，Kevin Fall 提出，这些星际互联网设想可应用于地球上一些具有间歇连接特征的网络应用，采用节点存储、延时转发的工作方式将数据中继到接收端。

在此基础上，Kevin Fall 提出了 DNT 体系结构模型。

在 IDC、云计算、大数据应用的趋势日益清晰后，DTN 在 IDC 大规模数据存储与备份中的应用前景受到关注。大型 IDC 可能在世界各地设有多个分中心，各个分中心之间需要对 TB 量级的数据进行复制与存储。运营商希望在非高峰时段传送这些数据，以便均衡链路负荷，降低成本，同时这种非实时数据备份可容忍一定的延迟。例如，当夜深人静时，网络的利用率低，这时可以在 IDC 之间传输大量数据。但是，这些 IDC 所在的地区可能距离较远，有的地方是夜间，而有的地方是白天。例如，波士顿与帕斯 IDC 的非高峰期网络带宽在时间上很少有重叠。但是，DTN 允许在数据传输过程中进行存储与转发。因此，如果将数据预先存储在与波士顿仅 6 小时时差的阿姆斯特丹，在阿姆斯特丹与帕斯之间的非高峰时段将数据从阿姆斯特丹发送到帕斯，那么可以用较少的费用获得很大的带宽。

目前，研究 DTN 技术的三个主要机构是：星际互联网（Interplanetary Networking，IPN）研究组、IRTF 的（DTN Research Group，DTNRG）研究组、美国国防部高级研究计划局（DARPA）。

5.4.2 容迟网的体系结构

DTN 研究的基本思路是：基于消息交换的体系结构实现对低可靠、高延时链路的容忍。2007 年发布的 RFC 4838 对 DTN 体系结构进行了说明。图 5-20 给出了基于消息交换的 DTN 体系结构。

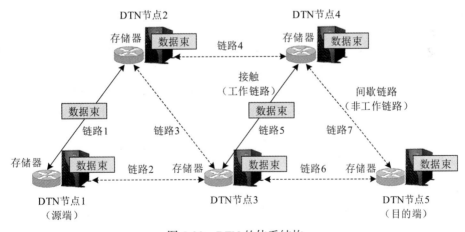

图 5-20 DTN 的体系结构

理解 DTN 的体系结构时，需要注意以下几个概念。

（1）数据束

在 DTN 中，一条"消息"（message）称为一个"数据束"（bundle）。DTN 节点都配置了磁盘或闪存等存储介质。它们将数据束存储，直到链路变得可用时再转发数据束。图 5-20 中有 5 个 DTN 节点，其中节点 1 为源端，节点 5 为目的端。

（2）链路与接触

由于 DTN 中链路的工作呈现间歇性的特点，因此链路根据工作状态分为两种：工作链路与非工作链路。图 5-20 中有 2 条工作链路（链路 1、5）与 5 条间歇链路（链路 2、3、4、6、7）。一条链路变为工作链路称为一次"接触"（contact）。数据束通过工作链路已存储到节点 2 与节点 3。它们将利用下一次"接触"的机会通过链路转发数据束，直至到达目的端的节点 5。

（3）DTN 节点与路由器的区别

从表面上看，DTN 节点接收、存储与转发数据束，路由器接收、存储、转发分组，但是两者存在很大的区别。首先，传统互联网中的路由器转发分组的延时一般在毫秒或秒的量级，而 DTN 节点接收数据束之后需要等待较长时间，甚至要等待几小时才能够转发数据束。例如，IDC 之间利用网络非高峰时间传送大块数据，需要根据网络运行状态来决定等待时间；利用飞机转发数据束时，需要等飞机到达后才能够进行。其次，传统的路由器一般是不移动的，但是在很多 DTN 应用中，作为 DTN 节点的卫星、飞机、汽车是移动的。研究人员正是利用 DTN 节点的移动性，以最小代价来实现数据的存储、携带和转发。

参考文献

[1] 斯托林斯 . 现代网络技术：SDN、NFC、QoE、物联网和云计算 [M]. 胡超，邢长友，陈鸣，译 . 北京：机械工业出版社，2018.

[2] 崔勇，张鹏 . 移动互联网：原理、技术与应用 [M]. 2 版 . 北京：机械工业出版社，2018.

[3] 吴功宜，吴英 . 计算机网络高级教程 [M]. 2 版 . 北京：清华大学出版社，2015.

[4] RESCORLA E. The Transport layer security (TLS) protocol version 1.3[EB/OL].(2018-08-01)[2023-03-07]. https://www.rfc-editor.org/rfc/rfc8446.

[5] BELSHE M，PEON R，THOMSON M. Hypertext transfer protocol version 2 (HTTP/2)[EB/OL].(2015-05-01)[2023-03-07]. https://datatracker.ietf.org/doc/html/rfc7540.

[6] POSTEL J. Transmission control protocol[EB/OL].(1981-09-01)[2023-03-07]. https://www.rfc-editor.org/rfc/rfc793.

[7] POSTEL J.User datagram protocol[EB/OL].(1980-08-28)[2023-03-07]. https://www.rfc-editor.org/rfc/rfc768.

[8] POLESE M, CHIARIOTTI F，BONETTO E，et al. A survey on recent advances in transport layer protocols[J]. IEEE Communications Surveys & Tutorials, 2019, 21(4): 3584-3608.

[9] QIAN P, WANG N, TAFAZOLLI R, et al. Achieving robust mobile Web content delivery performance based on multiple coordinated QUIC connections[J].IEEE Access, 2018, 6: 11313-11328.

[10]　CUI Y, LI T X, LIU C, et al. Innovating transport with QUIC: design approaches and research challenges[J]. IEEE Internet Computing, 2017, 21(2): 72-76.

[11]　YANG G, WANG R H, ZHAO K L, et al. Queueing analysis of DTN protocols in deep-space communications[J]. IEEE Aerospace and Electronic Systems Magazine, 2018, 33(12): 40-48.

[12]　TORNELL S M, CALAFATE C T, CANO J C, et al.DTN protocols for vehicular networks: an application oriented overview[J]. IEEE Communications Surveys & Tutorials, 2015, 17(2): 868-887.

[13]　LI Y, PAN H, JIN D P, et al.Delay-tolerant network protocol testing and evaluation[J]. IEEE Communications Magazine, 2015, 53(1): 258-266.

[14]　CELLO M, GNECCO G, MARCHESE M, et al. Evaluation of the average packet delivery delay in highly-disrupted networks: the DTN and IP-like protocol cases[J]. IEEE Communications Letters, 2014, 18(3): 519-522.

[15]　HU J, WANG R H , HOU J, et al.Aggregation of DTN bundles for space internetworking systems[J]. IEEE Systems Journal, 2013, 7(4): 658-668.

[16]　YU Q, WANG R H,WEI Z G, et al. DTN licklider transmission protocol over asymmetric space channels[J]. IEEE Aerospace and Electronic Systems Magazine, 2013, 28(5): 14-22.

[17]　FALL K, FARRELL S. DTN: an architectural retrospective[J]. IEEE Journal on Selected Areas in communications, 2008, 26(5).

[18]　SARDAR B, SAHA D. A survey of TCP enhancements for last-hop wireless networks[J]. IEEE Communications Surveys & Tutorials, 2006, 8(3): 20-34.

[19]　WALINGO T, TAKAWIRA F. TCP over wireless with differentiated services[J]. IEEE Transactions on Vehicular Technology, 2004, 53(6): 1914-1926.

[20]　BURLEIGH S, HOOKE A,WEISS H, et al. Delay-tolerant networking: an approach to interplanetary Internet[J]. IEEE Communications Magazine, 2003, 41(6): 128-136.

第 6 章 ●─○─●─○─●

移动云计算与移动边缘计算

移动互联网计算与存储密集型的应用促进了移动互联网与云计算的融合，推动了移动云计算技术的发展。为适应移动互联网中对网络延时、带宽与可靠性要求高的实时类应用，使移动互联网发挥 5G 的技术优势，融合边缘计算概念，研究人员开展了移动边缘计算技术的研究工作。本章将系统地讨论移动云计算、移动边缘计算的发展背景、概念与技术特征，以及它们在移动互联网中的应用。

6.1 移动云计算与移动边缘计算的基本概念

6.1.1 从云计算到移动云计算

1. 云计算的概念

云计算技术是并行计算、软件、网络技术发展的必然结果。早在 1961 年，计算机先驱 John McCarthy 就预言："未来的计算资源会像公共设施（如水、电）一样使用。"为了实现这个目标，在之后的几十年中，学术界和产业界陆续提出了网络计算、分布式计算、集群计算、网格计算、服务计算等技术，云计算正是在这些技术的基础上发展起来的。

2006 年 8 月，Google 公司在搜索引擎大会（SES 2006）上首次提出了云计算（Cloud Computing）的概念。

美国国家标准与技术研究院（NIST）在 NIST SP-800-145 文档中给出了云计算的定义：云计算是一种按使用量付费的运营模式，支持泛在接入、按需使用的可配置计算资源池。

理解云计算的定义时，需要注意以下几个问题：

- 云计算资源池的资源包括计算、存储、网络与服务。
- 云计算的特征主要表现为：泛在接入、按需服务、快速部署与量化收费。
- 云计算服务分为三种类型：基础设施即服务（IaaS）、平台即服务（PaaS）与软件即服务（SaaS）。

- 云计算平台分为三种类型：公有云、私有云与混合云。

云计算可以为互联网用户或企业内部用户提供方便、灵活、按需配置的计算、存储、网络与应用服务。云计算已渗透到当今社会的各行各业，支撑着大数据与智能技术的发展，并且成为互联网的重要基础设施。

2. 移动云计算的概念

（1）移动计算的概念

随着无线网络技术的发展，作为分布式计算重要分支的移动计算进入研究人员的视野。研究人员早期对移动计算的定义是：网络中在一个节点上开始的计算可以迁移到其他节点上继续进行。

移动计算研究的目标是：如何将待机时间较短的便携式计算机的计算与存储任务迁移到服务器或服务器集群来完成，以改善便携式计算机的性能与能耗限制。

（2）移动云计算的研究背景

随着移动互联网应用的快速发展，移动终端设备的局限性日益突出，主要表现在以下几个方面：

1）移动终端设备的电池能量有限。随着移动互联网应用不断增加，移动终端设备的能耗越来越大，持续运行时间越来越短。移动终端的使用时间受电池能量限制的问题日益突出。

2）移动终端设备的存储空间有限。尽管移动终端设备的硬件制造水平不断提升，但是相对于功能越来越复杂的移动互联网应用，设备存储空间的增长速度远低于网络应用对存储空间的需求。

3）移动终端设备的计算能力有限。尽管用于移动终端的 CPU 与硬件性能不断提高，但是对于智能手机这类大众消费类设备，从性价比、便携性的角度，计算能力不可能无限提升。移动终端设备的计算能力一直是影响用户体验并使很多移动互联网应用受限的重要因素。

智能手机已经与大家如影随形，摄影摄像、网络游戏、社交网络等应用产生了大量文本、语音、视频数据，手机支付、通讯录与其他涉及个人隐私数据的数据量也迅速增加。一旦手机丢失，将造成个人信息不可挽回的损失。手机将互联网应用产生的数据随时传递到云端存储，这是非常有效和可行的方法。在这样的背景下，移动云计算（Mobile Cloud Computing，MCC）的概念产生也就顺理成章了。

移动云计算是移动互联网与云计算技术融合的产物，它是云计算在移动互联网环境中的自然延伸和发展。图 6-1 描述了移动云计算与移动互联网、云计算的关系。

图 6-1　移动云计算与移动互联网、云计算的关系

（3）移动云计算的定义与结构

移动云计算可以定义为：移动终端设备通过无线网络以按需与易扩展的原则，从云端获取所需的计算、存储、网络资源的服务。

移动终端可以视为云计算的瘦客户端，数据可以从移动终端迁移到云端进行计算与存储。移动云计算系统形成了"移动终端－云端"的两级结构（如图 6-2 所示）。

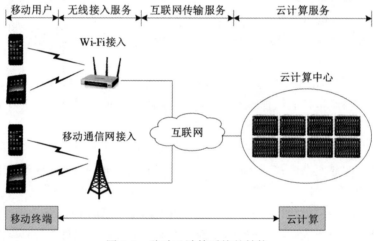

图 6-2　移动云计算系统的结构

移动云计算应用包括移动云存储、邮件推送、网上购物、手机支付、移动地图、移动健康监控、移动课堂、网络游戏等。当用户通过手机拍摄照片或视频时，App 将照片或视频数据通过移动互联网存储到云端。当老师希望用手机给学生共享 PPT 时，App 将 PPT 文档通过移动互联网存储到云端，供学生们读取。

近年来，个人移动云存储已成为移动互联网用户个人信息存储的主要途径，并且呈现快速发展的趋势。凡是在计算、存储与能量受限的移动终端设备上开发的移动互联网应用，都建立在移动云计算技术之上。

3. 移动云计算应用的效益

图 6-3 给出了移动云计算应用的效益。

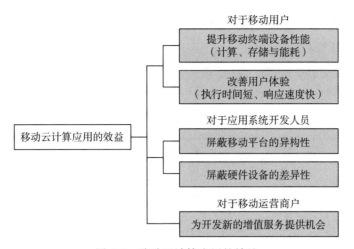

图 6-3　移动云计算应用的效益

对于移动云计算应用带来的效益，可以从以下三个方面来认识。

1）移动用户通过移动通信网的基站或无线局域网的 AP 接入互联网服务提供商（ISP）的网络，访问云计算服务商的公有云或互联网内容提供商（ICP）的网络。分布在不同地理位置的各类云数据中心就近为移动用户提供所需的计算与存储服务。ICP 可以将音频、视频、地图、新闻、游戏等信息资源部署到不同地区的数据中心，以便为分布在不同地区的移动用户提供服务。

2）移动云计算将云功能集成到移动互联网应用中，支持将移动终端的计算密集型与存储密集型应用迁移到云端，弥补移动终端在计算与存储能力方面的不足。这样做有利于降低设备的能耗，延长设备的使用时间，为用户提供更丰富的网络服务与更好的用户体验。

3）移动互联网应用系统研发人员在开发过程中，可以将更多精力放在应用本身，而不用花费精力去处理移动平台异构性、软硬件差异与网络资源限制的问题。移动终端设备生产商可以利用计算迁移技术为移动设备增加新功能。移动运营商可以利用移动计算迁移技术开发新的增值服务。

移动云计算的研究目标是：利用云端的计算与存储资源优势，突破移动终端在资源、能耗方面的限制，为移动用户提供更丰富的应用与更好的体验。由于移动终端的数据需要通过无线网络与互联网迁移到云计算平台，因此数据通过传输网的延时与可靠性难以控制。移动云计算难以满足对传输延时、带宽与可靠性敏感的移动互联网应用（例如无人驾驶汽车、机器人、移动网络游戏、VR/AR 等）的需求。

6.1.2　从移动云计算到移动边缘计算

随着大数据、智能技术应用的快速增长与 5G 技术的发展，移动边缘计算的概念和技术引起了学术界与产业界的高度重视。

1. 移动边缘计算产生的背景

在讨论互联网实时会话类应用时，我们给出过互联网固定节点端 – 端之间对延时、延时抖动、丢包率与错误率的参数要求（如表 6-1 所示）。

表 6-1　不同应用的端 – 端 QoS 要求

业务类型	延时	延时抖动	丢包率	错误率
视频直播	1s	1s	0.01%	0.001%
视频点播	2s	2s	0.01%	0.001%
可视电话	150ms	50ms	0.01%	0.001%
视频会议	150ms	50ms	0.01%	0.001%
网络游戏	200ms	N/A	N/A	N/A

网络多媒体应用对网络 QoS 的要求主要是延时敏感（delay sensitive）与丢失容忍（loss tolerant）。对于实时会话应用，从人们对话时自然应答的时间考虑，网络单程传输延时应在 100～500ms 之间，一般为 250ms。在交互式多媒体应用中，系统对用户指令的响应时间也不应太长，一般应小于 2s。延时抖动将破坏多媒体的同步，从而影响音频和视频的播放质量。例如，音频信号间隔的变化会使声音产生断续或变调的问题；视频信号各帧显示时间的不同，也会使人感到图像停顿或跳动。人耳对声音的变化比较敏感，从熟悉的音乐中即使删掉很小一段（例如 40ms），我们也会立刻感觉到。人眼对图像的变化就没有那么敏感。如果从熟悉的视频中删掉 1s（无伴音）的片段，人未必能够感觉出来。因此，声音的实时传输对延时抖动的要求更苛刻。考虑到网络性能与人的敏感度等实际情况，一般对不同应用给出以下定量指标：对于已压缩的 CD 质量的音频，延时抖动不超过 100ms；对于 IP 电话的语音信号，延时抖动不超过 400ms；对于虚拟现实这类对传输延时有严格要求的应用，延迟抖动不超过 30ms。由于视频一般是图像与音频同步传送，因此要根据音频考虑对视频信号的传输延时要求：对于已压缩的 HDTV 视频，延时抖动不超过 50ms；对于已压缩的广播电视信号，延时抖动不应超过 100ms；对于电视会议应用，延时抖动不超过 400ms。对于虚拟现实 / 增强现实、网络游戏与无人驾驶等智能系统，它们对移动互联网的 QoS 指标远高于互联网实时会话应用的 QoS 指标。

这样的 QoS 指标在互联网固定节点之间的端 – 端服务中已经很难实现，在移动互联网的 3G/4G 与 Wi-Fi 等无线网络环境中，实现的技术难度更大。那些新的实时智能系统在移动互联网上运行时，对延时、延时抖动、带宽与可靠性提出了非常高的要求，促使移动互联网必须采用新的网络传输技术和信息交互模式。

5G 网络与移动边缘计算的出现，为解决移动互联网实时性应用的需求带来了新的转机。例如，无人驾驶汽车通过安装在车体的各种传感器来探测、识别实时路况与行车环境信息，同时接收移动互联网传输的道路流量数据，发送车辆自身行驶状态数据与 GPS 位置数据。车辆行驶过程中产生的海量数据要交给车载计算机去处理，计算机将处理后产生的汽车操控指令传送给车辆控制器，从而实现无人驾驶。

为了能够实时感知路况与环境数据，无人驾驶汽车安装了成百上千个传感器。研究人员估算，无人驾驶汽车每行驶 1h，传感器与车辆之间发送、接收的数据将达到 TB（10^{40}B）量级，处理和存储这样的海量数据需要大量的计算、存储与网络带宽资源。无人驾驶汽车对数据传输的延时非常敏感，即使数据传输延迟 1ms，都可能导致车毁人亡的惨剧。

3G/4G 移动通信网无法支持这类延时、带宽与可靠性要求苛刻的移动互联网应用。但是，5G 的超可靠低延时通信（ultra-Reliable Low Latency Communication，uRLLC）应用的推出，有望克服移动互联网实时性应用发展的瓶颈。uRLLC 适用于以机器为中心的应用，能够满足车联网、工业控制、移动医疗等行业的特殊应用对超高可靠、超低延时的通信需求，推动了移动边缘计算研究与应用的发展。

2. 移动边缘计算的概念

（1）边缘计算的概念

边缘计算（Edge Computing，EC）的核心思想是让计算更靠近数据源，更贴近用户。边缘计算将计算与存储能力向网络边缘迁移，使应用、服务与内容实现本地化、近距离、分布式部署的计算模式。

目前，针对边缘计算还没有一个统一的定义，不同研究人员都从各自的视角去诠释边缘计算。卡内基梅隆大学对边缘计算的定义是：边缘计算是一种新的计算模式，将计算与存储资源（如 Cloudlet、微型数据中心、雾计算）节点部署在更贴近移动终端或传感器网边缘的地方。

理解"边缘"概念的内涵时，需要注意以下几个问题。

1）"边缘"是相对的，它泛指从数据源经过核心交换网到远程云计算中心路径中的任意一个或多个计算、存储和网络资源节点。这里的"边缘"是相对于连接在互联网中的远程云计算中心来说的。

2）边缘计算是将网络边缘的计算、存储与网络资源组成统一的平台，绕过网络带宽与延时的瓶颈，使数据在源头附近就能得到处理，从而改善终端用户的服务体验。

3）边缘计算定义中的"贴近"包含"网络距离"与"空间距离"两个概念。"网络距离"表示数据源与处理数据的边缘计算节点的距离。边缘计算可以在小的网络环境中，保证延时、延时抖动、带宽等不稳定因素的可控性。"空间距离"意味着边缘计算节点与用户可能在同一场景（如位置）中，移动节点可以根据场景信息为用户提供基于位置的个性化服务。网络距离与空间距离有时可能没有关联，但是网络应用系统可以根据各自的需求来选择合适的计算节点。但是，从提高边缘计算效率的角度，无论是网络距离还是空间距离，都应该贴近用户。

边缘计算的概念出现后受到了学术界与产业界的重视。2016 年，ACM 与 IEEE 开始举办边缘计算的顶级会议 SEC（IEEE/ACM Symposium on Edge Computing）。2017 年，一些重要的国际会议开始举办边缘计算 Workshop，如 2017 年的 ICDCS（IEEE International Conference on Distributed Computing System）。

（2）5G 应用与移动边缘计算

2013 年，IBM 与 Nokia 公司共同推出了一款计算平台，可以在无线基站内部运行应用程序，向移动用户提供业务。该研究首次将边缘计算与移动通信技术结合起来。

2014 年，欧洲电信标准协会（ETSI）成立移动边缘计算工作组，旨在推进移动边缘计算（Mobile Edge Computing，MEC）标准化研究。

2016 年，ETSI 将移动边缘计算的概念扩展为多接入边缘计算（Multi-Access Edge Computing），将边缘计算从移动通信网延伸至其他无线网络（如 Wi-Fi 网络）。

2019 年是电信业定义的"5G 商用元年"。移动边缘计算作为支撑 5G 应用的关键技术，引起了学术界与产业界的高度重视。

理解移动边缘计算与 5G 应用的关系时，需要注意以下几个问题。

1）移动边缘计算的设计思想是将云计算平台从移动通信网核心迁移到无线接入网（Radio Access Network，RAN）边缘，从而实现计算与存储资源的弹性利用。移动边缘计算具有本地化、近距离、低延时的特点。由于 3G/4G 网络不能满足移动互联网实时性应用对带宽与延时的要求，因此移动边缘计算在 3G/4G 网络中难以实现。5G 网络的优越性能使移动边缘计算与 5G 网络融合，可以突破实时性网络应用在实现上的瓶颈。

2）5G 移动边缘计算是移动通信网与互联网业务的深度融合，目的是减少移动业务的端 – 端延时，发掘移动通信网的潜力，进一步拓展应用领域，提升用户体验，改变电信运营商的运营模式，建立新型产业链及网络生态圈。

3）5G 移动边缘计算是移动通信网与云计算技术的深度融合，它将打破传统的电信运营商"围墙花园"式的封闭运营模式，进入与各行各业更广泛、更深入结合的阶段。电信运营商可以利用部署在网络边缘的计算资源，向各种应用提供运行环境，实现移动业务的"下沉"。

4G 开启了移动互联网时代，5G 将带来移动互联网的深层次变革，并给技术与商业生态带来新一轮变革。

6.1.3 移动边缘计算系统的结构

1. 移动边缘计算系统的三级结构

移动云计算能够使终端用户不受移动终端设备自身资源的限制，随时随地从云端获取计算与存储资源。需要注意的是：在移动边缘计算中，配置在移动通信网的基站位置的计算设备称为边缘计算服务器。微云（Cloudlet）一般是指配置在 Wi-Fi 网络的接入点（AP）位置的边缘计算服务器。很多文献在表述无线边缘计算服务器时，也经常使用"微云""本地云"或"边缘云"等术语，并将互联网上的大型云计算数据中心称为"核心云"。移动边缘计算系统形成"移动终端 – 边缘云 – 核心云"的三级结构（如图 6-4 所示）。

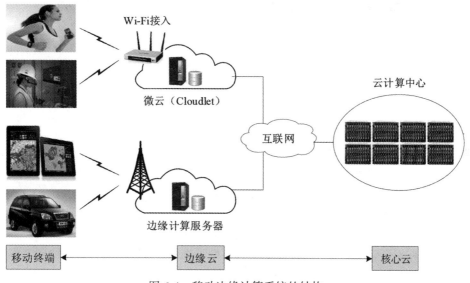

图 6-4　移动边缘计算系统的结构

理解移动边缘计算系统的结构时，需要注意以下几个问题：

1）在移动边缘计算中，边缘云包括连接在移动通信网的基站上的边缘计算服务器与连接在 Wi-Fi 接入点的微云（Cloudlet）。边缘计算服务器和微云在移动终端与核心云之间起到了代理（Surrogate）作用，形成了"移动终端 – 代理"结构。由于移动通信网基站的边缘计算服务器与 Wi-Fi 接入点的微云相比连接在互联网上的云计算平台，其资源、结构都小得多，因此有时也不区别地将本地云统称为微云或边缘云。

2）在"移动终端 – 代理"结构中，作为代理的本地云（微云或微微云）是一些可信、软硬件资源丰富的计算机或计算机集群。微微云一般是指家庭基站。

3）移动终端设备不是将计算任务直接迁移到远程的核心云，而是迁移到本地的边缘云，以获得低延时、高带宽、低成本的服务。这样，根据移动终端设备对计算、存储与网络资源的需求，决定将哪些计算任务与数据迁移到本地云中执行，以及需要从核心云中获取哪些资源和服务。

目前，"移动终端 – 边缘云 – 核心云"的三层结构已经大量应用于智能家居中的家庭基站、智能交通的车载移动云计算，以及智能医疗、智能物流等应用中。

2. 移动边缘计算与移动云计算的区别

图 6-5 给出了移动边缘计算与移动云计算在结构上的区别。移动云计算采用"移动终端 – 核心云"的两级结构，移动边缘计算则采用"移动终端 – 边缘云 – 核心云"的三级结构。

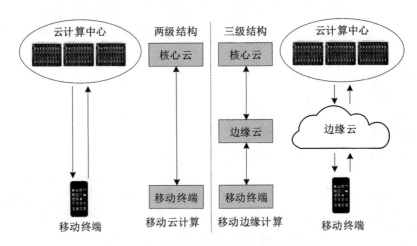

图 6-5　移动边缘计算与移动云计算的区别

理解移动边缘计算的三级结构时，需要注意以下几个问题：

- 边缘计算不可能取代云计算，它是云计算的补充和延伸，与云计算是协同工作关系。
- 在移动互联网的大数据处理中，云计算与边缘云结合可以有效解决大数据的协同处理、负荷均衡、实时性、隐私保护等问题。

移动边缘计算的最大挑战是：如何将实时性移动互联网应用的任务划分成在本地边缘云与远程核心云中运行的两个部分，以及如何权衡任务分配、迁移、执行、交互与协同的关系，以便达到实时、高效、安全的目的？

6.2　计算迁移技术

6.2.1　计算迁移的基本概念

计算迁移（Computation Offloading）作为移动云计算与边缘计算的核心技术，是指通过将移动终端设备的一部分计算量大的任务，根据一定的迁移策略合理分配到资源充足的近距离的本地微云与远距离的云计算平台的过程。（有的文献将计算迁移称为计算卸载。）计算迁移可以扩展移动设备的能力，减少移动能量消耗，也可以进一步扩展云计算技术在移动互联网中的应用范围。

理解计算迁移的概念时，需要注意以下几个问题。

1. 计算迁移的类型

1）交互型：交互型迁移在任务执行过程中需要与用户进行大量交互，例如云游戏。交互型任务在迁移时要注意客户端与微云之间的带宽、延时等。

2）计算型：计算型迁移在任务执行过程中需要进行大量计算，例如视觉类应用。计算型任务在迁移时要注意微云的硬件资源。

3）数据型：数据型迁移在任务执行过程中需要访问和存储大量数据，例如地图类应用。数据型任务在迁移时要注意微云缓存的数据内容。

2. 计算迁移方案

计算迁移方案可以分为三级：虚拟机级、程序级与进程级，如图 6-6 所示。

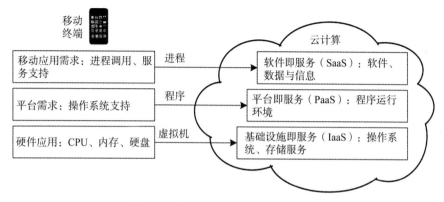

图 6-6 移动云计算的计算迁移方案

1）虚拟机级：当用户终端在移动计算中产生对 CPU、内存、硬盘等方面的需求时，可以采用 IaaS 服务模式，通过虚拟机形式将一部分计算与存储任务迁移到云端，以使用云端提供的基于基础设施的服务。

2）程序级：当用户终端在移动计算中产生对操作系统平台的应用需求时，可以采用 PaaS 服务模式，将一部分应用程序迁移到云端，并将云端提供的操作系统作为应用程序的运行环境。

3）进程级：当用户终端在移动计算中产生对进程调度与服务支持的需求时，可以采用 SaaS 服务模式，通过分布式进程通信，使用云端提供的软件、数据与信息服务。

6.2.2 计算迁移的实现原理

1. 计算迁移的过程

计算迁移的过程主要涉及代理发现、环境感知、任务划分、任务调度与执行控制等工作。图 6-7 给出了计算迁移的过程。

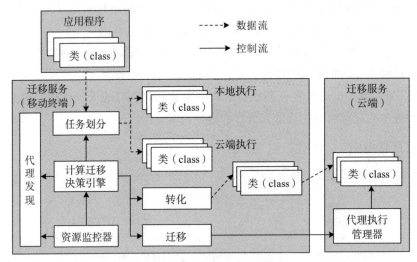

图 6-7　计算迁移过程示意图

当移动终端发出计算迁移请求时，移动终端上的资源监控器通过代理发现模块监测云端的资源，以便发现可用的云端资源，如服务器的运算能力、负载情况、通信开销等。根据发现的可用云端资源，计算迁移决策引擎决定哪类任务在本地执行、哪类任务需要迁移到云端执行。计算迁移决策引擎指示任务划分模块，将计算任务划分为可以独立在不同设备执行的子任务，一部分在本地执行，另一部分迁移到云端执行。云端代理执行管理器监控云端对迁移任务的执行情况。

2. 计算迁移的实现

当需要迁移移动应用程序时，应用程序向操作系统发送暂停请求，并保存当前的运行状态；操作系统向本地代理发送通知；本地代理读取保存的状态，并读取缓存中的代码或虚拟机（Virtual Machine，VM），通过代理模块传输到远程服务器。远程服务器的代理模块创建新的实例，复制应用程序并运行；最后将处理结果返回到移动终端。图 6-8 给出了计算迁移的实现原理。

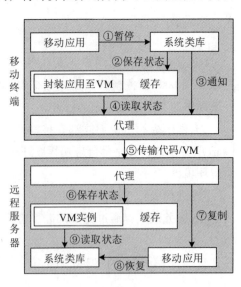

图 6-8　计算迁移的实现原理示意图

6.2.3　计算迁移系统的功能结构

从软件结构的角度来看，计算迁移系统的功能结构如图 6-9 所示。

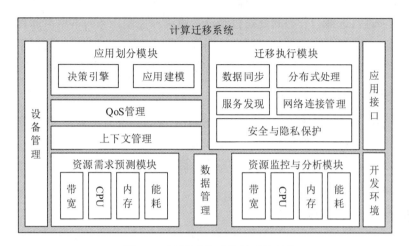

图 6-9　计算迁移系统的功能结构

计算迁移系统由以下功能模块组成：应用划分模块、迁移执行模块、资源需求预测模块、资源监控与分析模块，以及设备管理、数据管理、应用接口与开发环境模块。

1. 应用划分模块

应用划分模块是系统的核心，其工作分为 4 个步骤：

1）对应用行为建模，通常是将应用行为（如执行时间、能耗、内存使用量）抽象为一张成本图。

2）将应用划分问题转化为数学模型，通常将应用划分问题模型化为整数规划问题。假设仅考虑能耗因素，分别写出所有任务都在本地执行、部分任务在本地执行的能耗计算公式，同时考虑执行时间最短、终端内存使用最小的应用划分方案。

3）生成候选划分方案。图的最优划分是一个 NP 完全问题，解决办法通常是产生一系列备选划分方案。

4）选择最优划分方案。根据用户偏好、划分策略、终端上下文等选择最优划分方案。通常将用户偏好描述为不同优先级，以节能优先、执行时间优先或内存使用量小为目标，结合来自移动终端的上下文信息、应用 QoS 等级，选择最优划分方案。其中，移动终端的上下文信息包括外部环境、内部环境及相互影响。例如，移动终端的 CPU 负荷影响 CPU 能耗；无线接入网（4G/5G、Wi-Fi）类型影响无线接口能耗；网络通信质量影响数据传输正确性；上下文环境关联并相互影响，需要根据上下文感知来研究迁移决策算法。

2. 迁移执行模块

迁移执行模块负责为最优划分方案提供服务发现、数据同步、分布式处理，以及安全与隐私保护机制等。其中，服务发现机制用于发现移动终端周围环境中的计算资源，供移动终端根据需求进行选择；分布式处理机制负责协调和控制任务的本地与远程执行；数据同步机制负责本地、远程数据与执行状态的同步；安全与隐私保护机制负责保护数据在传输过程、服务器中的安全性、完整性，以及执行结果的正确性和用户隐私的保护。

3. 资源需求预测模块

资源需求预测模块负责根据过去的资源使用情况，预测计算任务将来需要使用的带宽、CPU、内存、能耗，并根据预测结果计算出任务的本地与远程执行成本。应用划分模块根据成本信息进行划分决策。目前，大多数资源预测模块都基于机器学习来预测未来的资源使用需求。

4. 资源监控与分析模块

资源监控与分析模块负责监测、记录可用资源的情况，并为可用资源建模，预测可用资源将来的变化情况。这里的资源主要是指移动终端与远程设备可用的 CPU、内存与网络带宽，以及移动终端的剩余电量等。该模块基于监测记录和可用资源变化，结合应用划分触发策略，及时通知应用划分模块重新划分应用。

评价计算迁移系统的指标主要包括自适应性、透明性、有效性、安全性与隐私性。

- 自适应性：计算迁移系统能够根据移动终端上下文环境提供最优方案。
- 透明性：用户在使用过程中感觉不到计算迁移的存在。
- 有效性：通过计算迁移达到设备节能和提升用户体验的目的。
- 安全性与隐私性：计算迁移过程不会对网络应用造成安全威胁，保护涉及用户个人隐私的机密与数据，如用户身份、信用卡、银行账户等信息。

6.3 计算迁移的分类

6.3.1 应用划分的基本概念

应用划分模块是计算迁移系统的核心。由于计算迁移是一种从软件层面解决移动终端资源受限问题的方法，因此应用划分对计算迁移的服务质量而言至关重要。影响应用划分的因素主要包括：划分时机、划分粒度和计算执行位置。

1. 静态划分与动态划分

划分时机可以分为静态划分与动态划分。静态划分是指系统在开发过程中，预先设置任务迁移策略；动态划分是指实时感知终端、网络或云端状态，并且动态调整任务迁移策略。静态划分很难保证在所有环境条件下，划分方案都能达到最优；动态划分表现出了较好的灵活性，但是为了支持动态划分，必须监控可用资源，并分析和预测应用对资源的需求，这就势必引入额外的计算、存储、通信与能源开销。

2. 粗粒度划分与细粒度划分

划分粒度可以分为两类：粗粒度与细粒度。粗粒度包括操作、应用与虚拟机，细粒度包括方法、类、对象与线程。粗粒度划分的优点是通信成本低、划分效率高，缺点是迁移整个应用或 VM 要花费较长时间，不适合终端快速移动的应用场景。细粒度划分可以最大限度地降低应用的能耗，但是计算开销大、通信成本高、划分效率低，适用于规模较小的应用。

图 6-10 给出了计算迁移的分类。

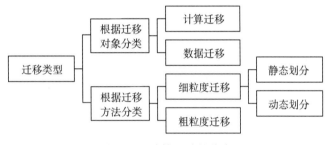

图 6-10　计算迁移的分类

按照划分的粒度，计算迁移方案可以分为两类：基于进程、功能函数的细粒度迁移，基于应用程序、VM 的粗粒度迁移。细粒度迁移将应用程序中计算密集型的部分代码或函数以进程形式迁移到云端执行。这类方案要求程序员通过标注、修改代码的方式对程序进行预先划分。在程序运行时，根据迁移策略，仅对需要在云端执行的部分进行迁移。

粗粒度迁移是将全部程序，甚至是整个程序运行环境以虚拟机形式迁移到代理服务器上运行。这类方案无须对应用程序进行标注、修改，减轻了程序员的负担。但是，粗粒度迁移不适合用户频繁交互的应用。

图 6-11 给出了不同计算迁移方案与云计算不同应用层次划分的对应关系。

6.3.2　细粒度计算迁移系统

1. 静态划分方法

早期的计算迁移大多使用静态划分方法。在静态划分方法中，程序员通过提前修改和标注程序，让一部分程序在移动终端上执行，另一部分程序在远程服务器上执行。

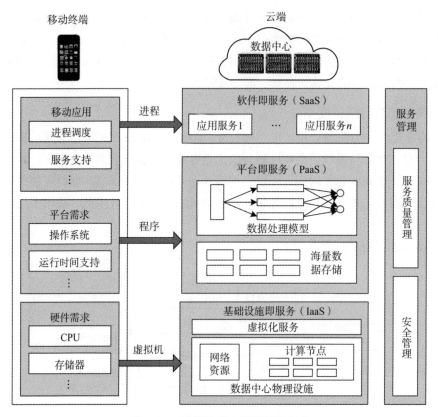

图 6-11 计算迁移方案的层次划分

有些研究基于功能来划分任务，如将应用程序分成显示与计算两部分。显示部分在移动终端上运行，计算部分在远程服务器上运行。这两个部分通过应用程序定义的协议进行交互。如果程序交互过程比较复杂，则需要修改程序。由于这种方法仅考虑程序的功能性，不能准确掌握程序在 CPU 中计算的能耗，以及网络通信状态的动态变化及能耗，因此这种简单通过静态划分的方法不能保证能耗的优化。

在此基础上，有些研究关注能耗。能耗包括通信能耗与计算能耗。通信能耗取决于传输数据的大小与网络带宽；计算能耗取决于程序的指令数与算法的难易程度。对于某类特定的应用，根据数据传输时间与计算时间的能耗模型，可以分析并获得一个能耗优化方案。

有些研究是预先将程序修改为集群式服务的分布式程序，或者采取终端–服务器结构，将移动终端的一些任务迁移到附近资源比较丰富的固定节点上执行。通过资源监视器、迁移引擎、类方法等的迁移，监控 CPU 利用率、内存使用情况、网络带宽等。迁移引擎将应用划分为本地与远程两部分，类方法将类转换成可远程执行的方法。

静态划分方法是假设在计算迁移之前，通过预测与估算方法来确定计算开销与通信开销是否都能够保证。但是，在实际的网络与应用程序运行中，由于终端移动过程的复杂性、无线通信链路的不稳定性，通常难以预料计算与通信开销，因此静态划分方法的正确性难以保证。

2. 动态划分方法

与静态划分方法对环境变化的不适应相比，动态划分方法可以根据环境状态的变化灵活地调整迁移划分区域，充分利用可用资源。图 6-12 给出了动态迁移决策的原理。

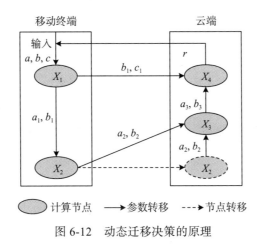

图 6-12　动态迁移决策的原理

如图 6-12 所示，a、b、c 为应用程序的输入，r 为应用程序的输出。在应用程序运行的过程中，经历 $X_1 \sim X_4$ 这 4 个节点。在默认状态下，节点 X_1 和 X_2 在移动终端执行，节点 X_3 和 X_4 在云端执行。节点 X_1 与云端 X_4 交换参数 b_1、c_1；节点 X_2 与云端 X_3 交换参数 a_2、b_2；云端 X_3 与 X_4 交换参数 a_3、b_3；节点 X_4 将计算结果 r 迁移到移动终端。根据动态迁移策略，在网络通信状态好的时候，系统可以将 X_2 动态迁移至云端执行。

研究人员提出了综合考虑移动终端的电量、网络连接状态和实时带宽等因素变化时的解决方案。有些研究针对特定应用的计算迁移系统，例如针对图像识别和语音识别应用的 Cogmiseve、针对环境感知应用的 0dessa、针对社交应用的 SociableSense，以及针对云游戏的 Kahawai 等。

3. 典型的细粒度计算迁移系统

MAUI 是一种典型的基于代理、细粒度的动态计算迁移系统。MAUI 系统的设计目标是：通过支持细粒度（方法级）的计算迁移，最大限度地节省智能手机类的移动终端设备的能耗。图 6-13 给出了 MAUI 的系统结构。

MAUI 系统由两个部分组成：客户端与服务器。其中，客户端包括三个组件：一是客户端代理（Proxy），负责远程调用过程的控制与数据传输；二是 Solver，负责提供调用决策引擎的接口；三是 Profiler，负责修改程序，以及收集程序的能耗、测量数据与数据传输需求。

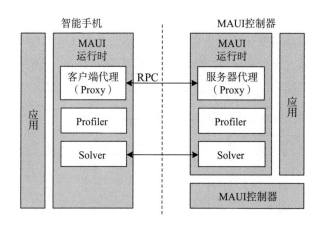

图 6-13　MAUI 的系统结构

服务器端包括四个组件。其中，Profiler 与 Proxy 配合客户端的对应组件，提供相似的服务；Solver 负责周期性地求解线性规划问题；控制器负责用户身份认证，并根据客户端的请求分配资源，以便实现划分好的应用。

MAUI 系统能够提供一种通用的动态迁移方案，尽量减少系统开发人员的负担。开发人员仅需将应用程序划分为本地执行与远程执行两部分，无须为每个程序制定迁移决策逻辑。在程序运行过程中，MAUI 系统基于收集的网络状态等信息，动态决策程序的哪些部分需要放到云端执行。Proxy 按照决策执行相应的控制与数据传输功能。MAUI 系统的缺点是影响动态决策的网络状态信息较少。因此，MAUI 系统不适合无线网络链路状态变化剧烈的应用场景。

需要注意的是，无论是由程序员预先修改程序还是采用其他方法，细粒度计算迁移都需要有额外的划分决策开销，而且很难获得一个最优解，这也是计算迁移中的一个难题。

6.3.3　粗粒度计算迁移系统

1. 粗粒度计算迁移的研究思路

粗粒度计算迁移是指将整个应用程序封装在 VM 中，再发送到云端服务器执行，以减少细粒度计算迁移带来的程序划分、迁移决策等额外开销。

一种研究思路是将移动终端的应用程序与运行环境全部克隆到云端，代表性的系统是 CloneCloud。另一种研究思路是将移动终端附近计算能力较强的计算机作为代理服务器，为移动终端提供计算迁移服务，代表性的系统是 Cloudlet。移动终端首先向提供搜索服务的服务器发送迁移请求，搜索服务器返回可用的代理服务器信息（IP 地址和端口号），移动终端进一步向代理服务器申请计算迁移服务。每个代理服务可以运行多个独立的 VM，并保证为每个应用程序提供独立的虚拟服务空间。

2. 典型的粗粒度计算迁移系统

（1）CloneCloud

CloneCloud 是基于云的计算迁移系统，它的系统架构如图 6-14 所示。

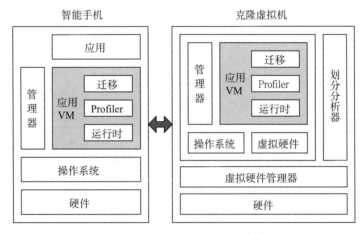

图 6-14　CloneCloud 系统的架构

在 CloneCloud 中，Profiler 模块负责为应用程序的每次执行分别生成移动设备与云端克隆虚拟机的执行成本模型（Profiler 树）；划分分析器负责根据 Profiler 树选出一系列需要远程执行的方法；迁移模块负责线程的挂起、状态打包、恢复与状态合并；管理器负责准备克隆镜像、移动终端与云克隆虚拟机之间的通信和同步；运行时模块负责决定采用哪种应用划分方案。

CloneCloud 的优点是：具有良好的透明性，能自动转换为运行在应用 VM 上的移动应用，运行过程中不需要人为干预，支持线程级的细粒度计算迁移，具有良好的跨平台性。CloneCloud 的缺点是采用离线划分机制，并事先为各种执行条件（如 CPU 速度、网络通信质量）生成不同的划分方案。由于 CloneCloud 人为评估各种执行条件，不可能覆盖各种情况，因此它对外部环境变化的适应性较差。

（2）Cloudlet

粗粒度迁移是将应用程序甚至整个运行环境封装在 VM 中并迁移到云端执行。移动边缘计算中的微云 Cloudlet 采用动态 VM 合成技术。Cloudlet 的设计思想是：利用移动终端附近与互联网连接的固定计算机或计算机集群的资源来增强移动终端的性能。Cloudlet

的实现方法是：采用动态 VM 合成来生成 Cloudlet 上定制的软件服务；当附近不存在 Cloudlet 或资源不足时，则利用远程云端的资源。需要注意的是：Cloudlet 一般用于 Wi-Fi 网络中。

Cloudlet 的实现过程如图 6-15 所示。

1）移动终端发送一个 VM 覆盖已经运行的基础 VM。

2）Cloudlet 覆盖基础设施，并产生 Launch VM，准备为移动客户端提供服务。

3）移动设备向 Launch VM 发送应用执行请求，并将应用设置为挂起状态。

4）Launch VM 收到服务请求，从应用的挂起状态开始执行。

5）应用执行结束，将结果返回移动设备，移动设备发出结束请求。

6）Launch VM 产生 VM 残留，Cloudlet 将 VM 残留发送到移动设备并丢弃 VM。

7）移动设备离开。

Cloudlet 动态合成过程需要迁移整个 VM 覆盖。研究表明，合成一个 VM 需要 60～90s。

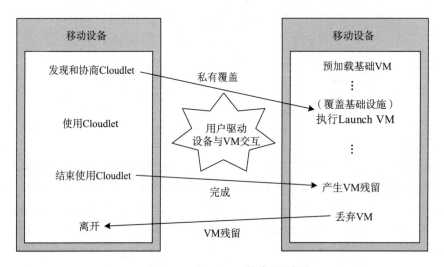

图 6-15　Cloudlet 的实现过程

Cloudlet 的主要缺点是：缺乏统一的 Cloudlet 部署方案与管理策略，系统的性能、可信性与安全性有待进一步提高。

需要注意的是：采用粗粒度迁移的 Cloudlet 是将应用程序甚至整个应用程序运行环境封装在 VM 中，并通过互联网迁移到云端执行。这种方法仅适于对网络延时不敏感的应用。针对通过互联网迁移 VM 延时过长的问题，研究人员在微云概念的基础上，进一步将微云细分为两类：固定微云与移动微云，如图 6-16 所示。

移动终端

固定微云　　　　　　　移动微云

图 6-16　固定微云与移动微云

固定微云将应用程序以 VM 形式迁移到附近的服务器执行，减少将 VM 通过互联网传送到云端的延时。固定微云的服务器与互联网相连，可以将某些复杂、对延时要求不高的计算任务迁移到云端执行。移动微云通过将一个区域内的多个移动终端组成微云，利用移动微云的资源随时为接入的移动设备提供计算和存储服务。

6.3.4　基本计算迁移系统的比较

表 6-2 给出了四种计算迁移系统的比较。

表 6-2　四种计算迁移系统的比较

计算迁移系统	网络延时	网络类型	计算资源				适用场景
			安全性	可用性	管理策略	收费标准	
基于代理（MAUI）	低	无线	差	低	无	无	适用于对网络延时敏感的应用
基于 Cloudlet	低	无线	一般	一般	无	无	适用于对网络延时敏感的应用
基于移动设备	低	无线	差	低	无	无	适用于同一区域有多台移动设备，相互协作同一任务的应用
基于云（CloneCloud）	高	无线与广域网	好	高	有	有	适用于对网络延时不敏感的计算密集型应用

6.4　我国移动边缘计算的研究与产业发展

6.4.1　"Pioneer 300" 行动

2019 年 2 月，在巴塞罗那世界移动通信大会上，中国移动与华为、阿里、Intel、爱立信、恩智浦、联想、浪潮、研华、Tridium 等公司共同发布边缘计算"Pioneer 300"行动，同时发布了《中国移动边缘计算技术白皮书》。

"Pioneer 300"行动标志着我国 5G 移动边缘计算相关工作全面开展。该行动有利于推进边缘计算技术的发展和生态繁荣，率先传达了资源、平台和生态方面的愿景，首次提出了我国的移动边缘计算技术体系，明确了中国移动在边缘计算领域的重点技术研究工作，分析了边缘计算场景的 PaaS、IaaS、硬件等关键技术，展示了中国移动面向全连接、全业务边缘计算的开放服务能力。

6.4.2　需求与应用场景

随着 5G 与移动互联网应用的发展，以智能制造为代表的多个行业应用对低延时、高带宽、安全性的要求不断提高，对移动边缘计算的需求日益迫切。

图 6-17 给出了移动边缘计算服务中的垂直行业应用场景（智能制造、智慧城市、直播与游戏、车联网等）对低延时、高带宽与安全性的需求。

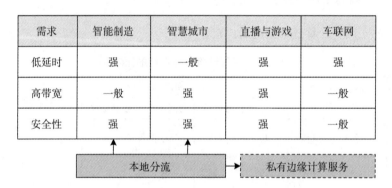

需求	智能制造	智慧城市	直播与游戏	车联网
低延时	强	一般	强	强
高带宽	一般	强	强	一般
安全性	强	强	强	一般

图 6-17　移动边缘计算服务的场景与需求

1. 智能制造

在智能制造领域，工厂利用移动边缘计算智能网关采集本地数据，并进行数据过滤、清洗等实时处理。移动边缘计算能够提供跨层协议转换，实现碎片化工业网络的统一接入。有些工厂可以采用网络功能虚拟化（NFV）技术，通过软件虚拟化实现工业控制器，对生产线上运行的机械臂进行集中式协同控制，并通过软件定义机械的方式实现机控分离。

2. 智慧城市

在智慧城市领域，移动边缘计算主要用于智慧楼宇、智慧物流与视频监控等场景。移动边缘计算可以实现对楼宇运行状态的实时采集，利用边缘计算设备对数据进行分析，提出预测性楼宇维护方案；对智能物流中的冷链运输车辆与货物的运行状态进行监控；利用本地部署的边缘计算设备实现毫秒级的人脸识别、物品识别等实时智能图像处理功能。

3. 直播与游戏

在直播与游戏领域，移动边缘计算设备可以为内容分发网（CDN）提供丰富的存储资源，在靠近用户的位置提供音频、视频渲染能力。特别是在 AR/VR 应用场景中，移动边缘计算可以大幅度降低 AR/VR 终端设备的复杂性，降低成本，促进游戏产业的快速发展。

4. 车联网

在车联网领域，移动边缘计算可以利用基站的本地边缘计算设备，为防碰撞、编队等自动或辅助业务提供毫秒级的延时保证；提供高精度地图相关数据的处理和分析，支持盲点预警等实时性要求苛刻的应用。

除了以上垂直行业的应用场景，移动边缘计算还可以用于本地专用网与私有云中。很多移动通信运营商希望在园区本地提供移动流量分流能力，将企业自营业务的流量分流到本地数据中心进行相应的处理。例如，在校园网中提供内网本地通信、MOOC 课程与课件共享；从企业园区分流到私有云，实现本地的 ERP 业务；在公共与政务服务中，提供医疗、图书馆等数据业务。

6.4.3　移动边缘计算与 5G 相互促进

5G 的三大典型应用场景与移动边缘计算密切相关，为满足车联网、工业控制、移动医疗等行业的特殊应用需求，迫切需要实现超高可靠、超低延时的通信。因此，5G 离不开移动边缘计算，它是 5G 时代的主要研究与应用方向。

理解移动边缘计算与 5G 相互促进的关系时，需要注意以下几个问题：

1）5G 网络通过用户面功能（User Plane Function，UPF）在移动网络边缘灵活部署，实现数据流量的本地卸载。UPF 功能受 5G 核心交换网控制面统一管理，其分流策略由 5G 核心交换网来统一配置。

2）5G 网络有能力支持移动边缘计算应用。边缘计算体系定义了无线网络信息服务、位置服务、QoS 服务等 API，这些信息封装后通过边缘计算 PaaS 平台开放给应用。

3）用户面网元的下沉部署，使 5G 网络可以灵活地接入移动边缘计算资源，促进边缘计算技术的发展。同时，移动边缘计算也为 5G 网络的低延时、高带宽与大量终端的接入提供了技术保障。

可以预见，5G 与移动边缘计算的发展将催生很多新的应用。

6.4.4 移动边缘计算的位置

由于电信云服务基于虚拟化电信网元，因此移动边缘计算位置部署要充分考虑电信网元的特点。电信网元包括控制面与用户面。其中，控制面适合进行集中化部署，对资源的需求趋向同质；而用户面网元适合用户下沉部署，以提升用户体验质量。下沉的用户面（如 UPF）是支持移动边缘计算的重要环节。随着移动边缘计算的发展，用户面下沉的需求越来越强。面对不同的移动边缘计算应用场景，这些网元对延时、存储、转发等性能，以及计算密集度、网元启停与更新深度等都有新的要求。

图 6-18 给出了移动边缘计算在电信网络中的位置，从中可以看出以下几个特点：

1）为了满足电信业务的需求，移动边缘计算服务将实现从国家到区、县的全覆盖。

2）从云计算体系的角度，移动边缘计算体系由三级构成：集中云、网络侧边缘计算与现场级边缘计算。

3）从网络覆盖的角度，移动边缘计算可以分为：连接在骨干网的集中云（核心云）、连接在城域网或接入网的 UPF（网络侧边缘计算）、连接在基站或 AP 的边缘计算智能网关（现场级边缘计算）。

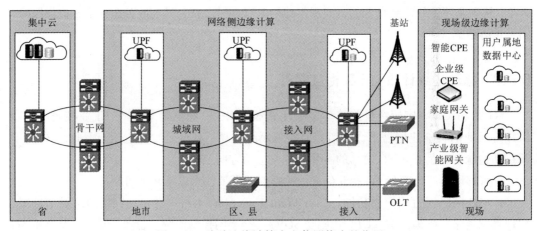

图 6-18 移动边缘计算在电信网络中的位置

结合电信运营商"端 – 端"基础设施建设及业务发展，电信网络移动边缘计算节点可以分为两类：

- 网络侧边缘计算：部署在城市及更低位置的机房中，这些节点大多以云形式存在，它们是微型的数据中心。
- 现场级边缘计算：部署在移动运营商网络的接入点。这里的接入点包括两种类型。一类接入点是在用户属地，大多没有机房环境，典型的设备形态是边缘计算智能网关类设备。另一类接入点是移动通信网的基站，移动边缘计算设备与基站一起安装在机房中。

客户前置设备（Customer Premise Equipment，CPE）是一种接收移动通信网 4G/5G 信号并转换成 Wi-Fi 信号的智能网关设备。CPE 客户端与基站的传输距离可以达到 1～5km。CPE 可以支持更多移动终端接入移动通信网。CPE 大量应用于农村、城镇、医院、单位、工厂、小区等区域。

支持移动边缘计算的接入技术包括多种类型：移动通信网 4G/5G、无线局域网 Wi-Fi、OLT 光端口、私人通信网（PTN）等。

通过以上讨论可以看出，移动边缘计算的核心思想是构建更灵活、更通用、支持各种网络服务的技术与系统，打造面向全连接、全覆盖的计算平台，为各行业就近提供现场级、智能连接、有计算能力的基础设施。

6.4.5　移动边缘计算技术体系

移动边缘计算技术体系涉及多个专业领域，涵盖行业应用、云计算（SaaS、PaaS、IaaS）、硬件设备、机房规划及网络承载等内容。图 6-19 给出了中国移动的移动边缘计算技术体系。

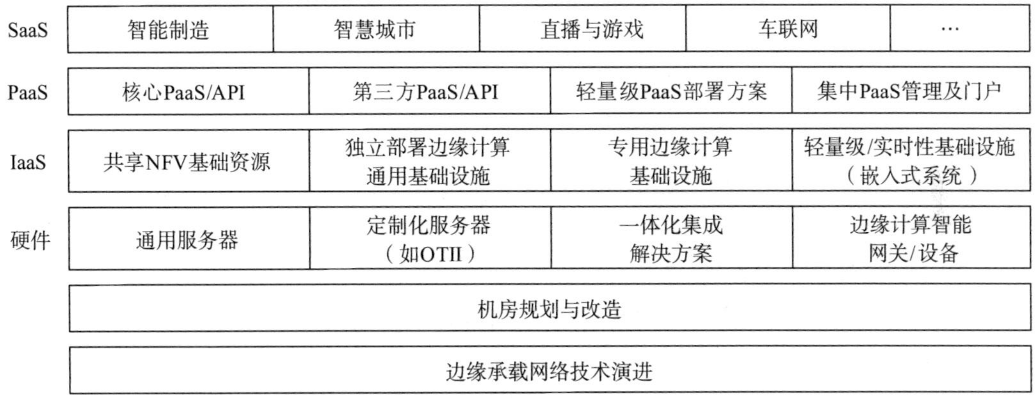

图 6-19　中国移动的移动边缘计算技术体系

在行业应用方面，移动边缘计算的行业应用分成两个部分：一部分是随着业务量增长和用户对实时性要求的提升，已有成熟的云计算业务向边缘计算方向延伸。这类应用对已有的公有云生态有强烈的依赖性。另一部分是基于对带宽、延时、可靠性要求高的应用产生的新的移动边缘计算。这类应用对已有的公有云生态依赖性较弱，但是应用的碎片化比较严重，移动边缘计算生态目前正处于发展中。智能制造、智慧城市、直播与游戏、车联网等应用都属于第二种类型。

1. 移动边缘计算 PaaS 技术

（1）PaaS 的结构与功能

移动边缘计算提供的 PaaS 服务可以作为一种增值服务，同时能够降低应用上线的难度。PaaS 服务部署分为三层（如图 6-20 所示）。

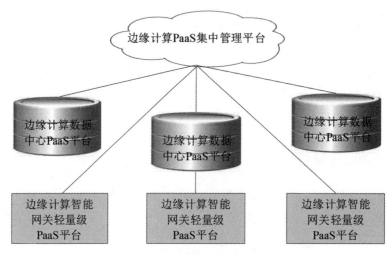

图 6-20　PaaS 服务部署的三层结构

• 边缘计算 PaaS 集中管理平台

最高层是边缘计算 PaaS 集中管理平台，它用于管理数以千计的第二层边缘计算数据中心 PaaS 平台，以及数以千万计的边缘计算智能网关轻量级 PaaS 平台。边缘计算 PaaS 集中管理平台的功能包括：为用户与管理者提供统一的门户，展示边缘计算数据中心 PaaS 平台的数量，以及资源使用与业务运行情况。

• 边缘计算数据中心 PaaS 平台

边缘计算数据中心 PaaS 平台提供应用的运维环境，北向是统一的部署入口，并且能够优化面向垂直行业的软件开发工具包（Software Development Kit，SDK）与能力开放的引入，向集中管理平台上报相应的资源状态信息与业务信息。

• 边缘计算智能网关轻量级 PaaS 平台

边缘计算智能网关轻量级 PaaS 平台用于提供协议跨层转换，异构网络接入与数据采集功能。

（2）中国移动的边缘计算 PaaS 平台的功能模块

中国移动的边缘计算 PaaS 平台的功能模块如图 6-21 所示。

PaaS 平台主要解决以下问题：

• 业务部署

边缘数据中心的业务部署可以分成两类：一类是特定区域，另一类是非特定区域。特定区域是指企业园区、产业园、工厂等；非特定区域是指人群密集的区域，涉及面向消费者的视频类、游戏类服务。

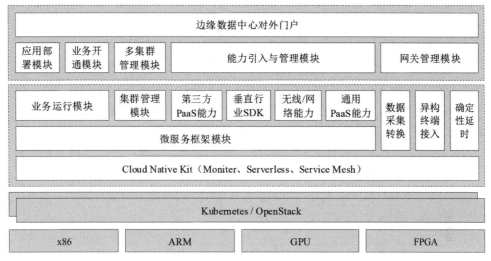

图 6-21　边缘计算 PaaS 平台的功能模块

- 业务开通

在业务部署完毕后，并不能直接开通。一般流程是用户向边缘计算 PaaS 平台提出需求，平台与控制面网元协商，对分流设备（如 5G 的 UPF）、边缘计算防火墙、DNS 等相关基础设备进行配置和分发。

- 无线能力与核心网能力引入

无线能力与核心网能力（如位置服务、带宽服务、无线网络信息服务等）由移动运营商管理。这些能力通过无线接入侧或核心网侧提供给边缘计算 PaaS 平台。

- 边缘计算 PaaS 平台 SDK

为了解决边缘计算 PaaS 平台提供的 SDK 兼容性问题，可以通过接口封装 SDK 与消息中间件，或采用业界使用较多的第三方 SDK 软件（如 OpenVINO、CUDA），方便用户开发，并保证边缘计算平台开发的稳定性。

- 第三方平台的 PaaS 能力

对于一些依托私有云或公有云的应用，当它们下沉到特定的边缘计算节点时，相应的协议会提出适应性的需求，边缘计算 PaaS 平台需要进行相应的配置。

- 业务运维

边缘计算 PaaS 平台在管理与运维方面优化了微服务框架，引入了 Serverless、Service Mesh 技术，采用 Cloud Native 方式进行开发与运维。同时，为用户提供监控工具与调试工具，以丰富应用自身的运维能力，减少应用故障。

● 多节点管理

由于边缘计算数据中心的节点数量庞大，多节点管理是边缘计算 PaaS 平台面临的一个困难问题，因此它是目前研究的重点之一。

（3）边缘计算能力开放

边缘计算 PaaS 平台是一个开放的平台，它的开放性主要体现在以下几个方面：

● 平台边缘网络能力、平台服务，以及平台管理的开放。

● 平台位置服务能力、无线信息能力、QoS 服务能力与安全能力的开放。

● 平台可以直接提供授权的用户位置服务，也可以结合用户在移动通信网中的身份信息、业务信息与行为信息等，提供个性化的交互式服务。

● 平台可以集成熟悉垂直行业应用的第三方特色能力，如视频编码、AI 算法库等，能够基于具体的业务场景需求，向用户提供相应行业的应用服务能力。

边缘计算能力开放系统结构分为边缘能力开放层、边缘能力封装与调试层与边缘能力接入层，其结构如图 6-22 所示。

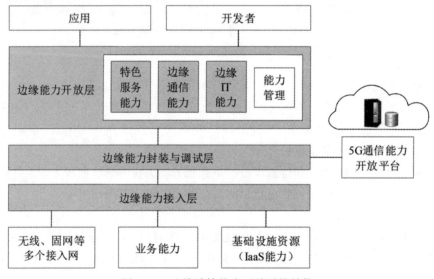

图 6-22　边缘计算能力开放系统结构

2. 边缘计算 IaaS 技术

边缘计算 IaaS 服务是根据商业模式、资源条件、业务要求与运维需求，采用软硬件一体的物理形态或承载在云资源池之上的云化状态的边缘应用，它是用于部署和运行边缘计算业务与相应网元功能的云基础设施，也是云计算与边缘计算场景的结合。边缘计算需要部署的业务和应用类型主要有 MEC App、MEC PaaS、网关类设备（如 5G UPF）、无线设备（如 5G CU）、CDN 设备等电信网元。边缘计算 IaaS 能够为上述业务与应用提供云化基础设施，满足不同业务和应用的需求。

（1）边缘计算 IaaS 平台的构成

边缘计算 IaaS 平台包括边缘 IaaS 管理平台、OpenStack/ 虚拟机、Kubernetes/ 容器、SDN，以及服务器、存储、交换机、路由器等。

边缘计算 IaaS 的管理平台需要实现以下功能：资源管理、配置管理、性能管理、告警管理、租户管理、接口管理、网络管理与运维管理等（如图 6-23 所示）。

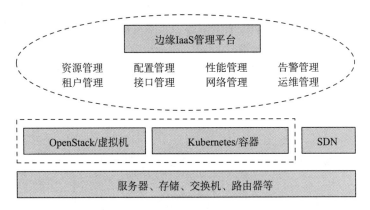

图 6-23　边缘计算 IaaS 平台的构成

（2）边缘计算 IaaS 平台的结构

图 6-24 给出了边缘计算 IaaS 平台的结构。

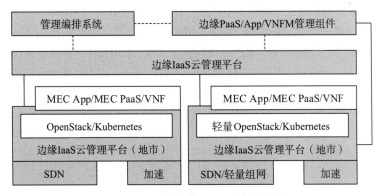

图 6-24　边缘计算 IaaS 平台的结构

在边缘计算 IaaS 系统设计中，需要考虑边缘节点分布广、数量大、无人值守的特点。边缘计算 IaaS 系统设计需要坚持以下原则：统一运维、管理与组网轻量化、自治性、对多类型云平台的兼容性、统一云资源视图、支持 SDN 等。为了解决区县级用户侧接入的需求，边缘计算 IaaS 平台要尽量轻量化。

根据初步估算，地市级边缘节点资源池为数百台服务器，区县级边缘节点为几十台服务器，延伸到现场级的边缘节点可以为几台或十几台服务器。边缘节点的管理单元主要是Kubernetes。

2017 年，中国移动与中国电信、中国联通、中国信通院、Intel 公司等共同发起了面向电信应用的开放电信 IT 基础设施项目（Open Telecom IT Infrastructure，OTII），目的是形成面向电信与边缘计算应用的深度定制、开放标准、统一规范的服务器技术方案与原型产品。2018 年，在上海举办的 MWC 会议上发布了 OTII 深度定制的服务器原型机；2019年，OTII 服务器在移动边缘计算节点的试点规模扩大。同时，深度定制、开放标准、统一规范的边缘网关研究已取得较大进展。目前，我国已有 15 个移动边缘计算实验床，分别用于智慧城市、智能制造、直播与游戏、车联网等领域的研究。

参考文献

[1] 布亚，斯里拉马 . 雾计算与边缘计算：原理及范式 [M]. 彭木根，孙耀华，译 . 北京：机械工业出版社，2019.

[2] 斯托林斯 . 现代网络技术：SDN、NFV、QoE、物联网和云计算 [M]. 胡超，邢长友，陈鸣，译 . 北京：机械工业出版社，2018.

[3] DE D. 移动云计算：架构、算法与应用 [M]. 郎为民，张锋军，姚晋芳，等译 . 北京：人民邮电出版社，2017.

[4] 谢人超，黄韬，杨帆，等 . 边缘计算：原理与实践 [M]. 北京：人民邮电出版社，2019.

[5] 张骏 . 边缘计算：方法与工程实践 [M]. 北京：电子工业出版社，2019.

[6] 施巍松 . 边缘计算 [M]. 北京：科学出版社，2018.

[7] 彭木根 . 5G 无线接入网络：雾计算和云计算 [M]. 北京：人民邮电出版社，2018.

[8] 俞一帆，陈思仁，任春明，等 . 5G 移动边缘计算 [M]. 北京：人民邮电出版社，2017.

[9] 王尚广，周傲，魏晓娟，等 . 移动边缘计算 [M]. 北京：北京邮电大学出版社，2017.

[10] 施巍松，张星洲，王一帆，等 . 边缘计算：现状与展望 [J]. 计算机研究与发展，2019，56(1)：69-89.

[11] 崔勇，宋健，缪葱葱，等 . 移动云计算研究进展与趋势 [J]. 计算机学报，2017，40(2)：273-295.

[12] REN J, YUN G D, HE Y H, et al. Collaborative cloud and edge computing for latency minimization[J]. IEEE Transactions on VehicularTechnology, 2019, 68(5): 5031-5044.

[13] HAO P, HU L, JIANG J Y, et al. Mobile edge provision with flexible deployment[J]. IEEE Transactions on Services Computing，2019, 12(5): 750-761.

[14] DONNO M D, TANGE K P, DRAGONI N, et al.Foundations and evolution of modern computing paradigms：cloud, IoT, edge and fog[J]. IEEE Access，2019, 6: 150936-150948.

[15] ABBAS N, ZHANG Y, TAHERKORDI A, et al. Mobile edge computing: a survey[J]. IEEE Internet of Things Journal，2018, 5(1): 450-465.

[16] RAHIMI M R, VENKATASUBRAMANIAN N, MEHROTRA S, et al. On optimal and fair service allocation in mobile cloud computing[J].IEEE Transactions on Cloud Computing, 2018, 6(3): 815-828.

[17] LIU H, DOAN T, SALAH H, et al. Mobile edge cloud system: architectures, challenges and approaches[J]. IEEE Systems Journal, 2018, 12(3): 2495-2508.

[18] WANG S，XU J L, ZHANG N, et al. A survey on service migration in mobile edge computing[J]. IEEE Access, 2018, 6: 23511-23528.

[19] HAO Y, CHEN M, HU L, et al. Energy efficient task caching and offloading for mobile edge computing[J]. IEEE Access, 2018, 6: 11365-11373.

[20] MAO Y, YOU C S, ZHANG J, et al.A survey on mobile edge computing: communication perspective[J]. IEEE Communications Surveys & Tutorials, 2017, 19(4): 2322-2358.

[21] SHIRAZI S N, GOUGLIDIS A, FARSHAD A, et al. The extended cloud: review and analysis of mobile edge computing and fog from a security and resilience perspective[J]. IEEE Journal on Selected Areas in Communications, 2017, 35(11): 2586-2595.

[22] WANG C, LIANG C C, YU F R, et al. Computation offloading and resource allocation in wireless cellular networks with mobile edge computing[J]. IEEE Transactions on Wireless Communications, 2017, 16(8): 4924-4938.

[23] WANG S, ZHANG X,ZHANG Y, et al.A survey on mobile edge networks：convergence of computing, caching and communications[J]. IEEE Access, 2017, 5: 6757-6779.

[24] LIANG C, YU F.Wireless network virtualization: a survey, some research issues and challenges[J]. IEEE Communications Surveys & Tutorials, 2015, 17(1): 358-380.

[25] KHAN A R, OTHMAN M, MADANI S A, et al. A survey of mobile cloud computing application models[J]. IEEE Communications Surveys & Tutorials, 2014, 16(1): 393-413.

[26] SANAEI Z, ABOLFAZLI S, GANI A, et al. Heterogeneity in mobile cloud computing: taxonomy and open challenges[J]. IEEE Communications Surveys & Tutorials, 2014, 16(1): 369-392.

第 7 章 ●─○─●─○─●

移动互联网应用

如果说 2G 成就了 QQ，3G 成就了社交、微博和微信，4G 成就了视频，那么 5G 将推动哪些新的应用出现？这是本章将要探讨的问题。本章以移动云存储、移动流媒体、移动社交网络、移动电子商务与移动支付、基于移动云计算的移动位置服务、基于移动边缘计算的增强现实应用、CDN 应用为例，讨论 5G 时代的移动互联网应用的发展。

7.1 移动云存储

7.1.1 移动云存储的基本概念

1. 从网络存储到云存储

计算和存储是计算机技术研究的永恒主题。随着个人计算机、互联网应用与信息共享的需求不断增加，存储技术从单机存储向网络存储的方向发展。网络存储中出现了直接附加存储（DAS）、网络附加存储（NAS）、存储区域网（SAN）等多种存储技术。当网络应用处理的数据量越来越大时，网络存储已不能满足用户的数据存储、同步更新与共享的需求，云计算便成为代替网络存储的首选方案。

云存储（cloud storage）是在云计算基础上衍生出来的在线存储模式。云存储一般是指通过集群、网络与分布式文件管理技术，将互联网中的一个或多个云计算平台集成为向用户提供数据存储和信息服务的协同工作系统。

云服务提供商根据用户的需求，在后端准备虚拟化存储资源，并将其以存储资源池（storage pool）的方式提供出来，用户根据需要使用存储资源池来存放文件。这些文件将分布在多个服务器上。用户可通过 Web 服务的应用程序接口（API），或 Web 化的用户界面来访问存储在云上的数据。

从用户的角度来看，云存储的优点主要表现在以下方面：

- 使用方便：云存储系统以统一的接口为用户提供透明的按需存储服务。用户不需要了解提供存储服务的存储系统的细节，用户看到的是一个单一的存储空间。云计算平台可以对用户数据进行自动与智能化的存储管理。

- 节约成本：用户可以通过免费或与提供商签订协议的方式，按需使用云存储系统的存储资源，从而减少用户存储数据的费用。云存储服务提供商为用户提供负载均衡、故障冗余、数据同步、数据备份、安全监控等功能。
- 提高效率：云存储系统的规模化与专业化服务提高了存储空间的利用率，避免了存储资源的重复建设，降低了云存储系统的运营成本。
- 高可靠性、可用性与安全性：通过多副本复制与节点故障自动容错技术提高了云存储系统的可靠性与可用性；通过用户身份认证、访问权限控制与安全通信协议等手段提高了云存储系统的安全性。

企业云存储经历了四个发展阶段。

第一个阶段是文档存储，企业将云存储系统作为集中存储的云盘，取代了传统的容量过小的移动存储设备。

第二个阶段是共享与分发，企业利用云存储取代传统的邮件与即时通信的文件传输方式，实现了内部文档和资料的便捷流转。

第三个阶段是共享协作，企业利用云存储功能实现了多人在线协作，以及一站式文件编辑、存储与共享。

第四个阶段是协同办公，企业将云存储作为企业协同办公的入口，实现了企业文档的内容管理。

2. 从云存储到移动云存储

随着移动互联网技术的高速发展，移动互联网应用与智能终端设备的计算、存储能力产生矛盾，将云计算与移动互联网相结合的移动云计算成为当今信息服务业的热门话题，移动云存储也随之成为应用热点。

现在，用户通过一部智能手机，在 App 上就能完成约车、导航、购买火车票、医院预约挂号、订外卖、支付等工作，而这些随时随地就可以享受的衣、食、住、行、游、购、玩的服务，都是在移动云服务的支持下实现的。而云存储是基本的移动云服务应用之一（如图 7-1 所示）。

7.1.2　移动云存储的同步架构

移动云存储的同步机制保证了用户数据上传与下载能够正常进行。移动云存储的同步机制主要包括移动云存储的同步架构与移动云存储的同步协议。

移动云存储的同步架构由移动客户端、云端的控制服务器与存储服务器组成（如图 7-2 所示）。移动客户端主要指用户访问云存储系统的智能手机、笔记本计算机、平板电脑等设备。控制服务器负责控制客户端与云端之间的元数据交互过程，这些元数据包括文件的数据块列表、文件夹中的数据块信息、目录索引等。存储服务器负责存储数据块。

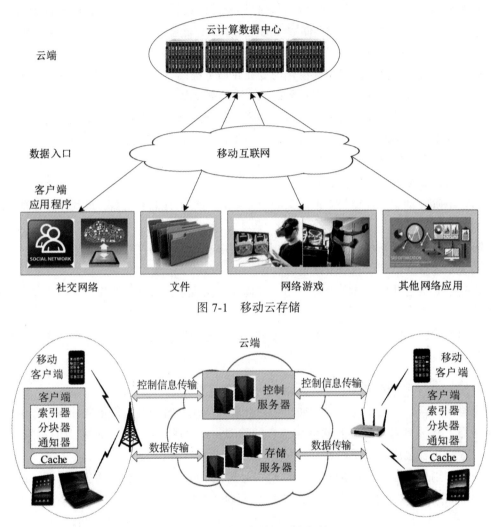

图 7-1　移动云存储

图 7-2　移动云存储的同步架构

1. 存储服务器

在存储服务器中，所有文件并不是以独立的单位存在的，而是以经过拆分或聚合成的数据块的形式来存储的。存储服务器仅存储文件的内容，不包括文件名、大小、版本号等信息。由于存储服务器分布在不同的地理位置，这意味着一个文件的不同数据块可能存储在不同的存储服务器中。

理解存储服务器的工作原理与作用时，需要注意以下几个问题。

- 文件分块

文件分块的目的是：当移动客户端有一个大文件需要上传到云端时，如果在传输过程中出错，重传的代价比较大。如果将大文件拆分成多个数据块，那么当某个数据块传输失败时，重传较小的数据块的网络流量开销较小。当客户端批量上传小文件时，将多个小文件捆绑在一个数据块中传送到云端，云端只需要返回一个确认信息，网络流量开销也比较小。因此，文件分块可以提高系统的运行效率。

- 数据压缩与增量同步

当一个非随机序列的文件上传时，采用数据压缩可以减少网络流量与存储空间。当移动客户端修改同步文件时，可以采取增量同步方法，仅同步文件修改的部分，不需要同步整个文件。尤其是在客户端反复修改同步文件时，增量同步可以大大减少数据量。

- 冗余消除

当采用冗余消除方法时，对于云端已经存在的文件，移动客户端无须重传相同的文件，从而减少客户端与云端的数据量，提高系统效率。

2. 控制服务器

控制服务器负责与移动客户端交换控制信息。控制信息包括两类：通知流与元数据流。

- 通知流

通知流用于保持移动客户端与云端同步文件的一致性。当客户端向控制服务器发出请求时，会监测其他客户端是否修改同步文件。如果云端的同步文件未发生变化，控制服务器向客户端发出"未更新"通知。如果云端的同步文件发生了变化，控制服务器向客户端发出"已更新"通知，移动客户端同步云端文件的最新版本。

- 元数据流

元数据流用于管理服务流传输的文件元数据信息。元数据信息包括散列表、服务器文件日志等信息。散列表用于存放数据块的散列值，它是数据块唯一的标识符。服务器文件日志用于存放文件的 ID、数据块列表等信息。

3. 移动客户端

移动客户端由 4 个部分组成：分块器、索引器、通知器与缓存器（Cache）。

- 分块器将本地文件切分成固定大小的数据块。
- 索引器存放文件的元数据信息。
- 通知器负责向云端发送请求，检查云端存储的数据是否有修改。
- 缓存器在云端文件与本地文件的交互过程中起中介的作用。文件传输与本地应用对云端文件的操作都必须先存储在缓存器中。

7.1.3 移动云存储同步协议

当多个移动客户端共同使用一个账户时，任何客户端上传的文件都会同步到其他客户端。图 7-3 给出了移动云存储同步协议的示意图。其中，移动客户端 1 将文件上传到云端，移动客户端 2 从云端下载文件。

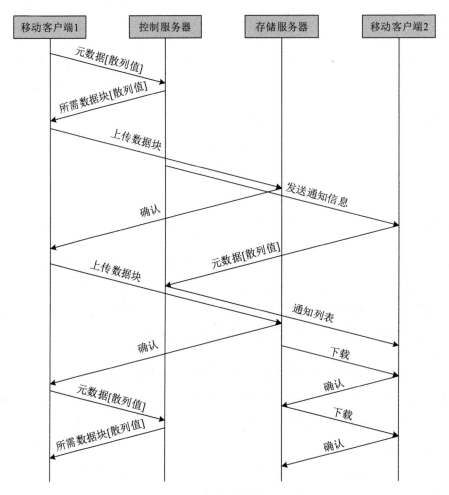

图 7-3　移动云存储同步协议

1. 文件上传

移动客户端 1 向云端上传文件的过程分为三步：

1）当移动客户端 1 上传大文件时，元数据流将文件元数据信息上传到云端控制服务器。控制服务器将上传的文件元数据与云端元数据比较，并返回所需的数据块散列值。

2）移动客户端 1 将所需的数据块上传到云端，在每个数据块上传成功之后，控制服务器返回一个确认信息。

3）所有数据块上传完成后，移动客户端 1 再次向控制服务器发送元数据信息进行核对，以确保所有文件上传成功。

2. 文件下载

移动客户端 2 从云端下载文件的过程分为四步：

1）移动客户端 1 周期性地向控制服务器探询云端元数据，当云端的文件元数据发生变化时，控制服务器向移动客户端 2 发送通知信息。

2）移动客户端 2 向控制服务器发送元数据信息。

3）控制服务器返回通知列表。

4）移动客户端 2 从存储服务器下载新增的数据块。在每个数据块下载成功之后，移动客户端 2 向控制服务器返回一个确认信息，直至所有数据块下载完成。

图 7-4 将移动云存储同步协议与移动云存储同步架构结合，形象地描述了移动云存储中的文件上传与下载过程。

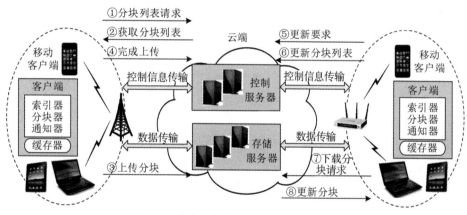

图 7-4 移动云存储服务同步过程示意图

基于移动云存储的手机地图、手机导航、语音搜索、手机游戏、个人信息存储，以及基于 Android、iOS 平台的各种移动互联网服务正在改变着人们的工作、购物、娱乐与出行方式。

7.2 移动流媒体

7.2.1 移动流媒体的基本概念

1. 移动视频应用的分类

多媒体数据分为语音、图形、图像、视频等多种类型。近年来，网络多媒体技术已广泛应用于人们的工作、学习、通信、娱乐、科研、医疗与军事等领域。移动互联网使用户能够随时、随地通过移动终端收听、收看网络新闻、网络音乐、网络电视、网络电影、网络广播、网络广告，开视频会议，玩网络游戏，直播朋友聚会、新闻发布会、事发现场、旅行见闻、音乐会、运动会等，也可以通过视频互动。

随着移动通信网 3G/4G 与 Wi-Fi 性能的提高，移动视频应用的类型迅速增加，用户规模不断扩大，5G 网络的应用更是推动了更多移动视频与 VR/AR 类应用的发展。

目前，移动视频应用很多，可以从以下几个角度进行分类：

- 从计算机通信方式的角度，可以分为基于客户机 / 服务器（C/S）模式与基于对等（P2P）模式两类。
- 从视频数据传输实时性的角度，可以分为实时、非实时两类。
- 从视频播放方式的角度，可以分为视频点播、视频直播两类。
- 从用户交互方式的角度，可以分为一对一、一对多、多对多三类。
- 从视频流方向的角度，可以分为单向传输、双向传输两类。

图 7-5 描述了常见移动视频应用的特征。

（1）基于 C/S 模式的视频点播

图 7-5a 描述了基于 C/S 模式的视频点播。在这类视频点播应用中，用户通过移动终端从 Web 服务器下载录制好的视频节目。从计算机通信方式的角度，这是基于 C/S 的工作模式；从数据传输实时性的角度，这属于非实时应用；从视频播放方式的角度，这属于视频点播；从用户交互方式的角度，这是一对多模式；从视频流方向的角度，属于单向传输。

（2）基于 C/S 模式的视频直播

图 7-5b 描述了基于 C/S 模式的视频直播。它与视频点播的区别在于：视频直播的节目内容不是事先录制好并存放在服务器中的，而是一边录制、一边播放的。从计算机通信方式的角度，这是基于 C/S 的工作模式；从数据传输实时性的角度，这属于实时应用；从视频播放方式的角度，这属于视频直播；从用户交互方式的角度，这是一对多模式；从视频流方向的角度，属于单向传输。

（3）基于 C/S 模式的视频会议

图 7-5c 描述了基于 C/S 模式的视频会议。视频会议的应用场景可以理解为多方参会者通过移动终端进行问题讨论，所有参与者既是视频内容的制作和发送方，又是视频内容的接收方。从计算机通信方式的角度，这是基于 C/S 的工作模式；从数据传输实时性的角度，这属于实时应用；从视频播放方式的角度，这属于视频直播；从用户交互方式的角度，这是多对多模式；从视频流方向的角度，属于双向传输。

（4）基于 P2P 模式的视频播放

图 7-5d 描述了基于 P2P 模式的视频播放。与基于 C/S 模式的视频直播不同，视频节目、内容制作者与客户端采取对等方式将移动终端录制的视频传输到客户端。从计算机通

信方式的角度，这是基于 P2P 的工作模式；从数据传输实时性的角度，这属于实时应用；从视频播放方式的角度，这属于视频直播；从用户交互方式的角度，这是一对多模式；从视频流方向的角度，属于单向传输。

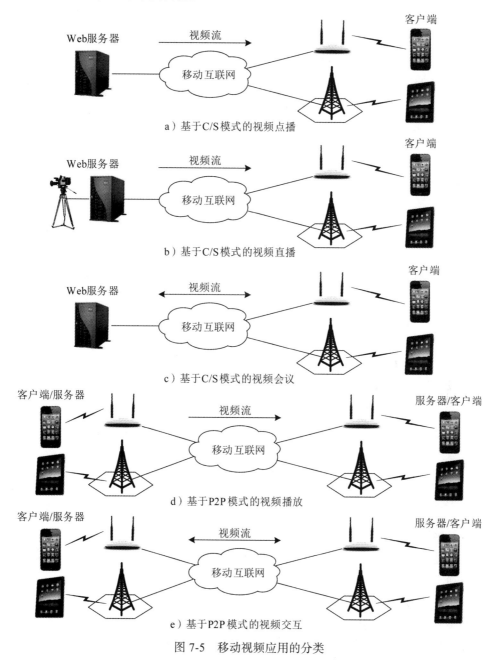

图 7-5　移动视频应用的分类

（5）基于 P2P 模式的视频交互

图 7-5e 描述了基于 P2P 模式的视频交互。与基于 C/S 模式的视频会议不同，任何一个 P2P 模式的视频交互参与者既是视频内容的制作者，也是视频内容的接收者。从计算机通信方式的角度，这是基于 P2P 的工作模式；从数据传输实时性的角度，这属于实时应用；从视频播放方式的角度，这属于视频直播；从用户交互方式的角度，这是多对多模式；从视频流方向的角度，属于双向传输。

2. 移动流媒体中"流"的概念

移动流媒体在 3G/4G 网络中发展迅速，技术已经成熟。5G 网络的应用将使移动流媒体应用进入高速发展阶段。

流媒体是以流（streaming）的形式在网络中传输多媒体文件的一类应用。流媒体播放视频的过程如下：首先将连续的图像与语音文件压缩，形成一个准备传输的视频帧序列，然后视频服务器向流媒体终端发送视频帧序列。流媒体终端预先开辟一个缓冲区，用于存储视频文件序列，并顺序播放视频帧的内容。图 7-6 给出了视频帧序列的示意图。

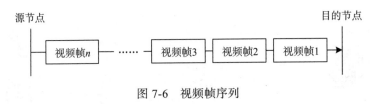

图 7-6 视频帧序列

移动流媒体的特点是在移动通信网中进行连续、实时的多媒体信息传输。移动终端不需要下载整个视频文件，而是在播放视频之前，以较短的时间接收服务器发送的视频文件的前一部分，并存放在缓冲区中。播放时，先播放缓冲区中已接收的视频，同时移动终端接收视频文件的后续部分，实现"边下载、边播放"。

7.2.2 移动流媒体传输系统的结构

图 7-7 给出了典型的移动流媒体传输系统的结构。

移动流媒体传输系统由以下几个部分组成：流媒体终端、移动通信网、移动流媒体核心功能单元、外围功能实体与公共业务单元。

- 流媒体终端是指用户的智能手机、PAD 等移动终端设备。
- 移动通信网是 3G/4G/5G 网络。
- 移动流媒体核心功能单元包括视频内容服务器、视频缓冲服务器、视频内容直播采集服务器。

- 外围功能实体与公共业务单元包括用户终端列表、加密服务器、接入门户、综合业务管理平台。

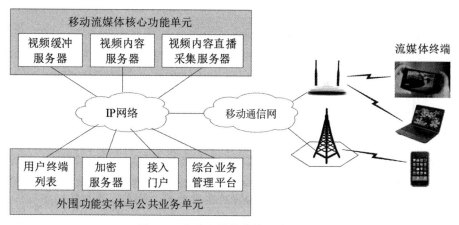

图 7-7　移动流媒体传输系统的结构

7.2.3　影响移动流媒体传输质量的网络延时与延时抖动

网络多媒体应用与传统网络应用对传输特性的要求有很大差异。在传统的网络应用（例如 Web、E-mail、Telnet 等）中，对传输延时的要求不高，但是对数据传输正确性的要求很高。在移动网络多媒体应用（例如移动视频、移动语音通话等）中，对网络的端 – 端延时（delay）与抖动（jitter）都很敏感，有些数据在延时之后就不能使用。图 7-8 给出了延时与延时抖动的概念。

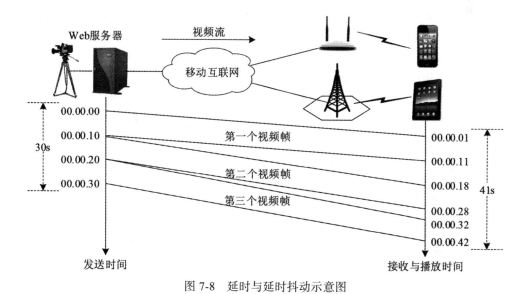

图 7-8　延时与延时抖动示意图

假设视频服务器产生的直播视频流封装在 3 个视频帧中。每个报文保留 10s 的视频信息，传播延时为 1s。在理想状态下，第一个报文在 00.00.00 发送，在 00.00.01 接收，在 00.00.11 播放完；第二个报文在 00.00.10 发送，在 00.00.11 接收，在 00.00.21 播放完；第三个报文在 00.00.20 发送，在 00.00.21 接收，在 00.00.31 播放完。但是，从图 7-8 可以看出，第一个报文在 00.00.00 发送，在 00.00.01 接收，在 00.00.11 播放完；第二个报文在 00.00.10 发送，在 00.00.18 接收，在 00.00.28 播放完；第三个报文在 00.00.20 发送，在 00.00.32 接收，在 00.00.42 播放完。实际上，第一个报文的传播延时为 1s，第二个报文的传播延时为 8s，第三个报文的传播延时为 5s，这种传播延时的变化称为延时抖动。

7.2.4　流媒体传输协议类型

流媒体传输协议是支撑流媒体业务运行的核心技术。随着移动互联网多媒体应用的发展，市场上出现了多种流媒体传输协议，例如基于 HTTP 的渐进下载、RTP/RTCP、RTSP、HLS、SRTP、RTMP、MMS 等。

实时传输协议（Real-time Transport Protocol，RTP）是用于互联网上的多媒体数据流的一种传输层协议，它定义了传递音频和视频数据包的格式（RFC 3550、RFC 3551）。RTP 不是完整地下载整个多媒体文件，而是以固定的速率在网络上发送数据，客户端也按照这种速度观看多媒体文件。对影视类视频而言，画面播放之后，就不能再重复播放，除非重新向服务器端要求数据。

实时传输控制协议（Real-time Transport Control Protocol，RTCP）为 RTP 媒体流来提供带外控制，RTCP 与 RTP 合作实现多媒体数据传输。

安全实时传输协议（Secure Real-time Transport Protocol，SRTP）由思科与爱立信公司共同提出，它在 RTP 的基础上为单播和多播多媒体应用中的 RTP 数据提供加密、消息认证、完整性保证与重放保护。

实时流传输协议（Real Time Streaming Protocol，RTSP）由 Real Networks 和 Netscape 公司共同提出，它提供了一个可扩展的框架，定义了应用程序之间如何有效地通过 IP 网络传送多媒体数据。RTSP 与 RTP 最大的区别在于：RTSP 是一种双向实时数据传输协议，它允许客户端向服务器端发送请求，例如执行回放、快进、倒退等操作。RTSP 可以用 RTP 来传送数据，也可以选择 TCP、UDP、组播 UDP 等协议来发送数据。

实时消息传输协议（Real Time Messaging Protocol，RTMP）是 Adobe 公司为在 Flash 播放器和服务器之间传输音频、视频和数据而开发的开放协议。RTMP 数据被封装在 HTTP 请求中，而 SRTP 使用的是 HTTPS 连接。

微软媒体服务器协议（Microsoft Media Server Protocol，MMS）用于访问 Windows Media 发布点上的单播内容。MMS 是访问 Windows Media 单播服务的默认方法。

　　在传统互联网中使用的流媒体传输协议，如基于 HTTP 的渐进下载（Progressive Download）与基于 RTSP/RTP 的实时流媒体协议，可以移植到移动流媒体应用中。由于移动通信网与移动终端的一些特点，传统的流媒体传输协议有一定的限制与约束；一些新的移动流媒体传输协议，如苹果公司的 HLS（HTTP Live Streaming）应用较为广泛。图 7-9 给出了几种常用移动流媒体传输协议的特点。

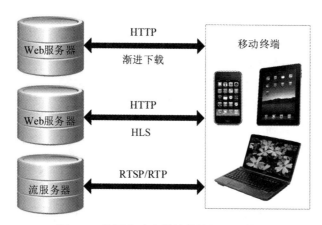

图 7-9　常用移动流媒体传输协议的特点

　　渐进下载协议的流媒体播放在完全下载后播放的基础上做了一些改进。基于 HTTP 的渐进下载协议会在播放之前等待较短的时间（如几十秒到上百秒），之后下载音视频文件的前一部分，将这部分文件在客户端设备中缓存起来，此后一边播放一边继续下载。

　　HTTP 是建立在 TCP 基础上的。TCP 不能保证数据传输实时性，基于 HTTP 的渐进下载协议要求 TCP 采用慢启动策略，先用较低的速率发送数据，然后逐渐提高发送速率，直至收到客户端的分组丢失反馈报告为止。此时，TCP 判断已达到最高带宽，重新开始以较低速率发送，然后逐渐提高传输速率。整个过程不断反复。但这种方法会导致终端设备在视频播放过程出现停顿和断续的现象。

　　基于 HTTP 的渐进下载协议主要有以下缺点：

- 由于无法精确控制流媒体数据发送到客户端的速率，因此基于 HTTP 的渐进下载模式只能支持点播，不能支持直播。
- 客户端必须在硬盘缓存中预留与服务器视频文件同样大小的存储空间，造成对本地存储空间的需求增加。
- 用户在播放过程中，只能在已下载视频数据的时间范围内进行搜索、快进与快退等操作，无法在整个视频文件的时间范围内执行这些操作。

　　基于 HTTP 的渐进下载协议是一个简单的流媒体解决方案。由于它仅需要维护一个标准的 Web 服务器，这种服务器在互联网中大量存在，且维护普通 Web 服务器比视频服务器简单，因此基于 HTTP 的渐进下载协议获得了广泛应用。

7.2.5 RTP 与 RTCP

随着多媒体网络应用的快速发展，针对实时交互式应用的传输协议——实时传输协议（RTP）与实时传输控制协议（RTCP）应运而生。

1. RTP

（1）RTP 的特点及与相关协议的关系

RTP 是由 IETF 的 AVT 工作组提出的。RFC 3550、RFC 3551 文档中定义了 RTP 与 RTCP。目前，RTP 已成为互联网的正式标准，同时也成为 ITU-T 的 H.225 标准。

理解 RTP 的特点时，需要注意以下几个问题：

1）RTP 运行在 UDP 之上。

从工作流程上看，由于 RTP 运行在用户空间，并与应用层协议相关，因此它看上去更像应用层协议。另外，RTP 是一个与具体应用无关的通用协议，它将应用层的多媒体数据封装后，利用 UDP、IP 及低层协议实现多媒体数据传输。RTP 封装的多媒体信息可以是 PLC、GSM 与 MP3 音频流，也可以是 MPEG 与 H.263 视频流。

RTP 实际上是一个协议框架，它包含传输实时应用数据流的共同特性。但是，RTP 仅包含实时多媒体应用的一些共性功能，并不对多媒体数据流做任何特殊处理，仅通过与 RTP 协同工作的 RTCP 向应用层提供在当前网络条件下尽可能提高 QoS 的相关信息。图 7-10 给出了引入 RTP/RTCP 之后的网络层次结构模型。

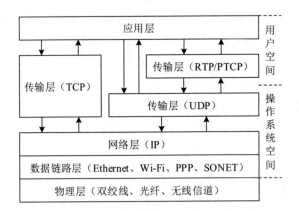

图 7-10　引入 RTP/RTCP 之后的网络层次结构模型

当应用程序开始一个 RTP 会话时，它使用两个端口：一个给 RTP 使用，另一个给 RTCP 使用。需要注意的是：与其他应用层协议都是分配一个熟知端口号不同，RTP 会话在临时端口号的 1025～65535 之间选择一个未使用的偶数端口号。例如，RTP 选择的端口号为 1210，那么属于同一会话的 RTCP 就选择加 1 的奇数端口号，即 1211。从 TCP/IP 协议体系的角度，它应该位于应用层之下、UDP 之上。因此，RTP 是一种专用于有实时性要求的网络应用的传输层协议。

2）RTP 提供端 – 端传输服务。

多媒体数据是由音频、视频、文本与其他可能的数据流组成的。这些数据流被送到 RTP 库。RTP 库软件按音频、视频、文本数据流之间的关系，将它们进行压缩、编码后复用为 RTP 报文。RTP 报文加上套接字（Socket），通过 UDP 软件封装成一个 UDP 报文。目的主机将接收的 RTP 报文封装的多媒体数据传送到应用层。应用层的播放器负责播放多媒体数据。图 7-11 描述了 RTP 与 UDP、IP、Ethernet 协议数据单元之间的关系。

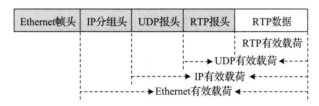

图 7-11　RTP 与 UDP、IP、Ethernet 协议数据单元之间的关系

UDP 报文封装在普通的 IP 分组中传输，所有路由器不对该分组提供任何特殊服务。RTP 不强调需要资源预留协议（RSVP）的支持，为应用层的实时性应用提供端 – 端传输服务，但是不提供任何 QoS 保证。

3）RTP 对传输实时性的保证。

RTP 是真正的实时传输协议，客户端仅需维持一个很小的解码缓冲区，用来缓存视频解码所需的少数参考帧数据，从而大大缩短起始播放的延时（通常控制在 1s 之内）。通过采用 UDP 来承载 RTP 报文，可以提高视频数据传输的实时性与吞吐率。当出现网络阻塞而丢弃 RTP 报文时，服务器根据视频编码的特征，智能地执行选择性重传，丢弃一些不重要的报文。客户端不必等待未按时到达的视频数据，可以继续播放，以保证视频播放的流畅性。

（2）RTP 的结构

图 7-12 给出了 RTP 报头的结构。

RTP 报头由 12 字节的固定长度报头与可选的分信源标识符组成。RTP 报头主要包括以下字段：

- 版本：版本字段的长度为 2 比特，目前使用的是版本 2。

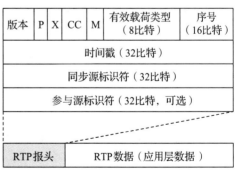

图 7-12　RTP 报头结构

- 填充（P）：填充（P）字段的长度为 1 比特。在特殊情况下，需要对应用层数据进行加密，这就要求每个数据块有确定的长度，必须是 4B 的整数倍。在有填充字节的情况下，填充位 P=1。数据部分的最后一个字节值表示填充的字节数。
- 扩展（X）：扩展（X）字段的长度为 1 比特。X=1 表示 RTP 报头之后有扩展报头。实际上，RTP 很少使用扩展报头。
- 参与源数量（CC）：参与源（CSRC Counter，CC）字段的长度为 4 比特。当 CC 设置为最大值时，表示一次会话最多有 15 个参与源。
- 标记（M）：标记（M）字段的长度为 1 比特。M=1 表示该 RTP 报文有特殊意义。例如，应用程序可以用该位表示视频流每帧的开始，也可以表示视频流传输结束。
- 有效载荷类型：有效载荷类型字段的长度为 8 比特。表 7-1 给出了当前已定义的音频与视频类型。

表 7-1 当前已定义的音频与视频类型

有效载荷类型	音频与视频类型	有效载荷类型	音频与视频类型
0	PCM 音频	15	G.728 音频
2	GSM 音频	26	动态 JPEG 视频
7	LPC 音频	31	H.261 视频
9	G.722 音频	32	MPEG1 视频
14	MPEG 音频	33	MPEG2 视频

- 序号：序号字段的长度为 16 比特，用来给 RTP 报文编号。在一次 RTP 会话中，第一个 RTP 报文的编号随机产生，后续每个报文的编号依次加 1。目的端根据编号来判断 RTP 报文是否丢失或出现乱序。
- 时间戳：时间戳字段的长度为 32 比特，用来指出 RTP 报文之间的时间关系。在一次会话开始时，第一个 RTP 报文的时间戳初始值是随机产生的。RTP 没有规定时间戳的粒度，它取决于有效载荷类型。例如，对于采样时钟为 8kHz 的语音信号，每隔 20ms 产生一个数据块，每个数据块包含 160 个样本（8000×0.02=160）。那么，源端每发送一个 RTP 报文，其时间戳值增加 160。目的端根据时间戳来确定还原数据块的时间，以消除延时抖动。时间戳也可用于视频应用中的音频与图像同步。
- 同步源标识符：同步源标识符（Synchronous Source Identifier，SSRC）字段的长度为 32 比特，用来标识 RTP 流的来源。如果一次会话中只有一个源端，那么 SSRC 值就表示这个源端。如果一次会话中存在多个源端，那么混合器就是同步源，而其他源端都是参与源。通过 SSRC 字段可将多个数据流复用在一个 UDP 报文中，或者从一个 UDP 报文中分离出多个数据流。
- 参与源标识符：参与源标识符（Contributing Source Identifier，CSRC）字段的长度

为 32 比特，用来标识参与源的源端。从 CC 字段可以知道，一次会话的参与源数量最多为 15 个。

2. RTCP

（1）RTCP 与 RTP 的关系

源端利用 RTCP 报文同步一次会话中的不同媒体流。例如，在视频会议应用中，每个源端产生两个独立的媒体流，一个用于传输音频，另一个用于传输视频。这时，需要在这些 RTP 报文中的时间戳与视频、音频采样时钟之间建立关联。由于源端发出的 RTCP 报文包含与它关联的 RTP 报文的时间戳与真实时间，因此目的端可通过 RTCP 报文提供的关联来同步视频与音频的播放。

理解 RTCP 与 RTP 的关系时，需要注意以下几点：

- RFC 3550 文档定义了两部分内容：一部分是传输多媒体数据流的 RTP，另一部分是进行实时传输控制的 RTCP。
- RTCP 与 RTP 之间是相互配合的关系。RTP 与 RTCP 可以在一个多媒体应用中使用，它们都封装在 UDP 报文中传输。
- RTP 报文的有效载荷中封装音频、视频数据流，而 RTCP 报文中不封装任何多媒体数据。

（2）RTCP 报文类型

表 7-2 给出了 RTCP 报文的类型与功能。RTCP 报头中有一个长度为 8 比特的报文类型字段，其数值表示不同类型的 RTCP 报文。例如，报文类型字段值为 200，表示源端报告的 RTCP 报文。

表 7-2　RTCP 报文的类型与功能

报文类型字段值	报文类型	功能
200	SR 报文	源端报告
201	RR 报文	目的端报告
202	SDES 报文	源端描述报告
203	BYE 报文	结束
204	App 报文	特定应用

报文类型 1：源端报告（SR）

源端与目的端的一次会话包含很多 RTP 流。源端每次发送一个 RTP 流时，就会发送一个 SR 报文。SR 报文包括：

- 发送的 RTP 流的同步源标识符 SSRC。
- 该 RTP 流最新产生的 RTP 报文的时间戳与绝对时间。
- 该 RTP 流包含的报文数。

• 该 RTP 流包含的字节数。

绝对时间对于多媒体数据传输是非常重要的。在传输一个视频数据时，实际上需要同时传输音频流与图像流。这样，在播放一个视频节目时，通过 RTP 报文的时间戳与绝对时间，可以实现音频流与图像流的同步。

报文类型 2：目的端报告（RR）

源端与目的端的一次会话包含很多 RTP 流。目的端每次接收一个 RTP 流时，就会发送一个 RR 报文。RR 报文包括：

• 接收的 RTP 流的同步源标识符 SSRC。

• 该 RTP 流的报文丢失率。

• 该 RTP 流最后一个 RTP 报文的序号。

• 该 RTP 报文到达时间的延时抖动。

目的端可以使用 RTCP 报文周期性地向源端反馈 QoS 数据。源端可以根据 RTCP 报文反馈的信息，了解网络当前的延时与延时抖动、丢包率，以便决定数据传输速率。如果网络通信状态良好，源端可以动态改变编码算法，提高多媒体信息的播放质量。例如，若网络延时、延时抖动与丢包率都很低，源端可将语音编码从 MP3 切换到占更多带宽的 8 位 PCM 或增量编码方式。这样，可以在当前条件下提供尽可能好的服务质量。

报文类型 3：源端描述报告（SDES）

源端周期性地通过组播方式发送 SDES 报文，其中包含会话参与者的规范名（canonical name）。规范名是会话参与者的电子邮件地址。

报文类型 4：结束（BYE）

结束（BYE）报文用来关闭一个数据流。在视频会议应用中，源端通过结束报文宣布退出这次会议。

报文类型 5：特定应用（App）

特定应用（App）报文用于帮助应用程序定义一种新的 RTP 报文。

（3）RTCP 报文的发送周期

对于一个规模较大的组播应用，RTCP 报文占用的网络带宽可能很大。为了防止这种现象出现，所有节点自适应调节 RTCP 报文发送速率，避免因 RTCP 报文占用带宽过多而影响 RTP 报文传输。通常情况下，RTCP 报文占用的网络带宽不应超过 5%。如果一个源端正在以 2Mbit/s 的速率发送视频流，则 RTCP 报文占用的带宽应低于 100kbit/s。

7.2.6 HLS 协议

1. HLS 的特点

HLS（HTTP Live Streaming）是苹果公司提出的基于 HTTP 的流媒体网络传输协议。

HLS 是 QuickTime X 和 iPhone 软件系统的一部分，同时支持 iOS、Android 系统，具有通用性、跨平台的特点。HLS 协议已正式成为 IETF 的互联网草案。

HLS 的特点主要体现在以下方面：

- 允许内容提供者通过普通的 Web 服务器向 iPhone、iPod、iTouch 与 iPad 等移动终端提供近似实时的流媒体直播和点播服务。
- 支持将同一节目编码为不同码率的多个替换流，客户端软件可根据网络带宽的变化，智能地在不同码率的替换流之间变换。
- 通过媒体加密与用户认证方式来达到媒体版权保护的目的。

2. HLS 系统架构

图 7-13 给出了 HLS 系统架构。HLS 系统由三部分组成：内容准备模块、内容分发模块、客户端。

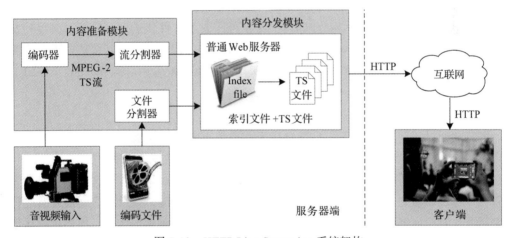

图 7-13　HTTP Live Streaming 系统架构

（1）内容准备模块

内容准备模块负责将多媒体数据转换为适合内容分发的格式。在视频直播中，编码器将摄像机实时采集的多媒体数据压缩为符合特定标准的基本音频、视频媒体流，例如苹果系统支持的 H.264 视频与 AAC 音频标准，然后复用、封装成符合 MPEG-2 标准的传输流（TS）格式并输出。

流分割器将符合 MPEG-2 标准的 TS 流分割成一系列连续、大小相同的 TS 文件（后缀为 .ts），并依次发送给内容分发模块的 Web 服务器。由于视频媒体流严格按照时序进行交织复用，因此需要对 TS 格式的媒体流进行统一封装。

为了跟踪播放过程中媒体文件的可用性与当前位置，流分割器需要创建一个含有指向 TS 文件指针的索引文件，它采用扩展的 M3U 播放格式（后缀为 .m3u）。索引文件可以看作一个连续媒体流中播放列表的滑动窗口，流分割器每次生成一个新的 TS 文件时，这个索引文件的内容也会更新，在窗口末尾添加新文件的统一资源定位符（URI），并移除旧的 URI。这样，索引文件始终包含最新的分段。流分割器可以对每个 TS 文件进行加密。图 7-14 描述了索引文件滑动窗口的原理。

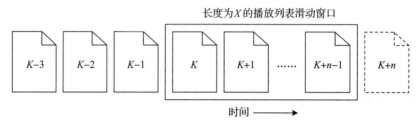

图 7-14　索引文件滑动窗口的原理

（2）内容分发模块

内容分发模块通过 HTTP 将分割后的 TS 文件与索引文件传送到客户端。内容分发模块可以是普通 Web 服务器或 Web 缓存系统，无须为 Web 服务器增加新模块或进行特殊配置。由于索引文件需要频繁更新和下载，因此在 Web 缓存配置中应调节 .m3u 文件的 TTL 值，保证客户端每次请求索引文件时获得最新文件。

（3）客户端

客户端通过访问 Web 页中的 URI 链接来获取或下载流媒体索引文件。索引文件指出服务器当前可用的 TS 格式的媒体文件、密钥，以及其他替换流的位置。

对于某个选定的媒体流，客户端依次下载索引文件列出的每个媒体文件。在媒体文件缓存到一定的数量之后，客户端按顺序重新组装成一个 TS 流，然后发送到播放器进行解码和播放。对于加密的媒体文件，客户端根据索引文件获得解密的密钥，提供用户认证接口，然后进行解密与认证。在视频点播方式中，上述过程会持续进行，直到客户端接收到索引文件中的"#EXT-X-ENDLIST"标签为止。

在视频直播方式中，索引文件没有"#EXT-X-ENDLIST"标签。客户端周期性地从 Web 服务器重新获取索引文件，从更新的索引文件中查找新的媒体文件与密钥，并将它们的 URI 添加到下载队列的末尾。与常见的流媒体直播协议相比，HLS 客户端不是获取一个完整的数据流，而是由服务器发送连续、短小、等长的 TS 文件，客户端不断下载并播放这些文件，从而达到直播的收视效果。HLS 延迟一般高于普通的流媒体直播协议，其典型延时约为 30s。因此，HLS 实际上是以点播方式来实现直播，并不是一个真正的实时流媒体系统。

3. 替换流与衍生索引文件机制

在移动互联网环境中，由于客户端在网络中接收信号的强弱不断变化，并且需要在不

同小区之间进行切换，因此客户端应该根据网络与带宽的变化，按不同的衍生索引文件指
定的替换流进行下载，从而为用户提供最优的移动多媒体效果。图 7-15 给出了 HLS 替换
流与衍生流索引文件的原理。

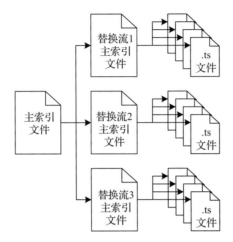

图 7-15 HLS 替换流与衍生流索引文件的原理

HLS 替换流与衍生流索引文件可用于处理服务器的故障。为了达到这个目的，一台服
务器按正常流程生成一个媒体流或多个替换流，以及对应的索引文件。另一台服务器生成
一份对应的备份流索引，并加入主索引文件中。因此，不同的网络带宽可以对应一个主媒
体流与一个备份的媒体流。

表 7-3 给出了基于 HTTP 的渐进下载、RTP/RTCP 与 HLS 三种流媒体协议特点的比较。

表 7-3 三种流媒体协议特点的比较

比较项	基于 HTTP 的渐进下载	RTP/RTCP	HLS
服务器实现	普通 Web 服务器	流媒体服务器	普通 Web 服务器
客户端实现	简单	复杂	简单
系统配置	简单	复杂	简单
支持业务	点播	点播、直播	点播、直播
初始延时	大于 30s	小于 2s	小于 30s
客户端缓冲	硬盘，文件大小	内存，小	内存，较小
网络带宽适应	不支持	部分支持	支持
服务器故障保护	不支持	不支持	支持
适用应用场景	低速率的短视频	对实时性要求较高的移动流媒体	对实时性要求不太高的移动流媒体

7.3 移动社交网络

7.3.1 移动社交网络的基本概念

社交是人类在现实社会中的主要活动之一。社交网络（Social Network）源自网络社交，而网络社交的起点是电子邮件。

1972 年，第一个电子邮件（E-mail）应用程序出现，当时接入 ARPANET 的节点数约为 40 个。1973 年，E-mail 的通信量已占到 ARPANET 总通信量的 3/4。

1979 年，一种称为 Usenet 的网络应用出现。Usenet 供多个用户在 ARPANET 上参与特定主题的讨论，并随时下载或上传新的讨论内容。很多网络用户对 Usenet 感兴趣。此后，电子公告栏（BBS）与新闻组（News Groups）等应用出现。

近年来，基于互联网与移动互联网的多种社交网络应用，例如 YouTube、推特（Twitter）、脸书（Facebook）、微博（Weibo）、微信（WeChat）等，呈现出爆发性发展的趋势。同时，国内移动社交网络 App 开始向海外市场拓展。

2009 年，新浪推出了关注和分享简短实时信息的广播式社交网络平台——微博。2011 年，腾讯推出了在智能手机上进行即时通信的社交软件微信，之后，微信逐渐成为社会热点话题的发源地。同时，短视频类应用异军突起，到 2018 年底，我国短视频用户数量突破 6 亿，网民使用率高达 78.2%。

目前，移动社交网络（Mobile Social Network）尚没有一个公认的确切定义。一般认为，移动社交网络是利用移动终端设备通过人与人的关系而形成的群体信息交互、共享与服务的社交网络。

理解移动社交网络的概念时，需要注意以下几个问题：

1）移动社交网络是将传统的网页转移到移动终端的 App 软件上，将人们线下生活中的信息流转移到线上管理，从而发展出大规模的移动虚拟社交，形成虚拟社会与现实社会的深度融合。用户可以利用移动互联网在特定时间、地点利用社交网络获取信息，享受网络应用，使社交网络具有瞬时性与即时更新的特点。

2）人类的社交方式可以分为接触型与非接触型两类，原本人类交往中 80% 以上是接触型社交，而随着基于移动互联网的社交网络应用发展，非接触型社交所占的比例越来越大，这意味着移动社交网络应用对人类的生活方式产生了越来越大的影响。

3）群体是社交网络的一个主要属性。按照"群体形成定律"，两个人就可以形成一个群，一个人可以加入多个群，这样就形成了群体网络（Group-Forming Network，GFN）。基于移动终端设备的移动社交网络应用推动了移动阅读、移动视频、移动音乐、移动搜索、移动电子商务、移动支付、移动位置服务、移动学习、移动地图、移动导航、移动游戏应用的发展。基于社交关系的消费者不仅数量庞大、关联密切，而且可以通过年龄、兴趣、地域等因素形成不同的消费行为体,推动群体网络的快速发展,进一步放大移动互联网的群体效益。

4)在互联网时代,网络应用经历了门户网站到开放平台服务的发展过程;在移动互联网时代,网络应用出现了从开放平台服务到社交网络,再到粉丝社群的发展趋势。"粉丝经济""网红经济"对于内容、产品与服务的影响越来越大。基于社交媒体、广告、购物、快递、支付、餐饮、交友、出行、医疗、健身、代驾、房产、家政等各种各样的生活服务类 App 推动着移动互联网产业向"社交 + 电子商务""社交 + 文化""社交 + 教育"等方向不断延伸。

5)根据华为公司发布的《5G 时代十大应用场景白皮书》数据,截至 2017 年第三季度末,十大社交网络每月的活跃用户总数约为 100 亿,排在前三位的社交应用是 Facebook(约 20 亿)、YouTube(约 15 亿)与微信(约 9.6 亿)。智能手机一直是社交网络的关键环节,比如大约 60% 的活跃用户通过智能手机访问 Facebook。很多用户已经开始使用可穿戴计算设备以实时视频直播的方式访问社交网络,甚至进行 360° 视频直播,分享旅游、运动、学习,甚至心情。智能手机利用移动直播视频平台,实现主播与观众互动的实时性,使"一对多"的视频广播具有更强的社交性。未来,沉浸式视频将被社交网络上的从业者、极限运动玩家、时尚博主与潮人广泛使用。

6)预测互联网应用发展的麦特卡尔夫定律指出:网络的价值与用户数量的平方成正比。从麦特卡尔夫定律可以得出两个结论:一是互联网、移动互联网的应用从以 E-mail 为主,扩展到 Web、聊天室、社交网络、即时通信、搜索引擎等应用,移动社交网络的应用使网络价值从规模效益发展到群体效益;二是互联网与移动互联网的成功之处不仅是推动了计算机应用的发展,更重要的是扩大了人类社交活动的广度与深度,改变了社会的经济、文化与管理模式。

移动社交网络应用正在以巨大的力量深刻影响和改变着世界各国的经济、技术、文化与人们的社会生活。

7.3.2　我国移动社交网络应用的发展

2008 年,手机游戏"开心农场"以惊人的速度蹿红,活跃玩家很快达到 1600 万名。这款游戏完美地契合了弱社交的特征,游戏玩家无须搞清菜园的主人是谁,只需要每天凌晨起床"偷菜"就行。人们在"偷菜"的过程中享受快乐,相互之间达成一种默契,密切了彼此的联系。

微信的功能已不限于即时通信和社交网络,它广泛连接人与人、人与内容、人与服务,渗透到衣食住行、金融、政务等各类场景,形成涵盖用户、合作方、开发者的庞大生态,甚至被认为是移动互联网的基础设施。

2011 年，美国 Viddy 推出了移动短视频社交应用产品，旨在帮助用户及时摄录、迅速制作、快速分享生活细节，力求将 30s 的短视频交互做到精细化、小巧化，并与 Facebook、Twitter、YouTube 等社交媒体平台对接，从用户之间通过文字、图片、语音进行即时交流拓展到通过视频进行交流。短视频是一种移动社交的新形式，具有投资少、易传播、连接快、互动多、利用碎片化时间等优点。短视频的核心是内容和社交。因此，短视频一经出现就引起了移动互联网用户，尤其是年轻用户的高度关注。

随着移动短视频社交应用的快速发展，视频行业崛起了一批优质的用户原创内容，并出现了一批优秀的内容制作团队。

2017 年，短视频行业竞争进入白热化阶段，开始向专业化内容制作方向发展。短视频适合在移动、短时、休闲状态下观看，时长从几秒到几分钟不等，内容涉及社会热点、街头采访、休闲娱乐、时尚潮流、生活妙招、广告创意、商业定制等主题，既可以单独成片，也可以制作成系列栏目。短视频以低门槛、强刺激、易传播的特点逐渐成为网民获取信息的新渠道，并成为移动社交网络的核心形式。

2018 年，移动社交应用领域的创业、投融资活跃，在熟人社交和陌生人社交领域不断有新应用发布，全年共有 159 款移动社交类 App 推出。移动短视频社交应用（例如抖音、快手）以"短视频 + 算法推送 + 移动社交"的属性开辟了移动社交的新渠道，并出现了爆发式增长的态势。

例如，字节跳动公司从 2016 年开始布局短视频业务，连续上线了西瓜视频、火山小视频、抖音等短视频产品，借助算法推送来实现内容分发。2018 年，抖音出现爆发式增长，月活跃用户超过 5 亿。

快手是另一个用户快速增长的短视频移动社交应用。2018 年，快手的月活跃用户超过 2.26 亿，日活跃用户超过 1.6 亿，形成了"南抖音、北快手"格局。

目前，移动短视频社交应用呈现出以下发展趋势：

- 传统的新闻机构开始尝试采用短视频社交应用来丰富报道手段，扩大传播范围。
- 短视频移动社交公司鼓励专业机构或个人用户随时以短视频方式捕捉身边的故事或突发事件，进一步发挥短视频移动社交应用的传播特点。
- "短视频 + 电子商务"模式出现，通过短视频或直播形式引导消费者"边看边买"，取得了良好的商业效果。
- 知识付费与媒体付费已成为内容付费的主要内容。知识付费引发了内容行业的变革，媒体付费使人们对媒体商业模式与优质内容价值进行了重新评估。这些变化使内容价值持续回归，内容付费成为新媒体的产业增长点。

3G 时代出现了微信、QQ 等社交网络应用，4G 时代出现了抖音、快手等短视频移动社交网络应用，5G 时代将拉开移动社交网络应用"推陈出新"的帷幕。

根据《第 50 次中国互联网络发展状况统计报告》提供的数据，截至 2022 年 6 月，我国网络视频（含短视频）的用户规模达 9.95 亿，占网民总数的 94.6%。其中，短视频用户规模达 9.62 亿，占网民总数的 91.5%。各大视频平台进一步细分内容类型，并进行专业化运营，行业内容生态逐渐形成；各平台以影视、综艺、动漫等核心产品为基础，不断拓展产品类型，以自主知识产权为中心，通过整合平台内外资源实现联动，形成视频与电商领域协同的内容生态。

7.3.3　移动社交应用的安全隐患

社交化是移动互联网的一个突出特点。移动社交已广泛应用于电子政务、电子商务、信息传播、网络阅读、音视频、新闻等行业与领域。但是，移动社交应用也不可避免地存在令人担忧的安全隐患，例如信息泄露、隐私保护、监管困难等问题。

随着移动社交网络的快速发展，特别是在共享经济、文化产业、新闻传播、网络交友、音视频等应用中强化了社交功能，不可避免涉及个人隐私问题，有可能暴露用户的姓名、性别、身份、照片、爱好等信息。移动社交应用如何在方便用户使用的同时保护个人隐私，是一个需要重点研究的问题。

移动社交应用一般都具备群组服务的功能。个别应用为吸引用户会推出一些特殊的功能和服务，例如阅后即焚、截屏提示、私密群组、会员邀请制等，这些功能容易被利用开展违法、违规活动；也有不法分子通过群组传播涉及淫秽色情、暴力恐怖、谣言诈骗等违法信息，扰乱社会秩序，破坏社会稳定。这些功能的管理难度较大，存在着严重的安全隐患。

随着移动社交在社会、经济、文化生活中日益普及，我国对移动社交应用的管理越来越重视。相关政府管理部门针对移动社交应用中的问题出台了一系列法规。2018 年 2 月，国家互联网信息办公室发布《微博客信息服务管理规定》；2018 年 11 月，国家互联网信息办公室发布《具有舆论属性或社会动员能力的互联网信息服务安全评估规定》。综上所述，解决移动社交应用存在的安全隐患是一个系统工程问题，必须综合运用技术、法律、政府监管、用户教育等手段。

7.4　移动电子商务与移动支付

7.4.1　我国移动电子商务的发展

随着电子商务应用的快速发展，网上购物已成为人们常用的购物方式。电子商务是指利用互联网技术，通过 Web 网站与客户端软件将买卖双方联系起来，完成商品交易的过程。电子商务有三种基本模式：商家对商家（Business To Business，B2B）、商家对客户

（Business To Customer，B2C）和客户对客户（Customer To Customer，C2C）。商务的本质是提供产品与服务。商家生产或采购优质的商品，以合理的价格提供给客户，并提供优质的售前、售中与售后服务，保证客户在消费过程中获得满意的体验。

互联网的出现意味着社会已经从工业时代进入电子商务时代。工业时代的特点是生产力不足、商品短缺。在这种背景下，企业以"产品生产"为导向，生产什么产品以及产品的成本、质量与规格由企业决定。企业根据自己产品的定位组建生产线，进行大规模、标准化的生产，以产品成本与质量优势追求企业利润最大化。企业在商品生产与销售过程中具有决定权。在电子商务时代，生产能力与商品出现了过剩的情况，客户在商品选择方面有很大的空间。客户表现出个性化的商品需求。电子商务与移动电子商务适应了工业化社会发展的需求，因此一经出现就显示出勃勃生机。

随着移动互联网应用的发展，我国电子商务与移动电子商务呈现高速发展态势。截至2022年6月，我国网络购物用户规模达8.41亿，占网民总数的80%。2022年上半年，全国网上零售额达到6.3万亿元，同比增长3.1%。其中，实物商品网上零售额达到5.45万亿元，同比增长5.6%，占社会消费品零售总额的比重为25.9%

目前，我国电子商务与移动电子商务呈现以下发展趋势：

1）线上向线下渗透更明显，电商与零售企业开展战略合作，建立多种形式的线下体验店与专卖店，形成电商平台与实体店结合、线上与线下结合的O2O模式、无人值守零售等模式，标志着零售业向智能化方向发展。

2）网络购物市场保持较快发展，下沉市场、跨境电商、模式创新为网络购物提供了新的增长动能。

- 以中小城市及农村为代表的下沉市场拓展了网络消费的增长空间。
- 社交电商、直播电商、社区零售等新模式蓬勃发展。
- 跨境电商零售进口额持续增长，利好政策进一步推动行业发展。

7.4.2 移动电子商务与新技术的应用

1. 现代电子商务平台

对于电子商务来说，移动购物与传统网上购物没有本质区别。移动购物使用户便捷地享受随时随地购物的乐趣。从计算机网络技术的角度，支持移动购物的大型连锁零售企业的网络系统是一个典型的将互联网、移动互联网与物联网技术融为一体的现代电子商务平台。图7-16给出了大型连锁零售企业网络系统的结构。

从支撑大型连锁零售企业的网络系统设计的角度，企业网络中存储着大量商业信息与客户资料，企业网络中传输的数据也涉及商业秘密和客户信息；从网络安全的角度，企业网络系统必须采取严格的安全措施，以保守企业商业秘密，防止客户信息泄露。因此，企业网络系统的设计一般采取企业内网＋企业外网的结构。

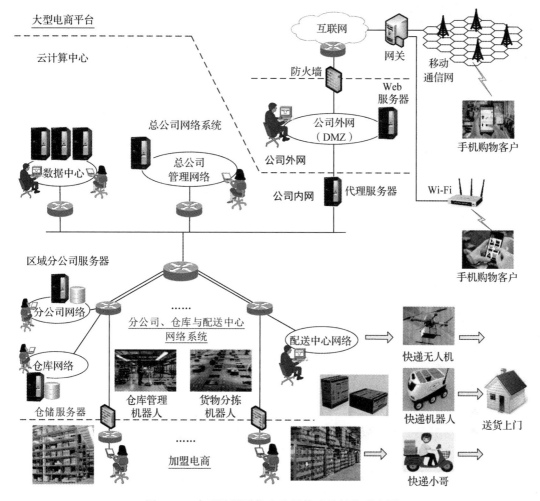

图 7-16　大型连锁零售企业网络系统结构示意图

（1）企业内网

企业内网是企业内部的专用网络，一般采用虚拟专网（VPN）与 Intranet 组建，仅供企业员工在处理企业内部业务时使用。

企业内网具有以下两个特点：

1）企业内网采用 VPN 方式组建，它使用的核心协议与互联网相同，都是 TCP/IP。但是，企业内网节点采用专用 IP 地址，互联网上的路由器不会转发使用专用地址的分组；不允许任何一台路由器、主机以有线或无线等方式接入互联网；不允许互联网用户访问企业内网，也不允许内部用户通过互联网收发邮件或访问互联网中的网站。企业必须从技术、制度、教育等方面入手，加强对所有员工的网络安全教育并进行检查。

2）从管理的角度出发，对于大型连锁零售企业，其企业内网可以分为三个层次，第一层是总公司，第二层是分公司与仓储、配送中心，第三层是基层的销售商店。企业内网在技术结构上也分为三层：核心层、汇聚层与接入层，这样就形成了总公司、各个分公司、仓库、配送中心与销售商店、超市的层次性网络结构。

（2）企业外网

一个大型连锁零售企业必然有连接到互联网的公司网站，用于宣传本公司商品与促销信息，接受与处理顾客的咨询、订购和投诉信息，与合作伙伴（包括产品供应商、银行以及第三方支付机构）交换信息等。因此，企业外网需要设置与外界沟通的 Web 服务器、E-mail 服务器等。

企业外网具有以下三个特点：

1）所有可以向社会公开的 Web 服务器、E-mail 服务器都连接到企业外网，再通过防火墙连接到互联网。企业管理人员可以通过企业外网联系产业链相关企业，发布商品信息与广告，以及提供网络购物服务。

2）企业外网通过具有防火墙功能的代理服务器连接企业内网。所有通过企业外网传送来的客户信息必须由专人或智能信息处理软件进行分析、处理与转换后，才能够通过代理服务器发送给企业内网的相关部门。因此，企业外网与企业内网隔离了与互联网的直接物理连接，又能够实现企业内网与互联网用户的逻辑连接。

3）企业外网通过防火墙、入侵检测与防护、代理服务器等网络安全设备组成安全缓冲区或非军事区（Demilitarized Zone，DMZ）。

（3）移动购物用户

移动购物用户通过移动通信网或 Wi-Fi 等接入网络，通过移动互联网访问公司外网中的 Web 网站，完成网上购物与网上支付的全过程。

2. 无人仓库与无人配送

仓储配送是制约电子商务发展的瓶颈，近年来各国都很关注在移动互联网环境中，如何将智能、机器人技术应用于仓储物流的无人仓库技术中。

传统的电子商务物流中心和仓库的作业模式是"人找货、人找货位"，具有作业调度功能的机器人可以做到"货找人、货位找人"。泊车机器人、仓储机器人、搬运机器人、分拣机器人等在仓库中既可以协同合作，又可以独立运行。机器人之间能够互相识别，并根据任务优先级依次执行。当机器人接到指令时，自行到存放商品的货架下，将货架顶起，随后将货架送到拣货机器人处。在商品完成拣货、包装之后，机器人将它运送到发货区。货架位置可根据订单动态调整，就近调动机器人。整个入库、存储、包装、分拣的过程在机器人的参与下有条不紊地进行，整个物流中心仓库实现了无人化管理。

可以预见，无人机可用于生鲜货物配送，它在物流中心流水线末端自动取货后，可直接飞向客户。

从以上的讨论中可以看到：移动云计算、大数据、智能技术已覆盖从商品生产、库存、销售到配送的全过程。

3. 未来商店

在"互联网＋电子商务"出现之后，人们一直设想着未来商店的各种模式。目前，未来商店主要有三种模式：第一种是麦德龙公司的未来商店"real"，第二种是亚马逊的智能超市（Amazon Go），第三种是出现在我国上海、北京、杭州等地"刷脸支付"的"无人超市"。

谈到未来商店（future store），人们会想到麦德龙公司 2014 年在德国杜塞尔多夫建立的世界上第一家未来商店"real"。这家采用智能货架、智能试衣间、智能购物车、智能信息终端、网上支付等技术的未来商店的总面积为 8500m²，顾客在这家超市购物时感受到了极大的便捷性，获得了有趣的体验。

在"real"里，电子货架上配有 RFID 标签，不断更新价格信息。电子广告系统直接显示现有的优惠和促销信息，与库存系统集成来推销产品。当顾客选择好某件商品后，可以用手机直接扫描商品，并显示商品名称、规格、价格等信息。未来商店内的服务人员并不多，但是有导购机器人。如果顾客要寻找某种商品，只要在触摸屏上输入指令，导购机器人就会引导顾客前往商品所在位置。超市的结账方式很多。顾客无须将商品逐件拿给工作人员，RFID 读写器可以快速、自动地显示智能购物车中商品的总价格。这时，配备便携式结账设备的店员可以为顾客结账。当然，顾客也可以通过自助设备完成付款。

人脸识别技术的成熟催生了"刷脸支付"方式在"无人超市"中的应用。从商业的角度来看，近年来电子商务快速发展，但线下市场仍是主流。"无人超市"应用 RFID 标签、多种感知手段、机器人技术，将图像处理、客户购物行为分析、大数据与深度学习，将人脸识别与网上支付结合起来，为实体店的转型升级探索出一种重要模式。

顾客在无人超市中购物仅需三个步骤：手机扫码进店、挑选商品与结账、离店。但是，整个过程需要使用多种先进技术。在顾客进入商店时，通过手机扫码就会关联网上支付账户，并与顾客脸部信息绑定。在客户进入超市之后，超市的摄像头跟踪顾客的购物行为与行走轨迹，记录顾客停留过的货架、停留的时间及看过的商品。通过分析这些数据，既可以了解客户关注哪些商品，又可以了解货物摆放是否合理。当顾客准备离开超市时，商品信息已被门口的 RFID 读写器读出，系统自动生成顾客应付款数据。顾客在离店前经过一道"支付门"，通过刷脸支付只需几秒钟就能完成网上支付。无人超市为顾客实现"拿了就走、即走即付"的购物体验。

4. 电子商务大数据的应用

（1）电子商务大数据的特点

电子商务大数据是指依托互联网、移动互联网实现网上购物、网上交易与网上支付，以及社交媒体、手机 App 与网络广告等线上与线下方式产生的海量数据。

这些数据大致可以分为两类：一类是大交易数据，包括商品数据、营销数据、财务数据、顾客关系数据、市场竞争数据等。另一类是大交互数据，包括网上购物、网上交易、网上支付，以及智能手机与社交网络产生的数据。第一类数据主要涉及电子商务企业，第二类数据主要涉及电子商务客户。这两类数据能全面反映社会的消费、生产、物流与金融状况，以及客户的消费水平与需求，对于企业运营来说有重要的作用。

（2）电子商务大数据应用的作用

随着电子商务在我国快速发展，相应的大数据应用也进入快速推进阶段。电子商务大数据应用贯穿整个电子商务的业务流程，对于促进电子商务营销的精准化和实时化、产品与服务的个性化，以及快速拓展市场具有重要的意义。电子商务大数据应用的作用主要体现在以下三个方面。

1）提高为客户服务的水平。

电子商务企业通过查询商品的数据记录，可以了解不同客户的个人信息、购物行为、需求与爱好，以及竞争对手等信息；通过对客户购物行为的分析建模，预测客户的购物模式与未来的购物需求，有针对性地推送广告，制定个性化的优惠策略；从客户访问网站的记录中，可以分析客户没有购买某种商品的原因，并从缺货、价格不合理、商品不合适、产品质量不好等可能的情况中找出原因，在到货、降价、引入新产品时，及时向客户推送商品广告；通过分析客户购买习惯，可以估算客户购买产品的周期与兴趣。总之，通过对客户的大数据进行分析，可以提高为客户服务的水平，增加客户的忠诚度，吸引更多的新客户。

2）实现对市场的精准定位。

零售业大数据包括商家信息、行业信息、产品信息、客户信息，以及商品浏览、交易、价格等数据，这些信息可以从购物平台获取，也可以从实体店获取。通过分析商品销售数据，零售商可以准确把握市场信息、商品销售预期；可以针对市场信息引入新商品，淘汰滞销商品，掌控最佳进货时间、进货与库存量，并在不同地区进行合理的商品配置与调度。零售店管理者通过分析车流、消费群体、门店热点等因素，在客流、商圈、盈利概率等进行大数据分析的基础上决定店面选址。总之，零售业大数据应用可以实现对市场的精准定位、策划与营销，优化采购、运输、库存、调度与销售的全过程，提高企业效率与市场竞争力。

3）快速拓展增值服务。

电子商务企业的关注重点是消费者的个性化需求。企业利用大数据分析工具，可以了解不同消费者的个性化需求，引导消费者参与产品与服务的创新，快速拓展增值服务。配送中心通过计算机网络、移动通信网与 GPS 网络的互连，指挥和控制商品配送过程，缩短商品配送时间，减少运输车辆空载，从而节约能源、提高效益。

7.4.3 移动支付

移动支付（mobile payment）是指用户通过移动终端（通常是手机）对商品或服务进行在线支付的一种服务方式，它也称为手机支付。移动支付是由移动运营商、应用服务提供商与金融机构共同推出的一种移动增值业务。移动支付系统将为每个移动用户建立一个与其手机号关联的支付账户，其功能相当于电子钱包，为用户提供通过手机进行身份认证与交易支付的手段。移动支付分为两类：近场支付和远程支付。

近场支付采用近场通信（NFC）、红外、蓝牙等无线技术，实现与自动售货机、POS 机之间近距离的小额支付，主要用于刷城市卡、校园卡，以及公交车、地铁和买东西等场景下的支付。远程支付是指通过手机发送支付指令的移动支付方式。

目前，常用的移动支付流程分成两类：二维码支付与刷脸支付。

1. 二维码支付

二维码支付可以分为两类：主扫模式与被扫模式。图 7-17 给出了二维码主扫模式的工作流程。首先由商家生成包含商家账户、交易金额的二维码，用户使用手机扫描二维码，进一步生成包含用户账户、商家账户与交易金额的支付请求，并将支付请求发送给移动支付系统。移动支付系统向账务管理系统发出扣款请求，在账务管理系统审核通过之后，以后台方式与银行进行结算，并向移动支付系统发送扣款结果。最后，移动支付系统将支付结果发送给商家，表示这笔移动支付已成功完成。

图 7-17　二维码主扫模式的工作流程

被扫模式与主扫模式的区别在于：不是由商家生成二维码，而是由用户通过手机生成二维码。图 7-18 给出了二维码被扫模式的工作流程。用户的二维码中包含用户账户与交易金额，商家用扫描器来扫描二维码，进一步生成包含用户账户、商家账户与交易金额的支付请求，并将支付请求发送给移动支付系统。移动支付系统向账务管理系统发出扣款请求，在账务管理系统审核通过之后，以后台方式与银行进行结算，并向移动支付系统发送扣款结果。最后，移动支付系统将支付结果发送给商家，表示这笔移动支付已成功完成。

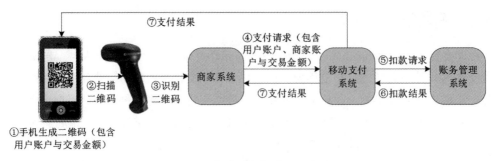

图 7-18　二维码被扫模式的工作流程

2. 刷脸支付

刷脸支付可以分为两类：主扫模式与被扫模式。图 7-19 给出了刷脸主扫模式的工作流程。用户通过手机生成包含用户账户与交易金额的刷脸信息。商家系统通过刷脸信息对用户身份进行识别，在用户身份识别成功之后，进一步生成包含用户账户、商家账户与交易金额的支付请求，并将支付请求发送给移动支付系统。移动支付系统向账务管理系统发出扣款请求，在账务管理系统审查通过之后，以后台方式与银行进行结算，并向移动支付系统发送扣款结果。最后，移动支付系统将支付结果发送给商家，表示这笔移动支付已成功完成。

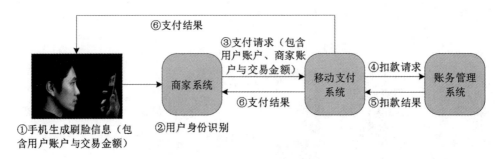

图 7-19　刷脸主扫模式的工作流程

被扫模式与主扫模式的区别在于：不是由用户通过手机生成刷脸信息，而是由商家通过扫描器为用户生成刷脸信息。刷脸信息包含用户账户与交易金额。商家系统通过刷脸信息对用户身份进行识别，在用户身份识别成功之后，进一步生成包含用户账户、商家账户与交易金额的支付请求，并将支付请求发送给移动支付系统。移动支付系统向账务管理系统发出扣款请求，在账务管理系统审核通过之后，以后台方式与银行进行结算，并向移动支付系统发送扣款结果。最后，移动支付系统将支付结果发送给商家，表示这笔移动支付已成功完成。图 7-20 给出了刷脸被扫模式的工作流程。

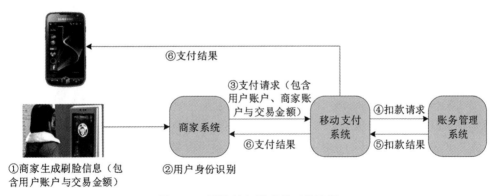

①商家生成刷脸信息（包含用户账户与交易金额）　②用户身份识别

图 7-20　刷脸被扫模式的工作流程

　　随着移动互联网应用场景不断丰富，移动支付已成为推动经济发展的重要力量。移动支付不仅能够改造传统消费形态，而且会催生新的商业模式，改变产业链结构。

7.5　基于移动云计算的位置与导航服务

　　基于位置的服务简称为位置服务（Location Based Service，LBS）。随着智能手机、可穿戴计算设备、智能家居与智能医疗应用的发展，基于移动云计算的位置服务与基于移动云计算的导航服务已成为移动互联网的新服务模式。目前，基于移动云计算的位置服务的研究存在两种技术路线：一种是基于 Wi-Fi 位置指纹的室内定位与导航方法，另一种是基于群智感知的室内定位与导航方法。

7.5.1　Wi-Fi 位置指纹的基本概念

　　尽管有成熟的 GPS 定位技术和大面积覆盖的移动通信网，基于云计算的 Wi-Fi 位置指纹的定位方法仍然引起了研究人员的兴趣。原因主要有三个：一是 GPS 定位方法在实际应用中受外部环境的限制，城市高楼会遮挡卫星信号，建筑物内部、地铁、地下停车场等室内场所无法很好地接收到卫星定位信号。二是随着 Wi-Fi 技术的普及，很多城市的家庭、办公场所、商场、地铁、地下停车场等场合都已实现 Wi-Fi 全覆盖。三是云计算的广泛应用可以为基于 Wi-Fi 的室内精确定位提供数据存储、计算服务。在这样的背景下，研究基于云计算的定位与位置服务就很容易理解了。

　　基于 Wi-Fi 的定位又称为 Wi-Fi 位置指纹定位技术。理解位置指纹的概念时，需要注意以下几点：

　　1）每个 Wi-Fi 的 AP 发送的无线信号可以唯一表示该设备。按照 IEEE 802.11 协议的规定，每个 AP 在出厂时都会设置一个全球唯一的设备号（如 00:0C:25:60:A2:1D），无论这个设备安装在什么地方，其设备号是不变的。

2）在正常的工作情况下，AP每隔一定时间（如0.1s）发送一个信标帧。信标帧包含这个AP唯一的设备号。

3）一个AP覆盖的地理范围是有限的。对于一个无线终端（如智能手机、笔记本计算机、物联网移动终端），如果超出AP覆盖的最远距离（一般为100m），那么该终端就无法正常接收AP发送的无线信号。

由此，我们可以得出一个推论：只要AP设备没有被人为移动，那么当监测到一个含有设备号为"00:0C:25:60:A2:1D"的信标帧时，就说明无线终端位于这个AP100m的范围之内。也可以说，AP包含利用Wi-Fi信号定位的位置信息，这个信息被称为位置指纹。

7.5.2　基于Wi-Fi位置指纹的定位方法

基于以上的结论，下一个问题是：是否考虑在云端建立一个位置指纹数据库？这个数据库保存着收集来的很多AP的设备号，以及每个AP在不同位置产生的信号强度。如果能够建成这样一个数据库，通过一个移动终端当前接收的AP设备号与信号强度，就可以在数据库中查出它所在的地理位置。图7-21给出了基于云计算的Wi-Fi定位原理。

在基于Wi-Fi的定位系统中，保存AP的设备号、不同位置信号强度的数据库称为位置指纹数据库。另外，需要配置一台位置搜索引擎服务器。移动终端仅需将位置查询请求发送给位置搜索引擎服务器，请求中包含它接收到的AP设备号、信号强度，由位置搜索引擎在位置指纹库中匹配出符合查询条件的位置信息。位置搜索引擎将查询到的位置信息反馈给移动终端。

这种方法看起来简单，但是一部移动终端是否能同时收到多个AP的信号？回答是：当然会。当我们打开笔记本计算机时，注意一下"连接无线网络状态列表"，就会发现笔记本计算机能同时检测到多台AP的信号。有些AP需要登录密码，有些AP距离笔记本计算机较远、信号很弱而不适合连接，但它们也会出现在列表中。这些为建立位置指纹库提供了有利条件。那么，需要建立多大的位置指纹库呢？这个问题的答案与应用系统的设计目标、应用场景、功能、精度等因素相关，只能在工程实践中回答。

基于云计算的Wi-Fi位置指纹定位应用分为两类：一类是针对室外的应用，另一类是针对室内的应用。例如，Google室外Wi-Fi位置指纹定位应用需要采集很多地区的AP信息，因此它动用了街景车来搜集所有AP的设备号、信号强度等信息。这个工作量相当大，因为只有AP信息的密度足够大，定位精度才能更高。

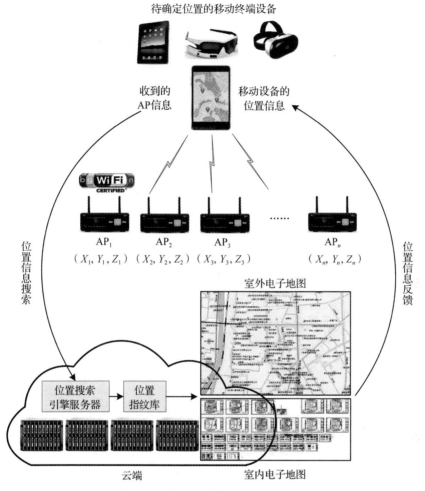

待确定位置的移动终端设备

收到的
AP信息

移动设备的
位置信息

位置信息搜索

位置信息反馈

AP_1　　　AP_2　　　AP_3　　　　　　　AP_n
(X_1, Y_1, Z_1)　(X_2, Y_2, Z_2)　(X_3, Y_3, Z_3)　　　(X_n, Y_n, Z_n)

室外电子地图

位置搜索
引擎服务器

位置
指纹库

云端　　　　　　　　　室内电子地图

图 7-21　基于云计算的 Wi-Fi 定位原理

7.5.3　室内 Wi-Fi 位置指纹定位的应用示例

图 7-22 给出了室内 Wi-Fi 位置指纹定位应用的示例。

既然是在室内与地下定位，那么室内与地下的 AP 设备的位置信息无法由 GPS 提供，此时该怎么办？解决这个问题只能从 AP 设备的位置标识方法的角度进行思考。

标识 AP 设备的地理位置有两种方法：第一种是通过 GPS 接收机标定 AP 的绝对位置；第二种是在无法使用 GPS 定位的前提下，采用自定义的室内坐标方法标定 AP 的相对位置。显然，大型商场的顾客实时查询位置时可以采用第二种方法。

用户在商城入口处通过扫二维码来安装 App，进入商场后，用户可以输入想去的商店或想购买的商品信息，App 在定位的基础上就可以实现导航、导购服务。目前，这类应用颇受关注，很多公司正在研发这类产品。

图 7-22　室内 Wi-Fi 位置指纹定位应用的示例

随着基于位置服务应用的发展，研究人员正在研究室内、地下环境的应用（如大型商场、机场、地铁、矿井等）中的基于 Wi-Fi 位置指纹的定位技术。如果将 Wi-Fi 位置指纹定位方法应用到地铁系统中，可以为地铁提供车辆定位、运行轨迹、到站信息、乘客位置、地铁地图、站点地图等服务。目前，围绕室内精确定位开展了许多研究工作。

7.5.4　云端海量位置信息管理

在移动云计算环境中，随着定位范围、精度需求不断增大，用户数量、查询服务与移动位置服务类型不断增加，用户的位置信息、运动轨迹、行为模型数据越来越多，移动终端设备的位置服务越来越依赖云计算的支持。云端存储的数据呈指数增长，因此云端海量位置数据的存储、计算、索引、查询与管理成为研究热点。

针对庞大的用户位置与运动轨迹等历史数据，如何通过高效的索引方法减少用户查询响应时间成为大家关心的问题。将海量数据按时间与空间轨迹进行分类，将不同数据分别存储到不同节点，那么当用户查询时，可以根据需求将计算任务分配到不同节点进行分布式处理，然后将处理结果汇聚后反馈给用户。通过研究时空多重索引结构，可反馈给用户时空数据热点图。通过针对社交网络应用分析历史记录的数据，可以挖掘不同群体对时空数据需求的相似度与推荐模型，采用信息查询与推荐相结合的方法来提升用户体验。

Wi-Fi 位置指纹定位技术的难点主要表现在以下几个方面：

- Wi-Fi 信号强度受周围环境影响较大，室内环境复杂、外部信号反射及活动的人与物会造成随机扰动，这些因素都会引起定位误差。如何找出适合各种真实环境的 Wi-Fi 信号传播模型与算法是一项困难的工作，它将影响建立位置指纹数据库的位置指纹数值，即 Wi-Fi 信号强度的大小，进而直接影响定位精度。
- 建立位置指纹数据库有两种方法。一种方法是采用人工方式建立位置指纹数据库。

目前，研究者正在研究另一种采用自适应算法来动态生成与更新位置指纹数据库的方法。由于周边的 AP 设备经常增减或改变位置，因此动态构建位置指纹数据库的方法很重要，也是当前该方向研究的热点。

- Wi-Fi 位置指纹定位与其他定位方法一样，都面临着如何保护蕴含大量位置信息的个人隐私的问题。这个问题已经引起人们的高度重视。

7.5.5　基于移动边缘计算的情景感知导航系统

情景感知导航系统对于盲人会有很大帮助。盲人可能出现在任何他需要去的地方，同时道路交通状况是动态变化的，导致情景感知导航系统对服务的实时性要求很高，地图的存储、行走路线上交通状态的动态识别也对导航系统的计算与存储能力提出了很高的要求，而便携式移动终端设备的计算、存储能力通常是有限的。因此，一个具备高可靠性、高可用性的情景感知导航系统肯定需要采用移动边缘计算技术。图 7-23 给出了一种基于移动边缘计算的情景感知导航系统的结构。

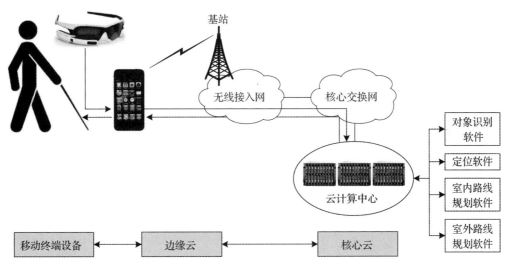

图 7-23　基于移动边缘计算的情景感知导航系统的结构

基于移动边缘计算的情景感知导航系统分为三层：
- 移动终端设备（盲人智能眼镜）。
- 边缘云（智能手机）。
- 核心云（连接在移动互联网远端的云计算平台）。

其中，盲人智能眼镜通过移动通信网接入导航系统。同时，它可以将摄录的盲人行走路线上的实时图像传送到智能手机。由于智能手机更贴近移动终端设备，因此可利用智能手机的计算与存储能力来实现边缘云的功能。

智能手机的一个作用是询问目的地址，另一个作用是根据 GPS 设备获取盲人当前的地理位置，并将位置信息发送到移动互联网中远程的核心云。需要注意的是，仅通过 GPS 获取盲人当前的地理位置还不够。车辆导航与盲人导航是不同的。汽车只能在规定的道路上移动，而人会根据当前道路或环境来选择行走方向，人可以在室外或室内。因此，核心云在获得盲人的当前位置之后，还要结合智能眼镜摄录行走路线上的实时图像，通过云端存储的当前位置的外部环境图像来识别和判断盲人的实际行走路线。然后，结合智能手机给出的目的地址规划行走的最优路线，并将当前行走路线的局部地图、导航信息等发送到智能手机。

智能手机接收到云端发送的局部地图、导航路线之后，通过语音或其他方式不断向盲人发出导航指令，并分析智能眼镜摄录盲人行走路线的实况，及时分析和通报可能出现的交通安全隐患。在这种复杂的盲人情景感知导航的计算任务中，将实时性要求较高的工作交给边缘云（如智能手机）来处理，将计算量与存储量大的感知信息识别、数字地图、行走方向判断，以及室内外行走路线规划任务分配给核心云，以提高移动导航服务的实时性。

显然，云端存储的场景信息越多，对象识别软件的智能化程度越高、学习能力越强，规划的路线、盲人行走时规避风险的分析结果越好。

对于这种利用云计算将云端存储的场景信息与盲人感知的场景信息匹配来实现室内、外路线优化与导航的移动应用，将智能手机、可穿戴计算设备、移动边缘计算、机器学习、GPS 定位、室内定位、云计算等技术结合，能够为很多需要帮助的人提供有益的服务。这种思路也可以用于基于移动云计算的医疗保健服务中。

7.6 基于移动边缘计算的增强现实应用

7.6.1 移动增强现实的概念

1. 从增强现实到移动增强现实

虚拟现实（Virtual Reality，VR）是指从真实的社会环境中采集必要的数据，利用计算机模拟产生一个三维空间的虚拟世界，同时为使用者提供视觉、听觉、触觉等感官模拟，给使用者带来身临其境的体验，从而可以实时、不受限制地观察三维空间内的事物，并且能与虚拟世界的对象互动。

增强现实（Augmented Reality，AR）是在虚拟现实的基础上发展起来的。它通过实时计算摄像机影像的位置、角度，将计算机产生的虚拟信息准确叠加到真实世界，将真实环境与虚拟对象相结合，构成一种虚实结合的虚拟空间，使参与者看到一个叠加虚拟物体的真实世界。这种方式不仅能够展示真实世界的信息，还能显示虚拟世界的信息，两种信息互相叠加、互相补充。增强现实是介于现实环境与虚拟环境之间的混合环境。增强现实技术能够达到超越现实的感官体验，提升参与者对现实世界感知的效果。图 7-24 给出了 AR 的工作原理。

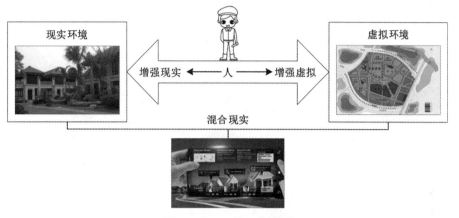

图 7-24　AR 的工作原理

移动增强现实（Mobile Augmented Reality，MAR）是增强现实技术的分支。MAR 经历了从传统 AR 技术向基于移动智能终端的 AR 技术的发展过程。早期的 MAR 技术主要依靠 PC、头盔显示器、GPS 设备、磁传感器等构成系统。这类系统和设备价格昂贵，不方便长期携带，维护成本较高，交互过程复杂，这些特点限制了 AR 应用发展。2012 年 4 月，谷歌公司发布了 Google Glass（谷歌眼镜），它是一款移动增强现实眼镜。随着谷歌眼镜的出现，人们发现将可穿戴计算设备（如智能眼镜、智能手表、智能头盔）与智能手机结合，就可以接入移动互联网与云计算平台，实现基于移动智能终端的 AR 服务。图 7-25 给出了用于移动增强现实的可穿戴移动终端设备的演变。

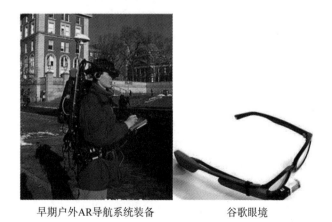

早期户外AR导航系统装备　　　　　　谷歌眼境

图 7-25　用于移动增强现实的可穿戴移动终端设备的演变

2. 从移动增强现实到基于移动边缘计算的增强现实

移动增强现实技术的重要特征是移动，当增强现实系统具备移动功能，其应用领域就会突破传统的 AR 应用领域（如 CAD、图形仿真、虚拟通信、遥感、游戏、模拟训练），进而推广到工业设计、自动驾驶、医疗、教育、导航、广告、导购、旅游、文物修复、大众传媒、军事等领域（如图 7-26 所示）。

图 7-26 基于移动边缘计算的增强现实应用

作为新型的人机接口和仿真工具，增强现实应用受到广泛的关注。随着应用领域的快速扩展，研究人员发现：很多身临其境、实时跟踪移动场景变化的增强现实应用对网络带宽与传输延时、延时抖动都很敏感，解决这类问题的有效办法是采用基于移动边缘计算（Mobile Edge Computer，MEC）的结构。对于需要通过远程云计算完成的增强现实计算任务，可以将实时性要求高的部分迁移到靠近移动终端的边缘云，从而减少移动通信网的端到端延时，提升用户体验，促进业务创新。目前，基于边缘计算的 MAR 技术的研究与应用发展很快，它将成为未来 AR 技术发展的主流方向。

7.6.2 VR/AR 的应用场景与系统结构

1. VR/AR 业务对带宽、延时的要求

VR/AR 是近眼现实、感知交互、渲染处理、网络传输、内容制作等新一代信息技术融合的产物，产业界公认 VR/AR 将是 5G 时代发展最快的业务。高质量的 VR/AR 业务对带宽、延时的要求非常高（如表 7-4 所示）。

表 7-4 VR/AR 业务对带宽、延时的要求

应用类型	场景	实时速率	延时
VR 应用	典型体验	40Mbit/s	小于 40ms
	挑战体验	100Mbit/s	小于 20ms
	极致体验	1000Mbit/s	小于 2ms
AR 体验	典型体验	20Mbit/s	小于 100ms
	挑战体验	40Mbit/s	小于 50ms
	极致体验	200Mbit/s	小于 5ms

显然，5G 网络高带宽、低延时的特点，能够满足 VR/AR 业务对带宽、延时的要求。

2. 实现移动增强现实的条件

增强现实的三个核心技术是显示、三维注册与标定技术。为了实现移动增强现实，还需要以下几个技术条件：

- 便携高效的终端定位系统。当用户携带智能手机时，利用蜂窝移动通信网可以对用户进行粗略定位，记录用户在网络中的运动轨迹，通过 MEC 平台服务器对用户当前的位置进行相对精确的估算。
- 移动计算平台。为了实现移动增强现实系统，需要完成复杂的运算，例如用户位置的跟踪、渲染、绘制等，这些任务由移动终端设备与服务器协作完成，一部分工作放在智能手机上实现，另一部分复杂运算由服务器实现。
- 海量目标的精确识别。为了在现场视频的海量物体中识别出想要的物体，需要通过提取对象的纹理、轮廓特征等信息。利用单一特征很难实现对象的准确识别。在移动增强现实系统中，一般通过多特征融合进行物体识别，这样才能更详尽地识别和描述目标。
- 数据存储与访问技术。当人们站在某条街道上，希望获得附近的酒店、餐厅信息时，需要有数据库、中间件的支持。
- 高效、真实的 3D 渲染。为了实现 MAR，需要将生成的三维物体准确地绘制到真实场景中，由于移动终端的资源有限，因此绘制虚拟物体的算法应尽可能简化。用户可通过简化传输数据的冗余性来实现。

在 5G 的移动边缘计算环境中，这些问题都能够妥善解决。5G 网络本身就能提供精确的定位服务，同时 MEC 平台具备较强的计算与存储能力，MEC 节点更靠近用户设备，因此可以有效地克服网络带宽与延时问题，为用户带来良好的体验。

3. 基于 MEC 的增强现实系统的结构

图 7-27 给出了基于 MEC 的增强现实系统的结构。

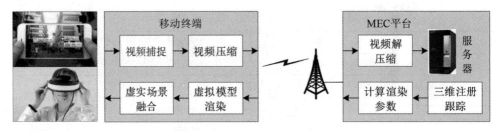

图 7-27　基于 MEC 的增强现实系统的结构

基于 MEC 的增强现实系统的工作流程如下：

1）移动终端通过摄像头获取真实场景中的视频信息，经过视频压缩之后，通过无线信道传送到与基站连接的 MEC 平台。

2）MEC 平台将压缩的视频解压缩之后，传送到服务器。

3）服务器接收到真实场景的视频信息，结合其他注册设备实现三维注册，并根据注册结果计算出虚拟对象模型的渲染参数，并将该参数发送到移动终端。

4）移动终端根据渲染参数进行虚拟场景的渲染绘制，并叠加到真实场景上，以便实现虚实融合。

5）移动终端以可视化形式显示增强后的场景图像。

4. 移动增强现实技术的应用

目前，移动增强现实已经应用在众多领域，包括电子商务、导航、教学与培训、考古、旅游、广告、娱乐、游戏等。

在电子商务应用中，当消费者想购买某种商品时，仅需用手机拍摄物品后发送给服务商，服务商就会将该物品直接送到消费者手中。

在导航应用中，可以在 GPS 软件上应用增强现实技术。用户将 GPS 设备安装在车辆上，就可以在前方道路上看到叠加后的方向、道路与汽车周边路况信息，实时引导驾驶，极大地提高汽车驾驶的安全性与舒适性，为用户提供了非常好的驾驶体验。

在教学与培训应用中，可以为移动设备开发一些软件，在化学、物理等课程中，利用移动增强现实技术为三维分子结构或物理实验提供增强现实效果，使学生更容易理解抽象的知识。

在旅游应用中，借助移动增强现实技术，可以使游客看到古时候当地的场景，提升对当地历史、文化的认知。

在广告应用中，借助移动增强现实技术，可以提高大众对商品的关注度，提升餐饮业、购物广告的宣传效果。

增强现实在游戏和娱乐领域有巨大发展潜力，用户随时随地能够利用增强现实技术参与互动。基于智能手机的 GPS、网络地图与导航数据可以生成虚拟游戏地图。其中，地图上的街道、视频和建筑物都是现实世界中的真实场景。MEC 为移动游戏提供计算与存储环境，玩家能够获得意想不到的体验，甚至在游戏中模糊了虚拟世界和现实世界的界限。可以预见，5G 为移动游戏产业创造了很大的发展空间。

5. 移动增强现实技术的发展方向

随着移动终端设备的不断发展，移动增强现实技术为人们带来了不一样的体验。尽管移动增强现实技术还面临很多问题与局限性，但是其高度移动性越来越受到关注。移动增强现实将朝着以下两个方向发展。

一个方向是基于投影仪的移动增强现实系统。美国麻省理工学院开发了一种新型的移动增强现实系统，它可以借助微型投影仪将增强后的信息投影到用户阅读的报纸或手上。使用者可通过不同的手部动作与投影后的影像进行交互。

另一个方向是对智能信息的挖掘。通过对用户消费习惯和行为习惯进行分析，移动增强现实系统可以为用户提供建议。由于这种判断依赖于对原始数据的智能挖掘，因此它可以根据用户行为与习惯来获得分析结果。

作为 5G 增强移动宽带（eMBB）重要应用场景的 VR/AR 应用将进入快速增长阶段。随着移动边缘计算应用的快速发展，未来"Cloud VR+"将会成为 VR/AR 与 5G 融合创新的典型，推动媒体行业的转型升级，在文化宣传、社交娱乐、教育科普等领域培育出一批 5G 的"杀手级"应用。

7.7　基于移动边缘计算的 CDN 应用

7.7.1　CDN 的概念

在互联网商业化后，随着 Web 与各种互联网应用的发展，互联网的流量急剧增长。TCP/IP 协议体系缺乏必要的流量控制手段，导致互联网主干网带宽迅速被消耗。很多人将 WWW 戏称为"全球等待"（World Wide Wait）。

从 ISP 优化服务的角度，研究者提出了"8 秒定律"。根据 Web 服务体验的统计数据：如果用户访问一个网站的等待时间超过 8 秒，就会有 30% 的用户选择放弃。根据 KissMetrics 的互联网应用统计数据：如果经过 10 秒还打不开一个网页，40% 的用户将离开该网页；大部分手机用户愿意等待的加载时间为 6～10 秒；1 秒的延时会导致转化率下降 7%。假设一个电子商务网站的日收入是 10 万元，那么 1 秒的延时将使全年收入损失 250 万元。影响网页打开延时的主要因素是网络延时与服务器响应时间。网络延时是传输网中的路由器、交换机转发分组延时之和；服务器响应时间包括网络协议处理、程序执行与内容读取的时间。

为了缓解互联网用户数量增加与网络服务等待时间增长的矛盾，ISP 一直在增加互联网的核心交换网、汇聚网与接入网的带宽。1998 年，麻省理工学院的研究人员提出了内容分发网络（Content Delivery Network，CDN）的概念，并开展了 CDN 技术及应用的研究。CDN 系统的基本设计思路是：

- 如果某个内容被很多用户关注，就将它缓存到离用户最近的节点。
- 选择最适合的缓存节点为用户提供服务。

选择最合适的缓存节点时需要使用负载均衡技术。被选中的缓存节点可能离用户最近，或者是与用户之间有一条条件最好的传输路径。有人将 CDN 系统比喻成互联网应用的"快递员"，这是一个形象的描述。在互联网的"幕后"，CDN 系统默默支撑着互联网应用系统提供服务。

理解 CDN 的技术特征时，需要注意以下几个问题。

（1）CDN 是互联网中的一种覆盖网

CDN 在互联网中的不同物理位置放置缓存服务器，通过分布式 CDN 服务器系统构成覆盖网，将热点内容存储到靠近用户接入端的 CDN 节点。用户在访问热点内容时，无须通过互联网的主干网，便可就近访问 CDN 节点获得所需的内容。

（2）CDN 提供的基本功能

CDN 系统提供以下四个基本功能：分布式存储、负载均衡、网络请求的重定向和内容管理。其中，内容服务是基于缓存服务器节点的代理缓存，它是互联网内容提供商（ICP）的源服务器内容的一个透明镜像。网站维护人员仅需将内容注入 CDN 系统，就可以自动通过部署在不同位置的缓存服务器实现跨运营商、跨地域的内容分发服务。

（3）CDN 的工作过程对用户透明

CDN 系统能够根据网络流量与各节点的连接、负载状况，以及到用户的距离、响应时间等因素，避开有可能影响传输速度和稳定性的瓶颈，将用户的服务请求导向离用户最近的缓存节点，使用户可以就近获得所需的内容，尽可能使内容传输速度更快、等待时间更短，使互联网服务更方便和更稳定。CDN 的工作过程对用户透明，用户能感到访问互联网资源的时间缩短，但不会感觉到 CDN 系统的存在。

7.7.2　CDN 与移动边缘计算融合的必然性

图 7-28 比较了传统的互联网访问模式与引入 CDN 系统之后的互联网访问模式。

图 7-28a 给出了传统的通过浏览器访问 Web 网站的过程。典型的通过浏览器直接访问 Web 网页的过程如下：

1）用户在浏览器中输入要访问的 Web 服务器的域名，浏览器向本地 DNS 服务器发出域名解析请求。

2）如果本地缓存中没有相关域名，本地 DNS 服务器可采用递归方法向整个 DNS 服务器体系发出解析请求。

3）本地 DNS 服务器将解析最终获得的 Web 服务器 IP 地址传送到浏览器。

4）浏览器向 Web 服务器发出 URL 访问请求。

5）Web 服务器将用户请求的内容传送到浏览器。

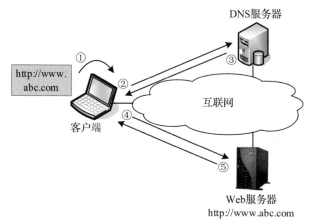

a）传统的互联网访问模式

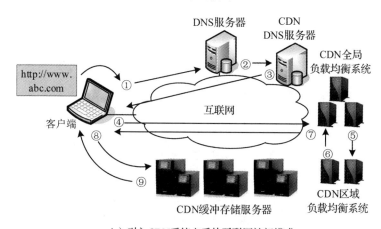

b）引入CDN系统之后的互联网访问模式

图 7-28　引入 CDN 系统前后的互联网访问模式的变化

图 7-28b 给出了引入 CDN 系统之后的互联网访问过程。典型的通过 CDN 系统访问 Web 网站的过程如下：

1）用户在浏览器中输入要访问的 Web 服务器的域名，浏览器向本地 DNS 服务器发出域名解析请求。

2）本地 DNS 服务器将域名解析请求转交给 CDN 专用 DNS 服务器，该服务器采用递归方法向 CDN 专用 DNS 服务器体系请求解析。

3）CDN 专用 DNS 服务器将 CDN 全局负载均衡器的 IP 地址传送到浏览器。

4）浏览器向 CDN 全局负载均衡器发出 URL 访问请求。

5）CDN 全局负载均衡器根据用户的 IP 地址与请求访问的 URL 来选择用户所属区域中的一台负载均衡器，并将 URL 请求转交给该负载均衡器。

6）区域负载均衡器根据用户的 IP 地址与请求访问的 URL 来判断哪个缓存服务器中有相应内容并且离用户最近。

7）区域负载均衡器将选择的缓存服务器 IP 地址传送到浏览器。

8）浏览器向缓存服务器发出 URL 访问请求。

9）缓存服务器将用户请求的内容传送到浏览器。

如果这台缓存服务器中没有用户请求的内容，而区域负载均衡器仍然将用户请求分配给该缓存服务器，那么该缓存服务器需要向上一级缓存服务器请求该内容，直至追溯到源服务器并将内容"拉"到本地节点。

CDN 系统的设计目标是尽量减少用户访问内容的延时。为了达到这个目的，CDN 系统将用户可能访问的内容存储到离用户最近的位置。图 7-29 给出了典型的 CDN 系统节点部署的三级结构。

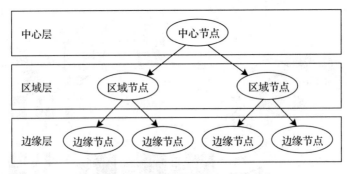

图 7-29　CDN 系统节点三级部署方案

提供内容服务的缓存服务器应部署在物理上的网络边缘，构成 CDN 系统的边缘层。如果边缘节点没有用户需要的内容，它需要向中心节点发出请求。

中心节点保存的内容副本最多。如果中心节点也没有所需的内容，则需要回溯到源服务器。中心节点负责整个 CDN 系统的全局性管理与竞争控制。中心节点可以为用户服务，也可以仅为下级节点提供内容。规模较大的 CDN 系统通常在中心层与边缘层之间设置区域层。区域层负责一个区域的控制与管理，也需要保存一部分副本，以供边缘节点访问。

长期以来，基于互联网的 CDN 应用发展迅速。由于移动通信网带宽、延时等因素的影响，基于移动通信网的 CDN 应用一直难以发展。5G 网络的出现给这种局面带来了重大转机。目前，产业界的共识是：作为缓解网络拥塞、提高业务响应速度、改善用户体验质量的手段，CDN 将成为 5G 网络基础设施不可或缺的组成部分。

理解 CDN 与 5G 边缘计算的关系时，需要注意以下几个问题：

- 5G 的增强移动宽带通信（eMBB）为移动用户提供高速率、低延时的服务，满足 CDN 应用对网络带宽与延时的要求。
- 移动互联网已成为用户上网的"第一入口"。截至 2022 年 6 月，我国网民规模达到 10.47 亿，其中 99.6% 是移动互联网用户。在移动互联网中，移动阅读、移动视频、移动音乐、移动搜索、移动电子商务、移动支付，以及 4K/8K 视频与 VR/AR 等新的应用都需要 CDN 的支持。
- CDN 的设计目标是尽量减少用户访问内容的响应时间。为了达到这个目的，CDN 系统将用户可能访问的内容放在离用户最近的边缘节点；MEC 的核心思想也是让计算更贴近数据源和用户。CDN 与 MEC 研究的设计思想都是让服务靠近用户。

随着 5G 时代的带宽、延时瓶颈已被突破，加之移动互联网应用的迫切需求，CDN 与 MEC 的融合自然就水到渠成了。

7.7.3　基于移动边缘计算的 CDN 系统结构

为了支持边缘计算，5G 核心网允许对用户面网关（UPF）灵活部署，下沉到靠近用户的位置，这就使 5G 核心网呈现出与互联网类似的网络结构。随着 5G 网络的空口延时进一步缩短，eMBB 业务的单向延时可达到 4ms。MEC 节点已具备存储、分发与计算能力，为 CDN 在移动互联网中部署准备了基础设施。

构建基于 MEC 的 CDN 系统有两种方案：共享 CDN 结构与合作 CDN 结构。

1. 共享 CDN 结构

共享 CDN 结构的设计思想是：基于 MEC 灵活的路由能力，使移动用户可以直接访问部署在互联网中的 CDN 资源。同时，在 MEC 平台上部署缓存设备，对热点内容进行透明缓存与内容再生，以提高移动用户的体验质量。图 7-30 给出了共享 CDN 的结构。

共享 CDN 在使用过程中采用白名单方式，5G 网络通过策略控制网元（PCF）为边缘 UPF（eUPF）配置白名单，白名单包括共享 CDN 支持业务的域名或 IP 地址。eUPF 对 5G 用户的数据进行分析，如果发现用户的域名或 IP 地址与白名单匹配，则将数据分组从 eUPF 转发到共享的 CDN 系统。

共享 CDN 结构的优点是可以充分利用已有的 CDN 资源，从而提高网络资源利用率，节省移动 CDN 建设的成本。

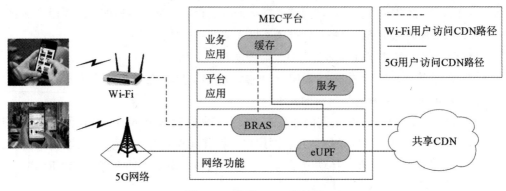

图 7-30 共享 CDN 的结构

2. 合作 CDN 结构

合作 CDN 结构的设计思想是：在 MEC 节点上部署 CDN 服务，将 MEC 节点直接作为边缘节点加入 CDN 系统。这样，CDN 厂商使用移动运营商的机房，将 CDN 节点部署到更靠近用户的边缘节点，有利于进一步提升用户体验。图 7-31 给出了合作 CDN 的结构。

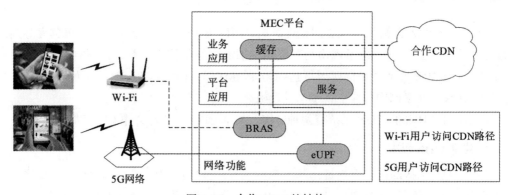

图 7-31 合作 CDN 的结构

在合作 CDN 技术方案中，移动运营商基于 MEC 平台以 PaaS 方式为 CDN 厂商或内容提供商提供边缘云服务，从而为特定服务商提供差异化的服务。这种方案与运营商出租 IDC 机房资源类似。

以 MEC 平台为某个内容应用提供 CDN 服务为例，合作 CDN 的一种实现方案是分别配置 MEC 平台和 CDN 请求调度系统。

（1）配置 MEC 平台

对于 5G 应用，PCF/SMF（策略控制功能 / 会话管理功能）配置内容应用的边缘 CDN 节点 IP 地址，而 eUPF 配置白名单。如果 eUPF 接收数据分组的目的地址与白名单匹配，则将该分组转发到相应的边缘 CDN 节点。

（2）配置 CDN 请求调度系统

对于 5G 应用，需要配置 eUPF 的公网 IP 地址池信息，确保 5G 用户地址被 eUPF 进行 NAT 处理后，CDN 请求调度系统能将 5G 用户请求优先调度到正确的边缘 CDN 节点。

对于 Wi-Fi 应用，需要配置 BRAS 的公网 IP 地址池信息，确保 Wi-Fi 用户被宽带接入服务器 BRAS 进行 NAT 处理后，CDN 请求调度系统能将 Wi-Fi 用户请求优先调度到正确的边缘 CDN 节点。

在完成上述配置后，部署在 MEC 平台上的边缘 CDN 节点可以为该平台覆盖范围内的所有 5G 或 Wi-Fi 用户提供 CDN 服务。

可以预见，基于 MEC 的 CDN 系统将广泛应用在移动阅读、移动视频、移动音乐、移动搜索、移动电子商务、移动支付、移动位置服务、移动学习、移动社交网络、移动游戏，以及 4K/8K 视频、VR/AR 等新兴应用中。

参考文献

[1]　库罗斯，罗斯．计算机网络：自顶向下方法（第 8 版）[M].陈鸣，译．北京：机械工业出版社，2022.

[2]　阿纳迪，吉顿，莫罗．虚拟现实与增强现实：神话与现实 [M].蒋文军，蒋之阳，等译．北京：机械工业出版社，2019.

[3]　傅洛伊，王新兵．移动互联网导论 [M]. 4 版 .北京：清华大学出版社，2022.

[4]　张普宁，吴大鹏，舒毅，等 .移动互联网关键技术与应用 [M]. 2 版 .北京：电子工业出版社，2019.

[5]　谢人超，黄韬，杨帆，等 .边缘计算：原理与实践 [M].北京：人民邮电出版社，2019.

[6]　马华东，赵东 .移动群智感知网络 [M].北京：清华大学出版社，2018.

[7]　罗华，唐胜宏，等 .中国移动互联网发展报告（2019）[M].北京：社会科学文献出版社，2019.

[8]　裴艳丽，杨纪成，刘华勇，等 .国际互联网产业研究报告（法德篇）[M].北京：经济出版社，2019.

[9]　崔勇，张鹏 .移动互联网：原理、技术与应用 [M]. 2 版 .北京：机械工业出版社，2018.

[10]　李磊，李爱平，汪萌，等 .基于社交网络的行为分析和挖掘 [M].北京：科学出版社，2018.

[11]　苏广文 .移动互联网应用新技术 [M].西安：西安电子科技大学出版社，2017.

[12]　俞一帆，陈思仁，任春明，等 .5G 移动边缘计算 [M].北京：人民邮电出版社，2017.

[13]　娄岩 .虚拟现实与增强现实技术概论 [M].北京：清华大学出版社，2016.

[14]　熊友君 .移动互联网思维：商业创新与重构 [M].北京：机械工业出版社，2015.

[15]　吴功宜，吴英 .计算机网络 [M]. 5 版 .北京：清华大学出版社，2021.

[16]　吴功宜，吴英 .计算机网络高级教程 [M]. 2 版 .北京：清华大学出版社，2015.

[17]　赵梓铭，刘芳，蔡志平，等 .边缘计算：平台、应用与挑战 [J].计算机研究与发展，2018，

55(2)：327-337.

[18] 葛志诚，徐恪，陈良，等 . 一种移动内容分发网络的分层协同缓存机制 [J]. 计算机学报，2018，41(12)：2769-2786.

[19] 刘江川 . 网络流媒体三十年：回顾与展望 [J]. 中国计算机学会通讯，2018，14(6)：60-65.

[20] 施巍松，孙辉，曹杰，等 . 边缘计算：万物互联时代新型计算模型 [J]. 计算机研究与发展，2017，54(5)：907-924.

[21] 张文丽，郭兵，沈艳，等 . 智能移动终端计算迁移研究 [J]. 计算机学报，2016,39(5) ：1021-1038.

[22] SCHULZRINNE H, CASNER S, FREDERICK R, et al.RTP: A transport protocol for real-time applications[EB/OL]. (2003-06-01)[2023-03-10]. https://www.rfc-editor.org/rfc/rfc3550.

[23] PANTOS R, MAY W. HTTP live streaming[EB/OL]. (2017-08-01)[2023-03-10]. https://datatracker.ietf.org/doc/html/rfc8216.

[24] SIDDAVAATAM R, WOUNGANG I, CARVALHO G, et al. Mobile cloud storage over 5G: a mechanism design approach[J]. IEEE Systems Journal，2019，13(4)：4060-4071.

[25] SUKHMANI S, SADEGHI M, KANTARCI M E, et al. Edge caching and computing in 5G for mobile AR/VR and tactile Internet[J]. IEEE MultiMedia，2019，26(1)：21-30.

[26] HAN B. Mobile Immersive computing: research challenges and the road ahead[J]. IEEE Communications Magazine，2019，57(10)：112-118.

[27] QIU T, CHEN B C , SANGAIAH A K, et al. A survey of mobile social networks: applications, social characteristics and challenges[J]. IEEE Systems Journal，2018，12(4)：3932-3947.

[28] MARJANOVIĆ M, ANTONIĆ A, ŽARKO I P, et al. Edge computing architecture for mobile crowdsensing[J]. IEEE Access, 2018，6：10662-10674.

[29] ALMASHOR M, Khalil I, TARI Z, et al.Enhancing availability in content delivery networks for mobile platforms[J]. IEEE Transactions on Parallel and Distributed Systems，2015，26(8) ：2247-2257.

QoS 与 QoE

服务质量（Quality of Service，QoS）是网络技术研究中的重要问题。早期的 QoS 研究侧重于可度量的性能指标，例如延时、吞吐率与误码率。随着云计算、大数据与智能技术在移动互联网中的应用，智能手机与各种移动终端的应用越来越广泛，移动互联网的用户体验质量（QoE）逐渐受到重视。本章在介绍 QoS 概念的基础上，将系统地讨论 QoE 的概念、研究与进展。

8.1　网络传输服务与 QoS

8.1.1　QoS 与 QoE 的概念

1. 服务

服务（Service）在计算机网络的体系结构中是一个很重要的概念，也是描述相邻层之间关系的重要概念。

- 服务体现在网络低层向相邻高层提供的一组操作。低层是服务的提供者，高层是服务的用户。任何服务都存在如何评价服务质量的问题。
- 网络中的第 N 层要向第 $N+1$ 层提供比第 $N-1$ 层更完善、更高质量的服务。这个思想贯穿在整个网络层次结构和网络系统设计中，网络层与传输层协议设计也遵循这个基本思想。
- 对于面向连接的传输层来说，衡量其服务质量的指标主要包括：连接建立延时 / 释放延时、连接建立 / 释放失败概率、传输延时、吞吐率、残留误码率、传输失败率等。

传输层的很多指标与低层协议的 QoS 直接相关，不是传输层本身能决定的。例如，延时在很大程度上取决于传输网本身的结构和性能，广域网总是比局域网的延时大，无论高层协议设计得如何合理，也只能尽量减少延时的增加，而不能减少延时。

2. 服务质量

传输网能够提供什么服务及其服务质量（QoS）好坏是网络组建部门和用户必须面对的问题。如果传输网服务能够满足用户需求，那么传输层就可能变得简单。如果传输网服务不能满足用户需求，则传输层必须改善传输网服务，这样会使传输层协议变得更加复杂。因此，传输层在网络层次结构中起着承上启下的作用，它向网络应用屏蔽传输网技术、设计的差异与服务质量的不足，为应用层提供标准、完善的通信服务。

由于传输层所处的特殊地位，因此网络层次模型通常分为两部分：传输层及以下各层被称为传输服务提供者，而传输层以上各层称为传输服务用户。传输服务提供者的 QoS 指标涉及通信子网的类型，很多指标是由底层物理网络技术决定。传输服务提供者能够提供的 QoS 指标，如传输速率、误码率、延时等，只能通过采用高质量的物理层、数据链路层的技术与协议来改善。

3. 用户体验质量

我们在日常生活中常说"顾客就是上帝"，实际上是指顾客需要一种"极致的体验感"。这种"极致的体验感"表现在以下几个方面：随时随地提供与顾客需求匹配的完美产品与服务，没有任何时间的滞延，也没有空间的隔离与流程的不畅。

我们都有这样的生活体验：当我们使用一款新手机时，就会思考几个关于手机评价的问题：

- 对手机外形是否满意？
- 对手机功能是否满意？
- 手机使用是否复杂？
- 手机功能是否容易掌握？
- 使用手机的总体感觉如何？

实际上，这就给我们提出一个问题：当我们使用移动互联网应用时，并不在意移动通信公司向用户承诺的技术指标。当我们使用智能手机、可穿戴计算设备访问移动互联网或观看视频节目时，在用户体验方面更关注以下方面：

- 访问后需要等待多长时间？
- 观看的视频是否流畅？
- 视频与音频是否同步？
- 画面是否清晰？
- 音质是否好？

在移动互联网应用中，用户关心的不仅是客观的网络服务质量（QoS），还在 QoS 的基础上增加了带有更多主观因素的用户体验质量（Quality of Experience，QoE）。

理解 QoE 的概念，需要注意下面几个问题。

1）QoE 反映了用户对产品与服务的满意程度，直接关系到用户对产品和服务的接受程度，更加贴近市场需求。因此，学术界与产业界都高度重视 QoE 的研究与应用，它是目前国内外相关领域研究的重点课题。

2）QoE 是对产品与服务的多个层面进行的综合评价，评价的维度包括服务的可用性、服务界面的友好性、服务的效果和价值等。因此，QoE 研究突破了传统计算机、软件、通信与网络研究的界限，成为一个融合计算、通信、网络技术，并与管理学、社会学、心理学、行为学等多学科交叉的研究课题。

3）由于 QoE 是用户对于获得服务的主观感受的整体满意度的一种评价指标，因此 QoE 与 QoS 相关。图 8-1 给出了 QoS 与 QoE 的关系。

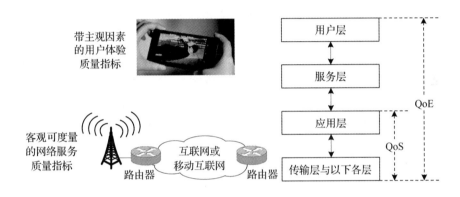

图 8-1　QoS 与 QoE 的关系

为了深入了解 QoE 的概念、技术与发展，我们首先回顾一下传统互联网 QoS 的概念、技术与发展。

8.1.2　网络层流量工程与 QoSR

1. 流量工程与 QoSR 的基本概念

网络层 IP 提供的是"尽力而为"的分组传输服务。IP 不区分用户业务的类型，而是将链路带宽、路由器 CPU 与队列缓存等资源公平分配给各类应用，在分组的传输延时、丢失与差错等方面一视同仁。它的优点是协议简单、容易实现，缺点是无法满足在带宽、丢包率、端 – 端传输延时与延时抖动等方面有特殊要求的应用。

流量工程（traffic engineering）的研究目标是利用负载均衡来降低分组通过传输网时出现拥塞的概率，提高互联网的 QoS，其中代表性的研究是服务质量路由（Quality of Service Routing，QoSR）。

QoSR 是一种基于数据流 QoS 请求与网络可用资源进行路由的动态路由协议，它的路由选择由可用带宽、链路与端 – 端路径的利用率、跳数、延时与延时抖动等参数决定。QoSR 是流量工程中负载均衡的一个重要手段。

QoSR 研究的主要目标是：为每个 QoS 业务流提供 QoS 保证，使网络的全局资源获得最佳的利用。流量工程与 QoSR 相辅相成，不能互相替代。

QoSR 研究的内容主要包括：

- 在网络节点之间交换信息和收集网络状态的 QoSR 协议。
- 根据已知网络状态信息计算满足 QoS 要求的 QoSR 算法。
- 支撑 QoSR 的技术主要有 RSVP、DiffServ、MPLS 等。

2. 资源预留协议

资源预留协议（Resource Reservation Protocol，RSVP）的核心是对一个应用会话的数据流提供服务质量保证。

RSVP 与 QoSR 紧密相关，共同为业务流提供 QoS 保证。RSVP 的设计思想是：源主机和目的主机在会话之前建立一个连接，路径上的所有路由器预留此次会话所需的带宽与缓冲资源。RSVP 需要找出一条可行的路径，沿着这条路径预留资源。流（flow）的定义为"具有相同源 IP 地址、源端口号、目的 IP 地址、目的端口号、协议标识符与 QoS 要求的分组序列"。

QoSR 可以通过 RSVP，在不增加资源利用率的情况下，使不同的业务都得到满意的服务。由于 RSVP 是基于单个数据流的端 – 端资源预留，调度处理和缓冲区管理、状态维护机制太复杂，开销太大，因此不适用于大型网络。在当前网络上推行 RSVP 时，需要对现有路由器、主机与应用程序进行相应的调整，实现难度很大。因此，单纯的 RSVP 结构实际上无法被业界接受，也无法在互联网上广泛应用。

3. 区分服务

RSVP 应用的受阻推动了区分服务（Differentiated Service，DiffServ）技术的研究。针对 RSVP 存在的问题，DiffServ 设计者注意解决协议简单、有效与可扩展性问题，使它适用于主干网的多种业务需求。

DiffServ 与 RSVP 的区别主要表现在以下两个方面：

- RSVP 基于某个会话流，而 DiffServ 基于某类应用。以 IP 电话为例，RSVP 仅为通话用户提前建立一个连接，预约带宽与缓冲区，以保证这对用户的通话质量，而 DiffServ 是针对 IP 电话这类应用提供服务。如果 ISP 将 IP 电话设置为需保证 QoS 的 DiffServ 服务，则 IP 电话分组的服务类型带有特殊标记。当 IP 电话分组进入 ISP 网络时，路由器为这类分组提供高质量的传输服务。
- RSVP 要求所有路由器都修改软件，以支持基于流的传输服务，而 DiffServ 仅需一组路由器（如某个 ISP 网络中的路由器）的支持。

4. 多协议标识交换

在 IETF 完成 RSVP 与 DiffServ 的研究之后，有些路由器生产商提出了能够改善 IP 分组传输质量的方案，这就是多协议标识交换（Multi-Protocol Label Switching，MPLS）。

MPLS 是一种快速交换的路由方案，对实现 QoS 路由有重要的实用价值。从设计思想上看，MPLS 将数据链路层的第二层交换技术引入网络层，从而实现 IP 分组的快速交换。

MPLS 主要提供以下四个服务功能。

1）提供面向连接与保证 QoS 的服务：MPLS 的设计思路是在 IP 网络中提供一种面向连接的服务。MPLS 引入了流的概念，流是从某个源主机发出的分组序列。MPLS 可以为单个流建立路由。

2）合理利用网络资源：基于 MPLS 的流量工程是将面向连接的流量工程与 IP 路由技术相结合，以便动态定义 IP 分组的路由。

3）支持虚拟专网服务：MPLS 提供虚拟专网（Virtual Private Network，VPN）服务，以提高分组传输的安全性与服务质量。VPN 概念的核心是"虚拟"和"专用"。"虚拟"表示 VPN 是在公共传输网中，通过建立隧道或虚电路方式而建立的一种"逻辑"的覆盖网。

4）支持多种协议：支持 MPLS 的路由器可以与 IP 路由器、ATM 交换机、帧中继交换机共存，支持 PPP、SDH、DWDM 等多种底层网络协议。

MPLS VPN 可以满足用户在数据通信安全、QoS 等方面的要求，操作方便，具有很好的可扩展性。目前，MPLS VPN 已广泛应用于大型网络信息系统、移动互联网、物联网应用系统和云计算系统中。

8.1.3 传输层 QoS

在计算机网络中，通信子网是指网络层及其以下的部分。关于通信子网概念的形成，除了技术因素之外，还有一定的历史原因。在传统的产业链分工中，数据通信属于电信公司的业务范围。由电信公司来提供数据传输服务比用户建设自己的专用通信子网更经济。因此，通信子网通常是计算机网络组建部门和用户无法控制的部分。

如果通信子网提供的服务能够满足用户需求，那么传输层就可能变得很简单。如果通信子网提供的服务不能满足用户需求，那么传输层必须对通信子网的服务加以完善，这样传输层协议就变得比较复杂。

在传输层设计中，有两种可能的方法。第一种方法是针对每种通信子网和所需的传输服务都设计一个传输协议。这种方法可以有针对性地解决问题，没有额外开销，效率很高，但传输层协议缺乏通用性。第二种方法是针对通信子网可能的服务类型及具体传输需求来设计一个通用的传输层协议。这种标准化的设计思想使传输层协议变得大而全，但工作效率低。折中的方案是将通信子网分类，针对每类通信子网设计相应的传输协议，做到既保证效率又不失通用性。

通信子网分类的标准是数据传输的可靠性。在通信子网的服务类型和 QoS 指标中，很多指标是由底层物理网络技术决定的，传输层可以改善的是可靠性，包括是否有分组丢失、重复和乱序等。在 QoS 指标中，延时等反映通信子网物理特性的指标是无法通过传输层协议来改善的，可以通过传输层协议改善的指标是连接建立/释放失败率、残留误码率等。

将可靠性作为通信子网分类标准时，通信子网分为 A、B、C 三类。其中，A 类通信子网的协议面向连接、可靠性最好，只有少数局域网可提供近似 A 类通信子网的服务。B 类通信子网也是面向连接的，单个数据报传输可靠，但是网络连接不可靠，可能因网络拥塞、系统崩溃而中断。无连接服务的广域网、分组无线交换网等无连接通信子网属于 C 类通信子网，这类网络的可靠性最差。

按照通信子网是否面向连接，传输层协议也可以两类。例如，在 TCP/IP 协议体系中，虽然通信子网的网络层都采用 IP，但是根据低层物理技术的不同，传输层 TCP 和 UDP 有不同的适用范围，TCP 适用于可靠性较差的广域网，UDP 适用于可靠性较高的局域网。TCP 设计了滑动窗口、流量控制与拥塞控制机制来改善分布式进程通信中的 QoS 问题。

综上所述，QoS 研究希望达到两个目的：一是高效地分配网络资源，实现网络资源利用率的最大化；二是根据应用需求提供不同等级的 QoS 保证。

从网络系统的角度来看，尽管 IP 采用简单的尽力而为服务的设计原则解决了互联网的分组传输问题，但是它也不能满足 QoS 需求。传输层与应用层协议采用不同方法来弥补这个不足。对于计算机网络整体来说，网络应用的重要性不同，网络中传输数据所需的服务等级也不同。尽力而为服务只能满足最低等级的数据传输要求。现代计算机网络必须能够提供满足不同等级数据传输需求的 QoS 服务。

有两类研究人员非常重视 QoS 问题的研究，一类为计算机网络技术研究人员，另一类是电信业的研究人员。

早期在互联网上开展数字化音频与视频节目的多播实验时，由于不断变化的排队延时与拥塞丢失因素，当时的实验效果并不好。随着远程视频、多媒体会议、VR/AR 等应用的发展，计算机网络研究人员意识到，互联网最初的设计仅能提供简单的服务和尽力而为的服务质量。因此，在新形势下有必要修改互联网的基本结构，为端-端延时提供某种实时的 QoS 保证。

国际电信联盟（ITU-T）发布了 4000 多份建议书，涉及从服务定义到网络架构和安全，从宽带 DSL、千兆光纤传输系统到下一代网络（NGN）等议题，其中 Y 系列建议书关注的是"全球信息基础设施、互联网协议问题和下一代网络"，Y.1291"在分组网中支持 QoS 的体系结构"中给出了支持 QoS 的框架机制，以及它所提供的服务。

8.2　集成服务体系结构

8.2.1　集成服务体系结构的基本概念

1994 年，IETF 发布 RFC 1633 文档"Integrated Service in the Internet Architecture：an Overview"，定义了集成服务体系结构（Integrated Services Architecture，ISA），尝试在 IP 网络中提供保证 QoS 的传输服务。

在实际的 IP 网络中，路由器控制拥塞的手段有限。一是在路由选择中允许以最小延时为指标，路由器根据路由协议了解的网络节点与链路延时为分组选择路由；二是当路由器的输出队列溢出时，丢弃后续接收的分组，同时改变发送窗口的大小来控制进入网络的分组数量，以便达到消除拥塞的目的。

ISA 的基本思路是：如何在出现网络拥塞时共享可用的网络资源。ISA 主要通过以下几种机制来管理拥塞。

- 准入控制：对于有 QoS 保证的传输，ISA 要求为新到达的流预留资源。如果路由器确定没有足够的资源来保证流的 QoS 需求，该流就会被禁止进入。
- 路由算法：路由决策可以基于各种 QoS 参数，而不仅由最小延时来确定。
- 排队规则：ISA 的一个重要原则是针对不同流的不同需求，设计高效的排队策略。
- 丢弃策略：在缓存已满并且有新的分组到达时，由丢弃策略决定哪些分组应该被丢弃。

8.2.2　集成服务体系结构的构成

图 8-2 给出了在路由器中实现的 ISA，其中，路由器的下部是数据平面，上部是控制平面。

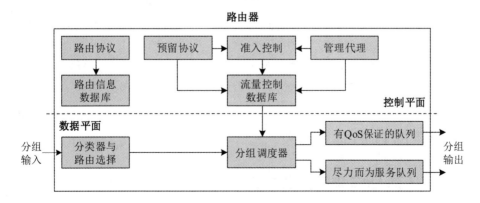

图 8-2　在一个路由器中实现 ISA 的结构

1. 控制平面

为了在路由器中实现 ISA 设计目标，控制平面需要实现以下几个功能。

- 预留协议

预留协议要在路由器与路由器、路由器与端系统之间预留对应 QoS 级别的资源，这就要求端系统与流传输路径上的路由器之间维护流状态信息。预留协议负责更新流量控制数据库，协助分组调度器确定如何为分组提供相应的服务。

- 准入控制

当传输一条新的流请求时，预留协议触发准入控制功能，确定是否有足够的资源提供给新的流，以便满足其 QoS 需求。判定依据是当前给其他流预留的资源，以及当前网络中的负载情况。

- 网管代理

网管代理可以修改流量控制数据库，引导准入控制模块设置相应的准入控制策略。

- 路由协议

路由协议负责维护路由信息数据库，为每个目的地址和每条流指定下一跳地址。

2. 数据平面

数据平面包括分类器和路由选择模块、分组调度器。

- 分类器和路由选择模块

为了实现分组转发和流量控制，到达的分组必须映射为具体的类型，每个类型对应一个流或具有相同 QoS 需求的一组流。例如，所有视频流的分组或所有属于特定组织的分组在资源分配和排队管理时会获得相同的处理。类型根据 IP 头部字段进行选择，通过分组的类别与目的地址，分类器和路由选择模块能够确定分组的下一跳地址。

- 分组调度器

分组调度器负责管理每个输出端口的一个或多个队列，它决定了分组在队列中的排队次序，以及哪些分组在必要时可以丢弃。具体决策是根据组所属类别、流量控制数据库内容、输出端口状况来完成的。分组调度器还负责执行流量控制，判断特定流的分组是否超过其请求的带宽，以及如何处理超出的分组。

采用 ISA 设计的路由器可以提供有保证的服务、可控负载的服务与尽力而为的服务。虽然 ISA 在路由器中的实际应用还不多，但其方法已广泛应用于互联网中。

8.3 ITU-T 的 QoS 体系结构

8.3.1 ITU-T 的 QoS 体系结构的框架

ITU-T 的 Y 系列建议书讨论了"全球信息基础设施、互联网的协议问题和下一代网络"，其中 Y.1291 建议书"在分组网中支持 QoS 的体系结构"给出了支持 QoS 的框架，描述了所提供的 QoS 服务。图 8-3 给出了支持 QoS 的体系结构。

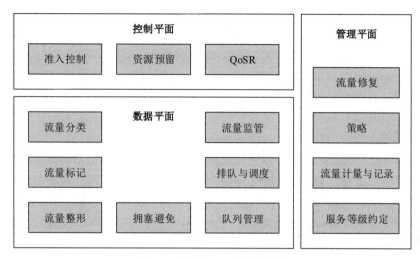

图 8-3　支持 QoS 的体系结构

从 Y.1291 建议书给出的框架中，可以看出以下两个特点：

- 建议书参考了软件定义网络的研究思路，将 QoS 体系结构框架划分为 3 个平面，即数据平面、控制平面与管理平面。
- 建议书在 3 个平面组成模块的构建过程中，采纳了计算机网络关于 QoS 的概念、术语与研究成果。这是电信网与计算机网络技术进一步融合的标志。

8.3.2　数据平面

数据平面是网络设备根据控制平面的决策实现数据分组传输与处理的平面。在支持 QoS 的体系结构中，数据平面主要包括 7 个模块：流量分类、流量标记、流量整形、拥塞避免、流量监管、排队与调度和队列管理。

1. 流量分类

流量分类是指在网络边缘的入口路由器上将分组指定为某类流量。入口路由器可以根据分组的某个或多个字段值来确定分组应该聚合到哪类流量。这些字段可以是源地址和目的地址、应用层负载与 QoS 标记，IPv6 头部的流标识也可以用于流量分类。流量分类的作用与特点是：

- 根据重要性为不同类型的分组分配相应的权重。
- 权重相同的分组在网络传输中以相同的方法处理。

- 分组在网络中传输时，类别与权重不会发生改变。

2. 流量标记

流量标记有两个不同的功能：一是在网络边缘的入口路由器上为分组添加 QoS 标识，如 IPv4、IPv6 分组的区分服务（DS）字段或 MPLS 类别字段等，中间转发路由器根据标记为分组提供有区别的服务。二是当中间转发路由器出现拥塞时，可以根据流量标识决定应该丢弃哪些分组。流是具有同样的 IP 地址、端口号、协议标识及 QoS 需求的一类分组。路由器为不同类型的流提供端 – 端的 QoS 服务。

3. 流量整形

流量整形根据每条流的标识对到达和通过流的传输速率进行控制。视频流和音频流传输需要相对规则的流量。常规的突发性流量方式不适合流媒体传输。流量整形是在发送端平滑输出流量，从而改善服务质量。当输出路径出现拥塞时，决定哪些分组应该进入队列，直至待转发条件成熟后再发送这些聚合后的分组。Y.1221 描述了漏桶 / 令牌桶的流量整形方法。流量整形一般是由网络边缘的入口路由器完成的。

4. 拥塞避免

拥塞避免的目的是保证网络负载不超过网络的处理能力，这样就能使网络性能处于可接受的水平，特别是避免排队延时过大甚至网络因拥塞而崩溃。一种典型的拥塞避免机制是已出现或即将出现网络拥塞时，由发送方减少向网络中发送的数据。

5. 流量监管

流量监管判断流量转发行为是否遵循既定的策略或规则，不符合要求的分组可能会被丢弃、延迟转发或添加相应标记。Y.1221 讨论了流量监控问题。

6. 排队与调度

当分组进入路由器时，会按照优先级来分类排队，每个队列对应一种优先级的流。例如，视频流的队列应该比普通文件传输的队列具有更高的优先级。高优先级队列可获得更大的带宽和更低的延时。排队与调度算法用于管理不同优先级的队列，在不同队列之间进行带宽的分配。

7. 队列管理

队列管理在必要时通过丢弃分组来管理队列长度。主动队列管理最初是为了实现拥塞避免。在早期的互联网中，队列管理规则是在队列满时丢弃新到达的分组，即弃尾（tail drop）方法。但是，这种方法存在很多缺点。另一种队列管理方法是随机早期丢弃（Random Early Drop，RED）方法。这种方法根据估算的平均队列长度，按概率丢弃某些到达的分组，这个概率随着队列长度的增加而提高。当前，很多 RED 改进版本得到了实际应用，其中加权 RED（WRED）方法可能是使用最广泛的。WRED 通过检测拥塞并在拥塞出现前根据服务类别来降低流的传输速度。由于每种类型的服务获得不同权重，因此 WRED 使低优先级流的传输速率下降更快。RFC 2309"互联网队列管理与拥塞避免建议书"中讨论了各种队列管理方法。

8.3.3　控制平面

控制平面用于控制用户数据流的创建和传输路径的管理。控制平面主要包括 3 个模块：准入控制、QoSR、资源预留等。

1. 准入控制

准入控制根据数据流 QoS 需求和当前网络资源来决定用户的数据流是否可以进入网络。网络管理员和服务提供商必须根据用户的身份、应用的流量需求、安全性要求等，对网络资源和服务的使用情况进行监视和控制。RFC 2753 "一种基于策略的准入控制框架"中讨论了准入控制问题。

2. QoSR

传统的路由协议是在网络中寻找一条开销最少的路径，而 QoSR 协议是在网络中寻找一条能满足流 QoS 需求的路径。例如，Cisco 公司提出了性能路由（Performance Routing，PfR），通过监视网络性能，根据可达性、延时、延时抖动、丢包率等提前确定的指标为每种应用选择最合适的路径。PfR 体现了 QoSR 通过负载平衡提高网络吞吐率的目标。RFC 2386 "互联网中的一种基于 QoS 的路由框架"中讨论了 QoSR 的相关问题。

3. 资源预留

网络资源主要包括网络带宽、缓存空间、CPU 处理能力等。网络资源应该满足用户应用的需求。但是，网络资源是有限的，而应用的需求通常超出资源的容量。为了提供理想的服务质量，网络需要为用户预留资源。RSVP 的设计思想是源主机和目的主机在会话之前建立一个连接，路径上的所有路由器都要预留出此次会话所需的带宽与缓冲区资源。由于 RSVP 状态维护机制复杂，开销很大，需要对现有的路由器、主机与应用程序做出相应的调整，因此单纯的 RSVP 结构无法在互联网上广泛应用。

8.3.4　管理平面

管理平面对控制平面和数据平面机制产生影响，解决网络的运行与管理等相关问题。管理平面主要包括 4 个模块：服务等级约定、流量计量与记录、流量修复和策略。

1. 服务等级约定

服务等级约定（Service Level Agreement，SLA）通常是指客户和服务提供商（如 ISP）之间关于服务性质、性能指标、性能测试方法等的约定。服务性质主要包括网站托管、DNS 服务器运维，以及为端 – 端服务提供 VPN 或区分服务等。服务要求达到的性能指标包括网络可用性（100% 可用）、端 – 端往返延时（小于等于 35ms）、分组投递丢包率（小于等于 0.1%）等。

2. 流量计量与记录

流量计量与记录模块主要监视流量的一些动态属性，这些属性通过传输速率、丢包率等来描述。它包括在一个特定的网络节点观测流量特征，收集和存储这些流量信息，通过分析和处理来验证服务等级约定的履行情况。

3. 流量修复

流量修复模块涉及网络如何响应故障的相关内容，它包括多个协议层次及相关技术。

4. 策略

策略是一组对网络资源访问进行管理和控制的相关规则，它可以明确描述服务提供商的需求，或反映用户与 ISP 之间的约定。这些约定可以包括一段时间内的可靠性、可用性，以及其他一些 QoS 需求。

8.3.5　OpenFlow 对 QoS 的支持

SDN 在网络整体设计中关注 QoS 的实现方法。在控制平面与数据平面之间的南向接口标准 OpenFlow 中，提供了两种工具来实现对 QoS 的支持。

1. 队列结构

OpenFlow 交换机通过简单的队列机制提供了有限的 QoS 支持。OpenFlow 规定，交换机的每个端口可以关联一至多个队列，这些队列能提供最小传输速率保证与最大传输速率限制，而队列配置是在 OpenFlow 协议之外通过命令行工具或外部专用配置协议实现的。

各个队列采用一个数据结构来定义，包括全局唯一标识符、队列关联的端口、最小传输速率保证、最大传输速率限制等。每个队列都关联了一个计数器，用于捕获和记录队列中已传输的字节数和分组数、因超出限制而被丢弃的分组数，以及队列在交换机中创建后的运行时间等。

OpenFlow 队列设置将一条流表项映射到已配置好的端口，当某个分组匹配了某条流表项时，该分组就被转发到相应端口的队列。

确定队列行为超出了 OpenFlow 的范围。虽然 OpenFlow 提供了定义队列、引导分组到具体队列、监视队列流量的方法，但是任何 QoS 行为都必须在 OpenFlow 之外实现。

2. 计量器

计量器是测量和控制分组或字节速率的单元，每个计量器与一个或多个计量带关联。如果分组或字节速率超过预先设定的阈值，计量器触发计量带，计量带会丢弃这些分组。计量带又称为速率限制器（rate limiter）。其他 QoS 和监管机制也可以基于计量带设计。每个计量器都是通过交换机中的计量表项来定义的，每个计量器都有唯一的标识符，计量器不会被绑定到队列或端口上，但是它们可以被流表项的命令激活。

计量器可以测量、控制与其关联的分组速率，或是与其关联的所有流表项聚合后的速率。多个计量器也可用于相同的表，但是必须专用，也就是将一个流表拆分。多个计量器可用到连续的流表上，从而用于相同的分组集合。

图 8-4 给出了 OpenFlow 中与 QoS 相关的格式字段。

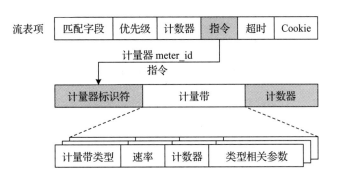

图 8-4　OpenFlow 中与 QoS 相关的格式字段

流表项包括带有参数 meter_id 的计量指令，任何与该流表项匹配的分组被引导到对应的计量器。在计量表中，每个表项包括以下 3 个字段：

- 计量器标识符：一个 32 位的无符号整数，用于唯一标识计量器。
- 计量带：一个或多个计量带类型的无序列表，每个计量带都指定了具体速率及分组处理方法。
- 计数器：在处理分组之后，计量器对计数器进行更新，它计算所有流的总流量，而不是某个流的流量。

每个计量带包括以下字段：

- 计量带类型：当前只有 Drop 和 DSCP Remark 两种类型。
- 速率：用于计量器选择计量带，定义了计量带可采用的最低速率。
- 计数器：当处理分组之后，计量带对计数器进行更新，它计算某个流的流量。
- 类型相关参数：某些计量带类型可以有可选的参数，当前只有 DSCP Remark 有可选的参数，用于指定丢弃的优先级。

如果分组或字节速率超过预先设定的阈值，计量器将会触发计量带。如果计量带类型为 Drop，计量带丢弃这些超速的分组，它可用于定义速率限制。如果计量带类型为 DSCP Remark，计量带增加 IP 分组头的 DS 代码点字段的丢弃优先级，它可用于定义一些简单的 DiffServ 策略。

2015 年，OpenFlow 交换机规范 1.5.1 版发布，其中给出了 DSCP 计量过程，并指定了 OpenFlow 设置、修改和匹配 DSCP 的方法（如图 8-5 所示）。

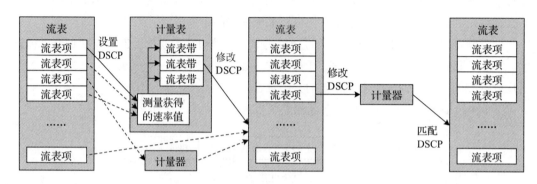

图 8-5　OpenFlow 交换机的 DSCP 计量过程

图 8-5 中描述了一个交换机中的三个流表，一个流表中的多个流表项可使用同一计量器，一个流表项也可以使用不同的计量器。不同的流表可以独立计量。如果多个流表都使用了计量器，一个分组可能经过多个计量器，在每个流表中匹配流表项时，该分组被引导到对应的计量器。图中的实线标出一个流通过这些流表的过程，虚线显示了多个计量器作用于一个流，以及计量器根据流量调节修改 DSCP 值的过程。

8.4　QoE

8.4.1　QoE 的定义

QoE 涉及技术因素与非技术因素、客观因素与主观意识等多个方面，它需要由计算机、网络、软件、通信、心理学等学科的学者共同研究。对于同一个概念，不同学科的研究者通常根据自己专业的理解和术语来描述。针对这个问题，2012 年，欧洲网络多媒体系统与服务的体验质量工作组（QUALINET）对 QoE 及相关概念进行了定义。在 QUALINET（Definitions on Quality of Experienced）白皮书中，给出了质量、体验、用户体验、用户体验质量的定义。

1. 质量

质量是指用户对一个可观测事件经过"对比和判断"后给出的评价。这个过程包括以下几个重要步骤：

1）对事件的感知。

2）对感知的反应。

3）对感知的描述。

4）对结果的评价与描述。

因此，质量是通过特定事件背景下的用户需求得到满足的程度来评价的，评价结果通常是某个参考范围内的质量评分。

2. 体验

体验是指用户对感知的个性化描述，以及对一个或多个事件的阐述。体验的结果源于对一个系统、服务或现象的接触。需要注意的是，体验的描述不一定产生对质量的判定。

3. 用户体验

在定义用户体验时，需要注意以下三个主要特征：

- 有用户参与。
- 用户与产品、系统或界面进行交互。
- 用户体验是用户关注的问题，并且是可观察或可测量的。

4. 用户体验质量

由于研究用户体验质量的学者来自不同学科，因此会从不同的角度提出多种定义。最早的定义是：用户对 OSI 参考模型不同层次 QoS 的整体感知度量。

2003 年，ITU 的 SG12 工作组给出的 QoE 定义是：终端用户对于获得的业务与服务主观感受到的整体可接受程度。

目前，学术界接受程度较高的定义是：用户对应用或服务的接受或不接受程度取决于用户所处的状态，以及用户对应用或服务期待的满意程度。

尽管各种表述的侧重点有所不同，但本质上体现为用户在服务的交互过程中的感受，它是对服务质量与应用系统性能的量化表述，具体表现在以下三个方面：

- 有效性（effectiveness）：是否能够完成某个任务。
- 效率（efficiency）：完成任务过程中付出努力的程度。
- 满意度（satisfaction）：完成任务过程中用户体验的满意程度。

8.4.2　影响 QoE 的因素与 QoE 的形成过程

1. 影响 QoE 的因素

影响 QoE 的因素包括技术因素与非技术因素，主要因素可分为三类：环境、用户与系统（如图 8-6 所示）。

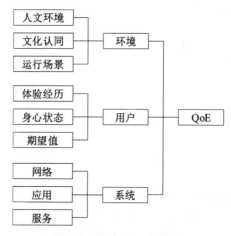

图 8-6　影响 QoE 的因素

（1）环境因素

用户所处的人文环境、对服务内容的文化认同、服务的运行场景都会对用户体验质量起到重要的作用。如果用户是移动社交网络的热心用户，他对新的社交网络应用采取欢迎和期待的态度，认同服务内容的文化，并在一个心情愉悦的环境中完成体验，那么用户主观体验的质量评价通常较高。

（2）用户因素

对于同一种应用或服务，不同用户群体的体验质量会有很大差异。用户群体一般具有某些共同特征，包括受教育的程度、对新技术接纳的态度、社会地位、经济地位、人生阅历等。对于用户个人来说，除了这些共同特征之外，还有对类似服务是否有体验、在体验过程中的个人心情，以及对体验的期望值等因素。用户对体验质量的预期值与服务的价格相关，通常收费高的服务体验预期值高，对服务质量会更敏感。

（3）系统因素

系统因素属于技术因素，涉及网络、应用、服务等方面。不同的终端设备具有不同的特征，这些特征也会对 QoE 产生影响。某种应用支持多种终端设备，例如电视和手机，它们的 QoE 预期值不同。用户对不同接入方式的 QoE 要求不同。对于连接方式，如果用户使用有线电视网与移动通信网接入，通常对无线接入的体验质量要求较低。对于小型设备（如手机）接入，用户期望值也会降低。从网络的角度来看，互联网、移动通信网中传输信息（文本、语音、图像与视频）的延时、延时抖动、丢包率和带宽等因素对于用户体验质量有很大影响，这是网络技术研究和改进的重点。音频和视频质量更依赖于内容。对于一些简单场景（如采访），音频质量的重要性略高于视频质量；对于移动状态下高速传输的视频内容，用户对视频质量的要求高于音频质量，对参与度高的内容的体验质量也要求较高。

2. 质量的形成过程

QUALINET 白皮书给出了源自个人观点的体验质量形成过程（如图 8-7 所示）。

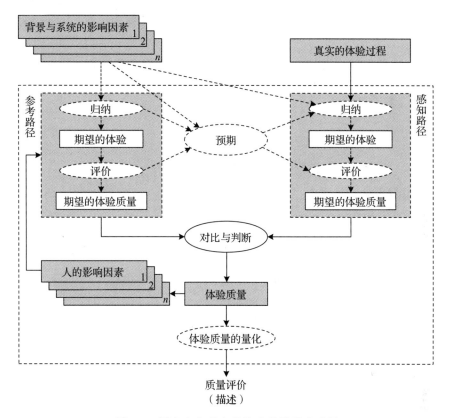

图 8-7　源自个人观点的体验质量形成过程

源自个人观点的体验质量形成过程有两个不同的子路径：参考路径和感知路径。其中，参考路径反映了一个用户在各种外部环境因素和个人经历的多方面影响下而形成的对一种产品或服务所期望的体验；根据个人的认知进而形成评价标准，由此产生的内心期望的用户体验质量。

感知路径是用户在亲身体验之后，用户的感官产生感觉，形成了初步的认识，再利用自身的认知能力和评价标准而产生感受的体验质量。在与参考路径形成的期待体验进行比较之后，经过个人感知、记忆、判断和推理过程，产生可以量化的体验质量与描述。

在参考路径与感知路径产生结果的比较中，用户会参考其他用户的体验感觉，以及个人经过亲身体验之后发现的预想场景与实际场景的差异，修改参考路径中个人主观认知的期望值，进而修改个人预期体验并使其更加合理，这也反映了用户的个人智慧与认知能力。

8.4.3 QoE 管理

QoE 管理是企业采用的用户管理方法，也是企业为满足用户需求而跟踪用户行为并与用户交互的一组策略。策略设计的目的是改善用户期望的体验质量与实际获得的体验质量不一致的问题。

2008 年，电信管理论坛（TM Forum）提出用户体验管理的概念，开发了一套用户体验管理工具，给出了端－端用户体验管理模型（如图 8-8 所示）。该模型考虑以用户为中心的应用、网络与市场三方面的因素。

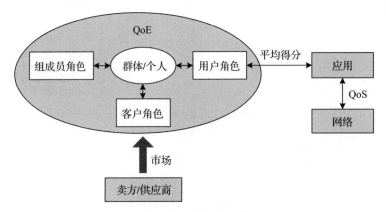

图 8-8　体验质量管理模型

ITU 的 SG13 工作组在 Q4/13 中提出了 QoE 管理的基本框架（如图 8-9 所示）。该框架以网络为中心，通过采集 QoS 参数、特定条件下的用户反馈评价数据等信息，对系统的用户体验质量进行评估。

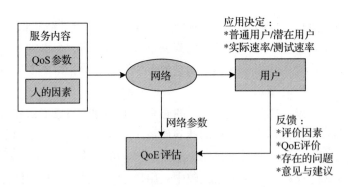

图 8-9　QoE 管理的基本框架

目前，很多学者从不同学科的角度进行 QoE 研究。有些研究侧重于分析业务特征，通过优化业务功能为用户提供更好的服务；有些研究侧重于精确预测用户的主观感受，为用户提供个性化的服务；有些研究关注某种服务在不同应用场景下的网络模型的差异；有些研究针对 5G 网络的特点，设计新的 QoE 模型和优化算法。

8.4.4　用户体验系统的设计

1. 产品设计与用户体验

从用户体验的角度，产品分为两类：一类是功能型产品（如智能手机、可穿戴计算设备、移动终端设备），另一类是信息型产品（如网站、服务和资源）。无论功能型产品还是信息型产品，用户体验总是体现在细微之处，并且非常重要。在多数情况下，人们评价产品设计时，首先想到的是产品在感官方面的表现，美观大方、精心设计的产品会使用户感到愉悦。另一种评价角度与产品功能相关，精心设计的产品功能一定要齐全。但是，产品设计仅考虑这两点是不够的，必须将设计从"感官与功能"提升到"用户体验良好"的层面上。

在移动互联网应用中，用户体验产品主要有两类：以内容为主的网站和以交互为主的网站。不管用户使用哪类网络应用，它都是一种自助型产品，也就是说，没有说明书，也没有客服人员帮助你，用户只能依靠自己的经验与智慧去面对。如果网站设计者不能预先做好功课，没有意识到用户可能遇到困难，无法理解用户所想与所需，那么这种网站的用户体验一定不好，这对于网站的推广是致命的。如果不能给用户提供良好的体验效果，用户就不会使用网站。

创建吸引人、高效的用户体验的唯一方法是采用以用户为中心的设计。这就需要慎重地考虑和论证用户体验中的每件事。

2. 用户体验的开发流程

用户体验的整个开发流程要保证用户对产品的所有体验不会超出设计者"明确、有意识的意图"。这就需要设计者考虑到用户可能采取的每个动作，理解用户在这个过程中的期望值。

我们都有这样的经历：当使用手机去某个网站购物时，第一步是找到并打开这个网站，利用产品分类目录或搜索功能找到想买的产品，放入购物车，然后填上邮寄地址、信用卡号等信息，通过微信（支付宝）支付，完成购物过程。之后，等待网站将产品送到家。我们已经习惯了这个移动购物过程，它是由一系列决策过程组成的。网站设计者需要考虑以下几个问题：

- 用户是否容易找到网站？
- 用户会看到什么样的主页？
- 用户需要做什么操作？

- 用户采用什么操作顺序？
- 用户完成这些操作是否有困难？
- 最后是否真正完成？

上述过程是一环扣一环并且相互依赖的。为了获得良好的体验效果，一种有效方法是反向思考用户体验的过程，将网站设计工作分解成五个层次（如图 8-10 所示）。

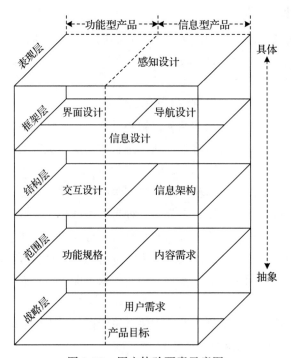

图 8-10　用户体验要素示意图

（1）战略层

战略层（strategy layer）决定网站功能与信息覆盖范围。战略层包括用户需求与产品目标。用户需求（user need）是指用户想从网站获得到什么，与用户需求对应的是我们对网站的期望目标，即产品目标（product objective）。战略层需要回答两个基本问题：

- 我们要通过这个产品获得什么？
- 我们的用户要通过这个产品获得什么？

对于移动电子商务网站来说，战略层应根据用户想要买到商品的需求，决定网站销售的产品，以及网站的经营范围、规模与盈利模式。

（2）范围层

范围层（scope layer）涉及两类问题。对于功能型产品来说，它需要确定功能规格（functional specification），对产品功能进行详细描述。对于信息型产品来说，它需要确定内容需求（content requirement），对各种内容元素进行详细描述。范围层要回答的问题是：我们要开发的产品是什么？

（3）结构层

结构层（structure layer）涉及两类问题。对于功能型产品来说，它需要确定交互设计（interaction design），定义了系统如何响应用户的请求。对于信息型产品来说，它需要确定信息架构（information architecture），通过合理安排内容元素帮助用户理解网站的信息。结构层要回答的问题是：我们要设计一个什么样的信息结构？

（4）框架层

框架层（skeleton layer）分为三个部分。无论是功能型产品还是信息型产品，都必须完成信息设计（information design），找到能帮助用户理解产品信息的表达方式。对于功能型产品来说，框架层还包括界面设计（interface design），优化用户与产品的交互方法。对于信息型产品来说，对应的是导航设计（navigation design）。例如，确定在结账页面上交互元素的位置，导航条上各要素的排列方式，允许用户浏览不同的商品分类，网页上的按钮、控件、图片与文本区域的位置等，以达到提高网页的美感，方便用户使用的目的。框架层要回答的问题是：如何让用户更方便地理解我们的信息表达方式？

（5）表现层

表现层（surface layer）涉及两类问题。对于功能型产品来说，用户看到的是产品的人机交互界面；对于信息型产品来说，用户看到的是由图片与文字组成的用户界面或网页，其中一些图片可以在单击后执行某种功能。表现层使用户获得总体的感知体验（sensory experience）。表现层要回答的问题是：如何让用户喜欢我们的产品？

理解用户体验的开发流程时，需要注意以下两个问题。

1）设计五层结构的目的是使产品设计者明确在实现中如何提高用户体验，以及用什么方法与工具来提高用户体验。五个层次由上至下，从抽象逐步具体，指导设计者将高层决策自顶向下地逐步变成越来越清晰的技术实现方案。

2）成功的用户体验的基础是一个明确表达的战略，要了解企业与用户双方对产品的期望和目标；带着"我们想要什么""我们的用户想要什么"的认识，才能够搞清如何满足这些战略目标；在定义好用户需求并确定好优先级之后，明确最终的产品会具有什么样的特点，就能为产品创建一个合理的概念型结构；在框架层中，可以进一步提炼、优化概念性结构，确定详细的界面外观、导航和信息设计，使晦涩的结构变得实际；在表现层中，将内容、功能和美学相结合，产生一个最终的感官设计，以提高用户的感知体验效果（其过程如图 8-11 所示）。

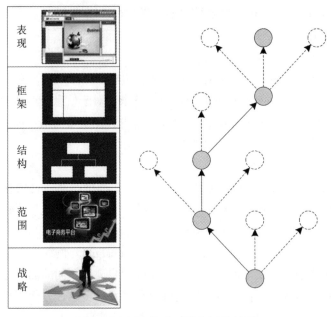

图 8-11 用户体验要素各层的关系

8.5 QoE 的评价

8.5.1 QoE 评价方法的分类

目前，QoE 测量的概念和技术是从早期电视系统的心理学方法演变而来的。QoE 测量方法分为三种类型：主观评价法、客观评价法和端用户设备分析法。

1. 主观评价法

对 QoE 进行主观评价时，需要在可控的实验室中现场测试，或者在众包环境中精心设计，以保证实验结果的有效性和可靠性。

主观评价实验的设计、执行和统计分析都非常复杂。获取主观 QoE 数据涉及以下几个阶段。

（1）确定 QoE 指标

不同业务与服务的 QoE 评价指标不相同。例如，对于一个多媒体视频服务，音频质量比视频质量更重要，在音频和视频保持同步的情况下，这些应用的视频质量不要求很高的帧速率。因此，单帧分辨率对这些应用的重要性比其他流媒体服务低，特别是在屏幕尺寸很小（例如智能手机）的情况下。这样，对于多媒体视频服务的 QoE 测量，其排序依次是音频质量、音频和视频的同步及视频质量。

（2）确定影响因素

在描述服务的特征之后，就能够找出影响 QoE 测量的 QoS 因素。例如，流媒体服务的视频质量直接受带宽、丢包率等网络参数，以及帧速率、分辨率、解码器等编码参数的影响，而终端显示设备的屏幕尺寸、处理能力等有极其重要的作用。但是，对如此繁多的参数进行测试是不可行的。因此，需要对 QoE 影响效果相关的参数进行删减，以获得一个更可行的测试条件。

（3）指定测试设备

在设计主观测试时应指定测试设备，使测试矩阵能够以可控的方式执行。例如，在对流媒体应用的 QoS 参数和感受到的 QoE 之间的关联性进行评价时，至少需要一个客户端设备和一个流媒体服务器，并且它们之间应通过模拟网络相互隔离。如果测试目标是为了评价不同配置的设备对 QoE 的影响，那么视频格式应该可以在所有设备上运行。

（4）样本收集

样本收集是评价方法中的关键环节。识别一个有代表性的样本群体，并通过用户群体特征划分不同类别的用户，这些对实验者来说是非常有用的。对于依托目标环境的主观测试来说，在可控环境（如实验室）中，应该至少有 24 个测试对象；而在公共环境中，应该至少有 36 个测试对象。较少的测试对象可用于标识趋势。在主观评价的背景中采用众包的方法仍处于发展中，但是它具备进一步增加样本群体规模并减少主观测试完成时间的潜力。

（5）分析数据

对于采集到的评价数据，必须经过清洗、过滤，剔除异常数值或在统计意义上无价值的数据，以保证收集数据的有效性。

（6）结果分析

多种统计方法、基于机器学习或深度学习的方法都可以用于分析评价结果，这取决于实验设计。主观实验需要精心的规划和设计，从而得到可靠的主观评分。

由于用户体验质量是用户的主观感受，因此需要对用户感受加以量化。量化方法主要有三种：二分法、成对比较法与平均估分法。

- 二分法将用户体验质量分为两个等级：可接受与不可接受。这种方法非常简单，但是会遗漏很多有价值的信息。
- 成对比较法是将 N 次服务进行两两对比评分，再应用统计学方法处理这些评分。这种方法的优点是准确性较高，缺点是工作量随 N 值增大而急剧上升。
- 平均估分法（Mean Opinion Score，MOS）是根据 ITU 确定的规则将用户体验质量分成五个等级（如表 8-1 所示）。MOS 方法的优点是比较细致，缺点是很难把握五个等级之间的差异。

表 8-1　量化等级的说明

MOS	QoE	说明
5	优	无法察觉
4	良	可察觉、不严重
3	中	可察觉、轻微
2	差	可察觉、严重
1	劣	可察觉、非常严重

由于主观评价方法是用户从主观感受出发对特定服务进行评价，因此能够直接通过评分来了解用户的满意程度。但是，主观评价方法考虑的因素多，实时性与可移植性差，成本较高。在主观评价方法中引入机器学习、深度学习之后，主观评价结果的准确性会进一步提高。

2. 客观评价法

客观评价法通过各种算法对用户感受到的音频、视频和视听质量等因素进行计算，得出 QoE 数值。各种算法是根据特定的服务类型推导出来的。获取和评价客观 QoE 数值包括以下几个方面的内容。

（1）主观数据的采集

首先需要收集主观数据集，以用于基准数据训练和验证客观模型的性能，典型的例子就是从主观测试过程中得到的主观 QoE 数据。主观数据集的选择通常应该考虑客观模型的使用案例。

（2）客观数据的预处理

客观数据的预处理通常是指在相同的测试条件下处理 QoE 数据。在对视频数据进行训练与算法提炼之前，需要选择一种可用的数据预处理方法。

（3）客观评估算法

现在有多种算法可用于对用户感知的音频、视频和视听质量进行评估。有些算法专用于用户感受的质量异常，而其他算法可用于更广泛的质量异常中，具体例子包括模糊、斑块、不自然移动、停顿、内容跳跃、重新缓存、传输错误后的修正等。利用提取的数据，选择合适的模型，通过统计学方法、机器学习或深度学习，才能得到有效的客观评估的结果。

（4）结果的验证

在客观算法处理完所有 QoS 测试条件后，预测值可通过后台程序删除异常值，这里的后台程序与主观数据集中的概念相同。相比主观 QoE 数据集来说，从客观算法得到的预测值可以是不同尺度的。预测值可通过变换在尺度上与主观实验得到的数值一致，从而可以直接进行对比，并且预测值和主观 QoE 数据可直接进行最优拟合。

（5）客观模型的验证

客观数据分析应该通过使用不同的主观数据集，对预测的准确性、一致性、线性进行评价。值得注意的是，模型性能可能取决于训练的数据集以及验证过程。视频质量专家组（VQEG）对客观感知模型的性能进行验证，这些模型才能够成为电视和多媒体应用客观质量模型的 ITU 规范。

由于客观评价方法简单、实用，其准确性受模型与算法推导设定的条件、收集的样本数据多少等因素的影响，通常与用户主观感受存在一定的差距，因此客观评价方法的计算结果必须与主观评价方法比较之后才能够确认。

3. 端用户设备分析法

端用户设备分析法是另一种 QoE 测量方法。例如，视频播放器应用收集每个视频会话的连接时间、发送字节数、平均重放速率等实时性数据，并反馈给服务器模块。在服务器模块中，这些数据被聚合并转换为有用的 QoE 测量结果，其中一些针对用户数据（包括启动延时、重新缓存延时、平均比特率、比特率切换频率等）。

运营商倾向于将观众的参与度与其 QoE 关联，这是因为较高的 QoE 通常能吸引用户观看。运营商希望了解哪些参与度指标对 QoE 的影响大，以便指导其网络资源的配置。运营商希望快速定位、解决服务中断及其他质量问题。运营商还想掌握某个区域内用户的群体特征（如连接方式、设备类型、传输速率等），以便对其内容与网络资源进行有效配置。

8.5.2　QoS/QoE 映射模型

QoS/QoE 映射模型用于将 QoS 测试转换成 QoE 测试功能模型。QoS/QoE 映射模型通常采用回归分析、人工神经网络、贝叶斯网络等经典方法来描述 QoS 与 QoE 之间的关系，并与数据集进行拟合而获得。在各类文献中已经有很多 QoS/QoE 映射模型，它们针对不同应用领域的实际需求，在模型输入、工作模式、准确性等方面有所不同。QoS/QoE 映射模型的应用在很大程度上取决于它们的输入，根据输入可以将 QoS/QoE 映射模型分为三类：黑盒质量模型、白盒质量模型与灰盒质量模型。

1. 黑盒质量模型

黑盒质量模型主要对系统入口和出口收集的媒体信息进行分析。黑盒质量模型又分为两类：双向或全参考质量模型、单向或无参考质量模型。

（1）双向或全参考质量模型

图 8-12 给出了双向或全参考质量模型的结构。

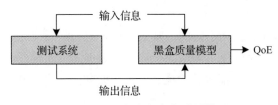

图 8-12　双向或全参考质量模型

双向或全参考质量模型将特定信息处理系统边缘采集的信息作为"全新刺激"输入测试系统与黑盒质量模型，然后将测试系统的输出信息作为"退化刺激"输入黑盒质量模型，通过黑盒质量模型的感知域对全新和退化刺激进行对比。感知域可以解释人类感觉系统的心理功能，是对用户感知特点在时间和频率上的转换。感知距离越大，退化程度越大。在黑盒质量模型中完成对比后会给出 QoE 评价。

（2）单向或无参考质量模型

图 8-13 给出了单向或无参考质量模型的结构。

图 8-13　单向或无参考质量模型

单向或无参考质量模型仅依靠退化刺激对最终的 QoE 值进行评价。单向或无参考质量模型通过解析退化刺激，提取出观察到的失真，这些失真取决于媒体类型（例如音频、图像和视频）。从音频刺激中提取的失真主要包括：啸声、电路噪声、回声、停滞、中断、暂停等。

由于从特定信息处理系统边缘收集信息来测量 QoE，因此黑盒质量模型可用于不同的基础设施和技术，避开底层系统复杂和难以处理的测量过程，从而方便地应用于每个用户或每个内容。黑盒质量模型的主要缺点是采用全新刺激作为输入，出于隐私等因素，这些刺激在系统输出端很难获得。

双向或全参考质量模型已用于网络设备的现场基准测试、诊断和调试，在这些环境下可以获得全新刺激。单向或无参考质量模型的准确性有限，多用于离线的应用层组件的评价，例如编码解码器、丢包补偿（PLC）和缓存机制。单向或无参考质量模型也可用于在线的 QoE 监视。

2. 白盒质量模型

白盒质量模型通过描述传输网和边缘设备特征，对特定服务的 QoE 进行量化。这就需要考虑网络与设备的特征参数及其组合规则，然后通过实验与统计分析获得 QoE。根据特定测量时刻的特征参数（例如噪声、丢包、编码方式、延时、延时抖动等）的可用性。白盒质量模型可以离线或在线运行。相对于黑盒质量模型来说，白盒质量模型准确性更低，测试粒度更大。

　　一种典型的离线白盒质量模型是 E 模型，它由 ITU-T 在 G.107 规范 "E 模型：一种在传输规划中使用的计算模型" 中定义。了解 G.107 规范的要点时，需要注意以下内容：

- E 模型主要用于语音传输设施的 QoE 评估。主流的 E 模型包括 21 个基本特征参数。E 模型提供了梯状分值，称为评分因子 R，它介于 0（最差）与 100（最好）之间。在实际使用中，应避免出现导致评分因子低于 60 的传输配置。若评分因子低于 60，需要采取某些方法来提高语音的 QoE。
- 基本特征参数分为同步、设备和延时损伤因子，分别用 I_s、I_e 和 I_d 表示。其中，I_s 对损伤进行量化，结果取决于量化、压缩等语音信号特征；I_e 对丢包和中断等设备引发的损伤进行量化；I_d 对延时和响应引发的损伤进行量化。G.107 为三个基本参数和数学表达式给出取值范围，这样就可以计算每个损伤因子的值。
- 为了简化分析过程，最后的评分结果可通过公式 $R=R_0-I_s-I_e-I_d$ 计算。其中，R_0 是无失真条件下用户的满意度。

　　离线白盒质量模型适用于规划等情况，早期常用于描绘语音传输系统的 QoE。但是，对服务监视和管理来说，采用在线模型更合适。在这种情况下，需要在运行时获取会改变的模型参数，特别适合基于 IP 的服务。在基于 IP 的服务中，从每个分组头部可获得序号、时间戳等参数，从信令消息可提取静态特征参数，并在目的端口收到的分组中提取动态特征参数。这样，不通过涉及隐私问题的媒体内容，也可以获取这些有用的参数。

3. 灰盒质量模型

图 8-14 给出了灰盒质量模型的结构。

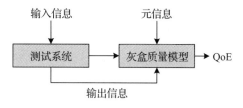

图 8-14　灰盒质量模型结构

　　灰盒质量模型结合了黑盒质量模型和白盒质量模型的优点。它在系统的输出端对基本的特征参数进行采样，并获取一些描述全新刺激的参数。这些参数可通过专用的控制分组发送，也可以通过媒体分组以捎带方式传输。与特定内容相关的感知信息可采用灰盒质量模型，它可以在每个内容的基础上测量 QoE。由于灰盒质量模型容易部署、准确性好，因此这类映射模型发展迅速。

8.5.3 移动互联网的 QoE 评价方法

1. 移动互联网流媒体的 QoE 评价方法

移动流媒体 QoE 的影响因素分为非技术因素与技术因素。非技术因素主要包括：用户的兴趣、上下文环境信息、使用的设备等。技术因素主要包括：网络层的 QoS 参数（如网络带宽、延时、延时抖动、丢包率等）与视频业务层参数（如视频的缓冲、编码速率、内容信息等）。

流媒体是一种以流的形式在网络中传输多媒体文件的方式。流媒体视频播放的过程是将连续的图像与语音文件通过压缩形成多个压缩文件，构成一个准备传输的视频序列。视频服务器向流媒体终端发送视频序列。流媒体终端预先为下载的视频文件开辟一个缓冲区，存储视频文件序列，然后顺序播放视频序列。

近年来，移动流媒体应用在 3G/4G/5G 网络中发展迅速，技术已经成熟。图 8-15 给出了典型的移动流媒体的传输系统结构。

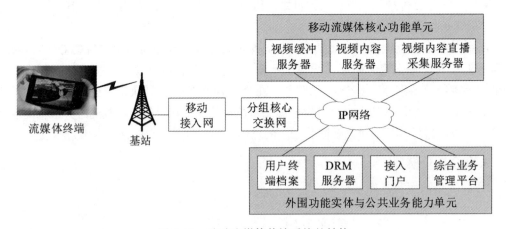

图 8-15　移动流媒体传输系统的结构

移动流媒体传输系统由以下部分组成：流媒体终端、移动接入网、移动流媒体核心功能单元以及外围功能实体与公共业务能力单元。

- 流媒体终端是指用户的智能手机、PAD 等移动终端设备。
- 移动接入网是指 3G/4G/5G 蜂窝移动通信网。
- 移动流媒体核心功能单元主要包括：视频内容服务器、视频缓冲服务器、视频内容直播服务器。
- 外围功能实体与公共业务能力单元主要包括：用户终端档案、DRM 服务器、接入门户和综合业务管理平台。其中，DRM 服务器是利用 DRM 加密方式对视频进行加密封装的服务器。

图 8-16 给出了流媒体传输协议的示意图。

图 8-16　流媒体传输协议的示意图

目前，移动流媒体 QoE 研究主要集中在 IP 网络上，5G 移动流媒体 QoE 评价方法也是研究重点之一。5G 的传输速率、延时与单位面积接入用户数的提高等因素都会影响移动流媒体 QoE。研究人员从 5G 下载流媒体 QoE 的影响因素入手，研究这些影响因素与 QoE 之间的关系，以及终端智能技术对 QoE 影响的量化关系、算法，进而通过对参数进行拟合，形成完整的评价方法。

在 5G 移动流媒体 QoE 评价方法的研究中，使用线性映射函数、多项式映射函数、回归模型、指数函数、幂函数、对数函数等方法，以及神经网络、机器学习算法（如贝叶斯网络、支持向量机、支持向量回归、决策树等），选择比较复杂的训练模型，使用一些研究机构公开的数据集，通过拟合和分析，找出 QoS 与 QoE 的关系，从而研究出移动流媒体 QoE 的准确预测方法。

2. 移动群智感知 QoE 评价方法

移动群智感知通过获取众多用户个体数据，利用机器学习、统计学方法对整体数据进行挖掘，并将挖掘结果反馈给用户或群体。移动群智感知 QoE 评价方法是当前的研究热点之一。图 8-17 给出了移动群智感知 QoE 评价模型。

移动群智感知 QoE 评价模型包括 5 层：

- 信息感知层：又称为物理层，由接入移动互联网的感知设备组成，如手机、PAD、可穿戴计算设备（智能眼镜、智能手表、智能头盔）等，它们可以自主地感知对象的信息。
- 无线接入层：无线接入层通过 3G/4G/5G 移动通信网、Wi-Fi 网络或蓝牙技术，将感知设备接入移动互联网中。
- 数据采集层：数据采集层与信息感知层的用户交互，通过奖励机制招募用户，将感知任务分发给用户，收集和存储用户上传的数据。
- 数据处理层：数据处理层按照 QoE 评价模型的要求，针对信息感知层上传数据的差异性，采用统计学、机器学习等数据汇聚技术，综合分析各种感知数据，从中提取有用的信息。

- 应用层：应用层将数据处理层提供的数据通过 QoE 评价公式计算出 QoE 评价结果，以可视化的方法提供给应用系统的管理员和用户。另外，应用层还要分析用户离线的风险。

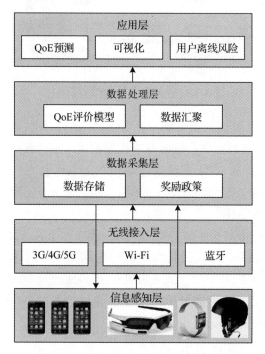

图 8-17　移动群智感知 QoE 评价模型

8.5.4　QoE 标准化

QoE 领域的研究与应用发展迅速，有很多技术或产业标准相关问题需要解决。表 8-2 给出了关注 QoE 标准化的相关组织。

表 8-2　关注 QoE 标准化的相关组织

组织机构	任务	与 QoE 相关的工作
QUALINET	从事 QoE 研究的多学科组成的协会	为 QoE 框架定义通用的术语
Eureka Celtic	电信领域的联合产业驱动欧洲研究所	对通用服务的 QoE 进行评价的网络体验质量评估（QuEEN）代理
ITU-T	推动全球电信技术标准化的国际组织	IPTV 的 QoE 需求与 QoE 标准化
IEEE-SA	IEEE 的标准化制定部门	网络自适应 QoE 标准

8.6　QoE 的应用

8.6.1　QoE 应用的基本概念

QoE 的应用可以分为两类：服务 QoE 监视和以 QoE 为中心的网络管理。

1. 服务 QoE 监视

服务方（例如 ISP）持续监视用户感受的服务体验质量，当 QoE 下降到特定阈值之下时，就会发出服务告警信息。技术支持部门负责找到造成 QoE 下降的原因，并立即解决影响 QoE 保障的问题。

QoE 监视工具可部署在内容分发系统的任意节点。这些节点可以位于前端输入点、分发网及用户端。但是，这种方法可能引入较高的用户监视开销。

2. 以 QoE 为中心的网络管理

当出现 QoE 衰退问题时，对用户体验进行控制和优化是 QoE 网络管理的必备功能。由于 QoE 由网络状况、应用级 QoS、设备能力、用户群体特征等因素决定，因此主要问题是如何为 ISP 提供 QoE 信息。

以 QoE 为中心的网络管理有两种方法：一种方法是在 ISP 位置，根据 QoS 测量值与一些合理的假设，计算出用户所期望的 QoE 值。另一种方法是在用户端，根据用户期望的 QoE 与一些合理的假设，计算出系统需要提供的 QoS 值。

图 8-18 给出了以 QoE 为中心的网络管理。在这个应用场景中，用户可以从一系列服务中进行选择，这些服务包括所需的服务等级（SLA）。与基于 QoS 的网络管理相比，这里的 SLA 不需要用原始的网络参数表达，而是由用户对 QoE 目标进行选择，ISP 将这个 QoE 要求与选择的服务类型映射到 QoS 需求。

在网络流媒体服务中，用户可以在两个 QoE 级别（高或低）中选择，服务提供商选择合适的质量预测模型和管理策略（如消耗网络资源最少），并将该 QoS 请求转发给 ISP。如果网络无法保证所需的 QoS 水平，那么就无法达到预期的 QoE，这时可通知用户降低选择的服务类型与 QoE 水平。如果网络能够支撑这些服务请求，则触发服务传递来通知用户能够满足 QoS 请求。

在网络服务运行期间，用户端持续监视网络的 QoS。从服务的角度出发，ISP 端持续监视服务的 QoE。如果没有关于 QoE 的用户反馈，这就意味着能够满足用户需求，不需要优化质量预测模型。如果用户反馈未满足 QoE，则需要优化质量预测模型，调整 QoS 请求，用户端继续监视 QoE 水平，直至满足要求为止。

QoS 和 QoE 之间的经验关系通常是用一些数学模型来定义的，这种模型称为 QoS/QoE 映射模型或质量模型。QoS/QoE 映射模型是通过回归分析、人工神经网络、贝叶斯网络等经典方法对数据集进行拟合而获得的。

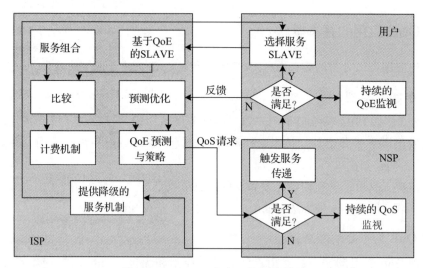

图 8-18　以 QoE 为中心的网络管理

IP 网络和应用的 QoE 测量研究仍处于发展初期。相对于传统的面向内容的电信网与有线电视网，IP 网络承载了更多新的媒体内容，这些内容包含在由很多分组构成的流中，并从服务器端发送到各个目的节点。因此，在网络层、传输层和应用层比较容易采集参数。相对于电信网，IP 网络中的 QoE 会随时间变化，这个特征要求研究人员考虑瞬时和总体的 QoE。在 IP 网络中，在很短时间内（一般是 8～20s）就能获得 QoE。而在电信网与有线电视网中，通过交换设备一般要 1～3min 才能获得 QoE。

8.6.2　IP 网络的可操作 QoE

可操作 QoE（Actionable QoE）是一种能实现精确测量、可用于决策的 QoE 测量技术。可操作 QoE 在很大程度上取决于底层系统和服务特征，它工作在数据平面、控制平面与管理平面的多平台架构上。目前，可操作 QoE 方案主要有两种：面向系统的可操作 QoE 与面向服务的可操作 QoE。

1. 面向系统的可操作 QoE 方案

面向系统的可操作 QoE 方案负责传输网基础设施内部的 QoE 测量。这类系统设计的前提是假设底层系统是完善的，也就是说不存在性能下降的情况。图 8-19 给出了面向系统的可操作 QoE 方案。

可操作 QoE 方案需要 3 个保障条件：一是 QoS 测量模块从底层收集基本的关键性能指标（Key Performance Indicator，KPI），KPI 用于反映某些可计量的测量结果；二是有

QoS/QoE 映射模型；三是在被管设备中安装资源管理模块。

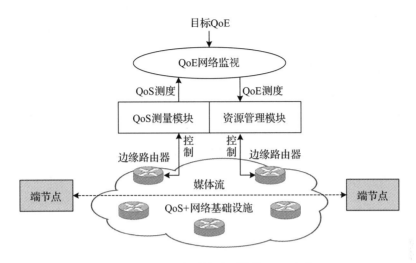

图 8-19　面向系统的可操作 QoE 方案

每个服务提供商都指定了提供给用户的目标 QoE 等级。QoS/QoE 映射模型应该根据某种保证来做出选择，具体做法是：

- 保证质量模型输入参数的可用性。
- 保证遵循服务规范和相应条件。

这些保证可以通过执行信令程序来完成。管理程序可以在开始前或服务过程中执行，设计特定基础设施中的所有可配置参数，例如优先级、标记阈值、流量整形等。上述过程应该利用自主决策系统来实现，该系统还包括将观测到的 QoE 测量结果映射到由被管设备执行的行为过程策略。

面向系统的可操作 QoE 更适用于 SDN，这是因为 SDN 中的网络路径由 SDN 控制器来管理。在这种方案下，测量的 QoE 值可报告给 SDN 控制器，然后由控制器通过它来定义 SDN 交换机的行为。

SDN 控制器应该根据 QoE 策略和规则模块完成以下工作：

- 检查每个用户或每条流约定的 QoE 等级是否得到满足。
- 指定用于转发用户数据流的 SDN 路径。

QoE 策略和规则模块还应考虑是否支持 SDN 域服务的情况。

2. 面向服务的可操作 QoE 方案

图 8-20 给出了面向服务的可操作 QoE 方案，在用户端或服务器节点使用 QoS 探针（probe）来测量 QoS 值。在设计面向服务的可操作 QoE 方案设计时，需要解决底层系统的缺陷，以便达到指定的 QoE 等级，并根据当前情况改变服务的行为。KPI 测量模块应安装

在用户端节点上，QoS/QoE 映射模型可部署在用户端或专用设备上。测量出的 QoE 值将被发送给用户端。发送方、代理方与接收方应配置不同的应用模块。

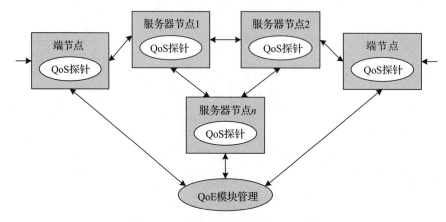

图 8-20　面向服务的可操作 QoE 方案

面向服务的可操作 QoE 方案的优点主要表现在以下方面：

- 可以执行针对每个服务、用户和内容的 QoE 监视及管理方案，从而提供特定的 QoE 等级。
- 可以准确分辨每个服务组件的功能和扮演的角色，调节能力更强。
- 可以减少通信开销，并均衡计算负载。
- 除了流和分组级的 QoE 处理之外，还可以实现组件级的 QoE 处理。

8.6.3　QoE 与 QoS 服务监视的比较

监视是 IT 系统必须支持的管理功能。监视功能模块负责检测系统功能的失常、故障，发现运行状态不佳的设备和应用，并返回与系统性能、工作状态相关的信息。IT 系统监视方案分为以下 4 个等级。

1. 网络监视

网络监视提供对接入网、汇聚网、核心交换网的路径和链路性能的测量。这些测量信息在网络设备（路由器和交换机）上获取，并可针对每个流或每个分组进行操作。对于吞吐量、丢失、重传的分组数量，以及延时、延时抖动等参数，可以从分组头、序列号和时间戳等原始数据中计算出来。

2. 基础设施监视

基础设施监视提供对设备性能和资源状态的测量，例如内存、CPU、I/O 负载等。

3. 平台监视

平台监视提供对计算中心性能的测量。后端服务器都运行在计算中心。这类监视可运行在虚拟基础设施上，而商业应用则以虚拟机方式部署在这些虚拟基础设施中。

4. 服务监视

服务监视提供对服务性能的测量。它涉及的测试工作取决于各个应用，并且可从技术或感知的角度来实现。

分布式系统中的监视方案普遍采用各种软件实现的探针。这些探针根据特定的策略分别部署在系统中。另外，还包含能够远程部署的管理器，共同测量参与服务的传输链路组成单元的性能。探针通常嵌入被管设备或组件中（如 SNMP 代理），可以由网络或系统管理员配置，以满足特殊的网络环境和监视需求。管理器和被管实体之间的交互通常采用无连接的 UDP 及上层的 HTTP。

探针将原始的测量值发送给管理器，由管理器将测量值转换为与用户 QoE 相关的参数。管理器以特定格式保存测量结果的日志，管理器可以调用处理日志。

图 8-21 显示了一个典型的按需监视解决方案。一系列探针被部署在特定的基础设施上，网络管理员可采用离线方式配置探针，并监控所有活跃的探针。管理器接收用户发送过来的监视请求，它们以特定的语法规则来表示。在接收到新的监视请求之后，管理器查询通用描述、发现和集成（UDDI）目录，获得更多被监视服务有关的位置和属性信息，并通知网络管理员激活相关的探针。探针产生的测量值经过汇聚器的处理之后，传送给管理器完成数据分析工作。

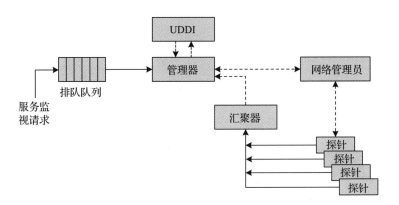

图 8-21　一个典型的按需监视解决方案

传统的 QoS 参数可以在网络层、基础设施层、平台层和服务层的测量中获得，但是 QoE 参数只能在服务层的测量中获得，这是因为 QoE 数据只有在服务层与最终用户的交互之后才能够获得。

8.6.4 QoE 监视方案

QoE 监视方案扩展了 QoS 监视方案。由于 QoE 监视方案严重依赖于 QoS/QoE 映射模型，因此不存在通用的 QoE 监视方案。下面以网络流媒体服务 QoE 监视为例，讨论各种 QoE 监视方案的特点。这类 QoE 监视可分为四种模式：静态运行模式、无嵌入的动态运行模式、无嵌入的分布式运行模式与嵌入式运行模式。

1. 静态运行模式

图 8-22 给出了静态运行模式的示意图。在这种模式中，KPI 和 QoE 测量都在网络中完成，QoS/QoE 映射模型部署在 QoE 测试点设备上，并对服务传输路径进行监听。QoS/QoE 映射模型使用收集的 KPI、视频编码相关信息和接收节点的性能。QoS/QoE 映射模型的参数从解密的流媒体分组信息中提取，接收节点的性能可通过轮询或会话描述协议（Session Description Protocol，SDP）获得。QoE 测量点包括接收节点模拟器，它可以真实地重构接收到的流。

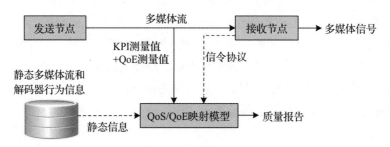

图 8-22　静态运行模式的示意图

2. 无嵌入的动态运行模式

图 8-23 给出了无嵌入的动态运行模式的示意图。在这种模式中，KPI 测量在网络和用户端完成，QoE 测量仍在网络中完成。QoS/QoE 映射模型使用收集的 KPI、QoE 值与编码方式，以及通过定制的信令协议获得的用户端信息。

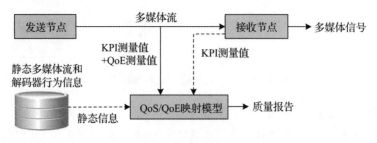

图 8-23　无嵌入的动态运行模式的示意图

3. 无嵌入的分布式运行模式

图 8-24 给出了无嵌入的分布式运行模式示意图。在这种模式中，KPI 测量在用户端完成，测量结果周期性地发送给位于网络中的 QoS/QoE 映射模型。

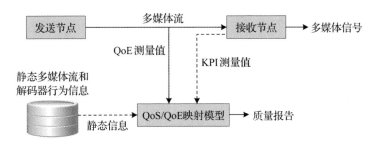

图 8-24　无嵌入的分布式运行模式示意图

4. 嵌入式运行模式

图 8-25 给出了嵌入式运行模式的示意图。在这种模式中，KPI 和 QoE 的测量在用户端完成，QoS/QoE 映射模型被嵌入用户端设备中，测量获得的 QoE 参数上报到系统的监视中心。

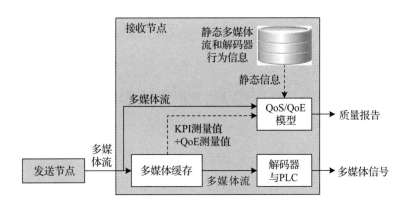

图 8-25　嵌入式运行模式示意图

8.6.5　QoE 代理

2014 年，欧洲电信标准化协会（ETSI）发布 TS-103-294 技术规范，即"语音和多媒体传输质量（STQ）体验质量：一种监视体系结构"，它定义了一种多维的 QoE 监视方案。该方案利用部署在设备上的 QoE 代理，通过代理与代理、代理与探针之间通信来实现 QoE 监视功能。

1. QoE 代理的分层结构

QoE 代理是嵌入位于服务传输路径上的多个节点的实体，收集设置在网络与基础设施中的探针发送的信息，通过 QoS/QoE 映射模型对信息进行处理。QoE 代理结构是基于分层的 API 而定义，这些 API 分为 6 层。

（1）资源层

资源层是由与服务传输的通信系统、网络资源特征与性能等相关的要素组成的。这些要素包括延时、延时抖动、丢包率、差错率、吞吐量等网络 QoS 参数，以及服务器处理能力、端用户设备的计算能力、内存空间、屏幕分辨率、用户接口、电池寿命等。

（2）应用层

应用层是由与应用、服务配置等相关的要素构成的。这些要素包括多媒体编码、分辨率、采样速率、帧速率、缓存大小、SNR 等，以及与内容相关的要素，例如特定的时空需求、2D/3D 内容、颜色深度等。

（3）接口层

接口层包括物理设备和接口。用户通过这些接口与应用进行交互，接口参数主要涉及设备类型、屏幕尺寸、鼠标等因素。

（4）背景

背景主要包括物理背景、使用背景与经济背景。其中，物理背景包括地理环境、周边的灯光与噪声、时间等；使用背景包括移动或固定位置、按压或非按压等；经济背景包括用户付费等。

（5）人

人包括所有与用户感觉特性相关的因素，例如对视听刺激的敏感度、持续的感知能力等。

（6）用户

人作为服务或应用的用户，主要应考虑历史和社会特征、动机、期望、专业程度等相关因素。

采用这种层次化的 QoE 监视方案，有利于按照定制的 QoS/QoE 映射模型对任意服务进行监视。

2. QoE 代理的组成

图 8-26 给出了组成通用 QoE 代理的模块。

QoE 代理主要包括以下 6 个对象模块。

1）通信模块：负责管理 QoE 代理之间的通信。

2）数据获取模块：负责获取用户、人、背景等数据，它需要向 QoS/QoE 映射模型提供计算所需的原始数据。

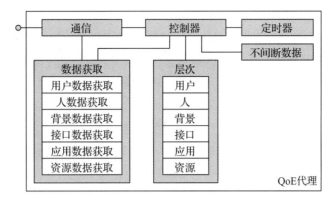

图 8-26　组成通用 QoE 代理的模块

3）控制器模块：负责实现全局 QoS/QoE 映射模型的计算功能，并对外部请求和命令进行处理，例如执行 Get、Set 等操作。

4）层次模块：负责实现不同模型层次的接口，例如应用、背景、用户等模型的接口功能。

5）不间断数据模块：负责存储所有层次的质量参数。

6）定时器模块：负责为 QoE 代理的内部模块提供时间基准。

3. 主 QoE 代理与从 QoE 代理

QoE 代理可以分布在多个物理设备上，为了实现分布式处理，需要两种不同类型的 QoE 代理：主 QoE 代理与从 QoE 代理。

（1）主 QoE 代理

主 QoE 代理可根据需求选择不同的组件。最大组件集的主 QoE 代理要实现 6 层架构模型中所有层次的功能；最小组件级的主 QoE 代理至少要实现用户模型，同时必须实现通信、控制器、定时器和不间断数据模块的功能。图 8-27 给出了仅实现用户模型的主 QoE 代理结构。

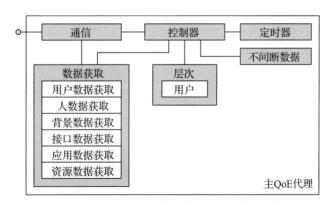

图 8-27　仅实现用户模型的主 QoE 代理结构

（2）从 QoE 代理

从 QoE 代理是 QoE 代理的最小组件集结构（如图 8-28 所示）。从 QoE 代理采用非分布式实体，它需要实现数据获取模块，以及用户模型之外的其他一些层次（图中用 L 层表示），同时必须实现通信、控制器和定时器模块的功能。

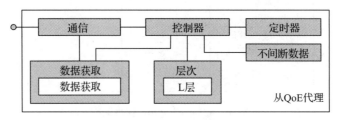

图 8-28　QoE 代理的最小组件集结构

数据获取模块可以封装成一个探针代理。L 型探针代理是一个非分布式实体，它实现 L 型的数据获取子层功能与 L 层次模型，同时必须实现通信、控制器和定时器模块的功能。图 8-29 给出了 L 型探针代理的结构。

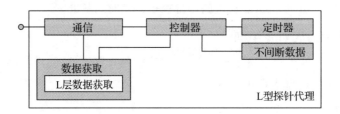

图 8-29　L 型探针代理的结构

在移动互联网应用环境中，当前的研究大多是针对移动流媒体业务的 QoE 影响因素与评价算法，以及基于评价的网络优化与管理等方面。随着 5G 应用步伐的加快，5G 网络中的移动流媒体 QoE 评价方法将成为研究热点。

参考文献

[1]　斯托林斯. 现代网络技术：SDN、NFV、QoE、物联网和云计算 [M]. 胡超，邢长友，陈鸣，译. 北京：机械工业出版社，2018.

[2]　加勒特. 用户体验要素：以产品为中心的设计：第 2 版 [M]. 范晓燕，译. 北京：机械工业出版社，2019.

[3]　SAURO J, LEWIS J R. 用户体验度量：量化用户体验的统计学方法：第 2 版 [M]. 顾盼，译. 北京：机械工业出版社，2018.

[4]　普拉特. 用户体验乐趣多：写给开发者的用户体验与交互设计课 [M]. 杨少波，译. 北京：机械

工业出版社，2018.

[5]　KALBACH J. 用户体验可视化指南 [M]. UXRen 翻译组译 . 北京：人民邮电出版社，2022.

[6]　TULLIS T，ALBERT B. 用户体验度量：收集、分析与呈现：第 2 版 [M]. 周荣刚，秦宪刚，译 . 北京：电子工业出版社，2015.

[7]　蔡赟，康佳美，王子娟 . 用户体验设计指南：从方法论到产品设计实践 [M]. 北京：电子工业出版社，2019.

[8]　BOURAQIA K, SABIR E, SADIK M, et al. Quality of experience for streaming services: measurements, challenges and insights[J]. IEEE Access, 2020, 8: 13341-13361.

[9]　BARMAN N, MARTINI M G. QoE modeling for HTTP adaptive video streaming: a survey and open challenges[J]. IEEE Access, 2019, 7: 30831-30859.

[10]　CHANG H S, HSU C F, HOSFELD T, et al. Active learning for crowdsourced QoE modeling[J]. IEEE Transactions on Multimedia, 2018, 20(12): 3337-3352.

[11]　NIGHTINGALE J, GARCIA P S, CALERO J A, et al.5G-QoE: QoE modelling for Ultra-HD video streaming in 5G networks[J]. IEEE Transactions on Broadcasting, 2018, 64(2): 621-634.

[12]　ESWARA N, MANASA K, KOMMINENI A, et al. A continuous QoE evaluation framework for video streaming over HTTP[J]. IEEE Transactions on Circuits and Systems for Video Technology, 2018, 28(11): 3236-3250.

[13]　KIMURA T, YOKOTA M, MATSUMOTO A, et al. QUVE: QoE maximizing framework for video-streaming[J]. IEEE Journal of Selected Topics in Signal Processing, 2017, 11(1): 138-153.

[14]　AKHTAR Z, FALK T H. Audio-visual multimedia quality assessment: a comprehensive survey[J]. IEEE Access, 2017, 5: 21090-21117.

[15]　MITRA K, ZASLAVSKY A, ÅHLUND C. Context-aware QoE modelling, measurement, and prediction in mobile computing systems[J]. IEEE Transactions on Mobile Computing, 2015, 14(5): 920-936.

[16]　ESSAILI A E, SCHROEDER D, STEINBACH E, et al. QoE-based traffic and resource management for adaptive HTTP video delivery in LTE[J]. IEEE Transactions on Circuits and Systems for Video Technology, 2015, 25(6): 988-1001.

[17]　PIERUCCI L. The quality of experience perspective toward 5G technology[J]. IEEE Wireless Communications, 2015, 22(4): 10-16.

[18]　HSU W H, LO C H. QoS/QoE Mapping and adjustment model in the cloud-based multimedia infrastructure[J]. IEEE Systems Journal, 2014, 8(1): 247-255.

第 9 章 ●━━○━━●━━○━━●

移动互联网安全

移动互联网是在互联网的基础上发展起来的，互联网中的安全威胁在移动互联网中基本上都存在。由于移动互联网采用移动通信与很多新技术，因此它面临的网络安全问题具有一定的特殊性。随着云计算、大数据、人工智能、5G 等技术的应用，移动互联网出现了很多新的应用，其安全内涵和外延不断扩展。移动互联网安全不是传统意义上的网络安全，它涉及的问题比互联网安全更宽泛、更深刻。本章将重点讨论移动互联网面临的安全威胁与网络安全技术的研究。

9.1　移动互联网安全概述

9.1.1　移动互联网发展与安全的矛盾

由于具有网络 IP 化、终端智能化、移动互联网业务多元化等特点，移动互联网形成了应用的丰富性、组网的灵活性、系统的高扩展性、业务和网络的可管理性等优势，但同时也带来了很大的网络安全问题。

1. 移动互联网的网络 IP 化带来的安全问题

移动互联网打破了传统移动运营商的 "围墙花园" 式的封闭运营模式，实现了承载网 IP 化、话路网软交换化、信令网 IP 化。随之而来的是基于互联网的各种网络安全威胁（如恶意代码、病毒、漏洞、数据泄露以及各种网络攻击手段）几乎都出现在移动互联网中，只是表现形式可能有所改变而已。

2. 移动互联网的终端智能化带来的安全问题

最初，手机只是一种封闭的移动语音通信工具，用户无法在手机上开发定制的应用软件。当前的智能手机有很多种开放的操作系统，尤其是 Android 操作系统，它遵循 TCP/IP 协议体系，采用 HTTP 来传送 Web 数据，提供标准的应用程序接口（API）。在 Android 操作系统上开发应用软件变得很容易。智能手机操作系统的开放性促使应用软件向多样化方向发展，其操作系统与应用软件成为黑客攻击移动互联网的重要目标。

3. 第三方应用程序带来的安全问题

随着智能手机的问世，智能手机的第三方应用程序及 App 销售的商业模式逐渐被用户接受。智能手机成为从互联网下载各种 App 的开放平台。近年来，手机 App 的数量与应用规模呈爆炸性发展的趋势，从网络游戏、基于位置的服务、即时通信到手机购物、网上支付、社交网络等，形成了继个人计算机应用程序之后更大规模的市场，催生了很多新的产业和应用形态。同时，攻击者不断寻找 App 存在的漏洞，开发各种病毒、木马、蠕虫与恶意软件，用于攻击移动互联网。

4. 移动通信网的安全需求

4G 网络已经考虑的安全需求包括：对无线端通信的加密、基于 SIM 卡的身份认证、针对伪基站攻击的双向认证、身份隐私保护等，但这些需求主要针对数据和语音通信服务的安全性。5G 网络不仅要考虑数据和语音通信服务，还要考虑随之产生的一系列全新的服务需求，以及 SDN/NFV、移动云计算、移动边缘计算等新技术的应用。因此，5G 必须建立更全面、高效、节能的网络和通信模型，处理更复杂、多方面的安全需求。

9.1.2 手机信息安全的重要性

我们可以用一个移动数据挖掘的例子来说明用户的手机信息中包含的涉及个人隐私的信息的数量，以及泄露这些个人隐私造成的危害性有多大。

一家国外移动数据研究中心发起过一项"移动数据挖掘"计划。该计划的研究内容主要包括：如何通过挖掘移动用户通信数据来获取用户的相关信息；如何分析与预测用户的社交网络，以及用户在移动通信过程中的位置。该研究中心在一个地区招募了 185 名数据采集志愿者，包括各个年龄段和职业阶层的移动互联网用户，他们之间存在着一些社交活动。研究中心为每位志愿者配置同一型号的智能手机，并要求志愿者同意从其手机中采集数据，以便作为研究工作使用的数据样本。数据采集的时间为一年。

采集的移动数据主要分为两类：

1）用户手机使用的各项记录，例如打电话与发短信的数量、通讯录的使用情况、链接的手机基站号、音乐和多媒体文件的使用记录、手机进程记录、手机充电或静音的次数与时间等数据。

2）后台收集的手机用户行为数据，例如 GPS 位置、Wi-Fi 位置、加速度传感器等数据。

为了保护数据采集志愿者的隐私，所有数据只能在当地移动通信网存储的数据中提取，用户信息都经过匿名处理。

数据采集完成之后，研究工作包括三项任务：

- 第一项任务是"地点预测"，即通过用户在某个地点的移动通信数据推断这个地点的类型。这个任务给出了10种类型的地点，例如家庭、学校、工作单位、朋友家、车辆上、户外使用手机的地点，以及乘坐公交车的位置信息等。
- 第二项任务是下一地点预测，即通过用户在某个时间、地点打电话或访问移动互联网服务的相关数据，推断用户将打电话或访问移动互联网的下一个地点。
- 第三项任务是用户特征分析，即通过用户的移动通信数据来推断用户的五个特征，包括性别、职业、婚姻状态、年龄与家庭人口。

该研究中心组织了一百多支比赛团队，历时半年，尝试采用不同算法对采集的海量数据进行分析。结果表明，无论是基于位置服务、社交网络活动的分析与预测，还是涉及用户隐私信息的分析结果，都与采集的数据吻合得很好。

从这个例子可以得到三个结论：

1）如果能够获得足够多的用户手机移动通信数据，并且采用适当的数据挖掘算法，就可以分析出很多涉及用户个人隐私的重要信息。除了性别、职业、婚姻状态、年龄、家庭人口等基本特征之外，还能分析出用户的经济状况、健康状况、生活习惯、兴趣爱好、宗教信仰、对时弊的看法，以及他们的社交圈。可见，手机移动通信数据中隐藏着用户重要的个人隐私信息。

2）移动互联网应用对用户移动通信数据进行分析是不可避免的，关键是分析者的动机、目的以及分析结果的用途。对于同一组数据的数据挖掘结果，出于不同动机、目的的研究者有不同的认知角度与使用价值。

- 对于移动通信商，数据挖掘结果有助于了解用户的移动应用喜好，分析不同位置手机用户的密度、流量与延时，有助于了解当前的基站分布与使用状况，以及新增基站的位置与带宽分配规划。
- 对于位置服务提供商，数据挖掘结果有利于了解客户需求，根据不同消费群体有针对性地开发新的服务。
- 对于当地政府，数据挖掘结果有助于了解不同社区的人群结构、经济状况与消费特点，对政府工作的意见与诉求，寻找适合不同阶层人员的沟通渠道，提高政府的服务水平。
- 对于心怀叵测的黑客，数据挖掘结果无疑会暴露很多用户与家庭的隐私，为他们从事非法活动提供极为重要的情报。

3）不是什么人或单位（包括政府的一般工作人员）都有权利对用户移动通信数据进行数据挖掘与分析的，这里存在严肃的法律问题。对于政府主管部门，需要不断完善移动互联网隐私保护的法律、法规，开展安全意识宣传和教育；对于移动互联网信息安全研究人员，需要研究防止信息泄露与保护隐私的技术手段；对于广大的移动互联网用户，应该对隐私保护有清醒的认识，并采取必要的防护措施。

9.1.3 移动互联网安全的短板

我们必须认识到：对于互联网用户来说，大多数用户的安全意识比较差，用户已成为移动互联网安全的短板。

我们可以用现实社会中社交网络应用的现状来说明这个问题。用户手机中共享的朋友圈、微信群非常多，随时可以从手机看到其他用户的照片、视频、办公信息，甚至朋友们吃饭也不忘拍张照片秀一下，但其中有很多涉及个人、家庭成员与社交圈朋友的隐私图片，会透露个人的经济状况、健康状况、兴趣爱好、位置信息、购物需求与生活习惯等信息。同时，每个人的手机中都保存着网络银行账户、移动支付账户、密码等涉及个人财产安全的敏感数据。很多人为了方便，经常使用不需要密码就可以接入的 Wi-Fi 上网，这些就给个人隐私信息的安全带来了很大风险。用户手机信息如果被别有用心的人窃取、分析和利用，那么造成的个人隐私外泄的后果无疑是非常严重的。

理解用户对移动互联网安全的影响时，需要注意以下几个问题：

1）手机用户可采取随时、随地与永远在线的方式使用移动互联网，这说明用户对移动互联网的依赖程度很高。相应地，手机安全对移动互联网安全的影响很大。

2）统计结果表明：45 岁以上的手机用户的网络安全意识较差；大多数 55 岁以上的手机用户不知道手机存在安全隐患，以及存在隐私泄露的风险。这个年龄段的用户不能理解或及时发现智能手机的安全提示，很容易误操作。有些中老年用户不使用手机密码，或者使用的密码过于简单、长期不变、容易破解，这些都是移动互联网安全方面的隐患。

3）统计结果表明：超过 70% 的智能手机安全事件发生在缺乏网络安全警觉性的用户身上，这个问题随着移动互联网用户规模的扩大而日益严重。大部分网络安全专家认为，世界上没有任何一种方法能够防止人为造成的错误。

从上述讨论中，我们可以认识到：用户安全意识薄弱是移动互联网安全的短板。在开展移动互联网安全技术研究的同时，开展多学科"移动通信情景犯罪预防理论"研究已刻不容缓。通过移动通信情景犯罪预防理论的研究，分析不同年龄段（特别是中老年）的用户使用智能手机的流行程度、类型、行为方式与安全隐患，以及安全事件的类型、性质、损失与影响，有针对性地开展移动互联网安全意识教育，已经成为当前一项重要的任务。

9.1.4 漏洞、威胁与风险

在移动互联网安全问题的讨论中，有三个容易混淆的术语：漏洞、威胁与风险。

1. 漏洞

漏洞是"非故意"产生的安全缺陷，它具备可利用、难以避免、普遍和长期存在的特征。漏洞可能出现在网络软件、硬件或协议中。

我们常看到有关手机操作系统与第三方应用存在漏洞的报道。例如，根据 WeLiveSecurity 给出的统计数据，截至 2019 年 6 月，已发现 86 个 Android 安全漏洞，其中 68% 属于严重漏洞，29% 的严重漏洞允许执行恶意代码；已发现 155 个 iOS 安全漏洞，其中 20% 属于严重漏洞。iPhone 智能手机可能受到漏洞的影响，例如 FaceTime 应用程序的漏洞可以被用于监视第三方通话。目前，iOS 操作系统中没有发现恶意软件，也没有出现大规模的间谍软件感染事件。

2. 威胁

威胁是指特定攻击类型的来源以及手段。移动互联网安全威胁主要来自以下方面：

- 内部人员（包括网络应用系统的管理者、使用者与决策者）。
- 外部人员（包括网络应用系统的开发者、维护者与审计者）。
- 黑客或网络恐怖组织。
- 竞争对手。
- 军事或其他组织等。

3. 风险

风险是指受到特定攻击、攻击成功、暴露给特定威胁的可能性。如果存在一个漏洞，但是没有形成威胁，那么就没有风险。如果存在一个威胁，但是没有可利用的漏洞，那么同样也没有风险。如果既有威胁，又有漏洞，那么风险就会很大。因此，风险 = 威胁 + 漏洞。

网络设备、协议存在的漏洞已在互联网中充分暴露出来。手机操作系统与大量的第三方应用程序存在漏洞是不可避免的，有漏洞就存在安全威胁，如果漏洞没有被利用，那就暂时没有形成危害。图 9-1 给出了威胁、漏洞、攻击与完成攻击的关系。

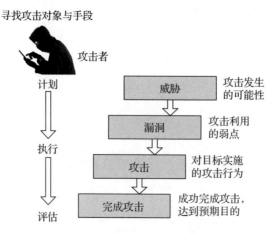

图 9-1　威胁、漏洞、攻击与完成攻击的关系

在网络攻防战中，"发现漏洞就赢了一半"。如果漏洞在未被利用之前被发现和修补，就可以有效降低网络被攻击的可能性。因此，我们的任务是及时发现漏洞，减少安全威胁，降低安全风险。

9.1.5　隐私保护

1. 隐私的基本概念

人们对隐私这个概念并不陌生。隐私权是公民人身权利的一种，是受到法律保护的。但是，学术界对隐私的定义一直不统一。隐私的定义涉及哲学、人类学、心理学、法律与管理等多个学术领域。

关于隐私，普遍被接受的定义是：隐私是个人或集体有权隔离私有信息，并且能选择性地公开这些信息的权力。隐私信息不受任何人监视和跟踪，其他主体无权获得涉及个人隐私的信息。

一般情况下，隐私可以分为两类：个人隐私与集体隐私。个人隐私是指数据的所有者不愿意披露的敏感信息。集体隐私是指一个团体不愿披露的成员构成，以及各种行为信息。隐私保护是指采取各种方法来保护个人或集体不愿披露的敏感信息。

在移动互联网环境中，用户隐私信息可以分为三类：第一类是用户个人身份信息，包括姓名、年龄、性别、工作单位等；第二类是与用户本身相关数据，例如社交网络中发布的包含个人感情色彩的状态，或者是体现某种价值观的信息；第三类是用户社交关系信息，包括网络世界、现实生活中的朋友圈、亲属圈的关系。需要注意的是：在社交网络中，朋友圈中的人不一定都是真实的朋友，可能有一些恶意攻击者通过非正常手段获取其他人的隐私信息，以便收取不当利益。有些用户对隐私信息的保护意识不强，在很多情况下会不自觉地暴露个人信息，从而为个人权益受到侵害埋下隐患。

随着数据处理技术的发展，通过对已有数据的挖掘与分析，获取用户隐私的准确率越来越高。因此，隐私保护已成为当前社会关注的问题之一。

从移动互联网存储的用户信息角度，包括以下几个方面涉及个人隐私的信息：

- 姓名、年龄、性别、民族、工作单位、健康状况等。
- 个人或公司的电子邮件地址、手机通讯录、手机密码、短信记录等。
- 身份证号、护照号、指纹、刷脸信息、银行与电子支付账户、密码等。
- 家庭地址、成员、电话号码等。
- 位置信息、位置服务信息等。
- 微信群、朋友圈、照片、视频、录音等。

凡是个人不愿意公开，并且公开后有可能造成安全威胁的个人信息，均可视为个人隐私信息，用户应该注意保护这类信息。

2010 年 7 月实施的《中华人民共和国侵权责任法》和 2017 年公布的《中华人民共和国个人信息保护法（草案)》中都明确规定了应保护公民的隐私。

2. 隐私保护

隐私保护技术可以分为三类：数据失真、数据加密与限制发布。目前，隐私保护技术研究主要集中在基于数据失真或加密的方法上，例如隐私保护分类挖掘算法、关联规则挖掘方法、分布式数据的隐私保持协同过滤推荐等。

基于数据失真的技术通过添加噪声等方法，对原始数据加以扰动，以实现对隐私数据的保护。扰动后的数据同时满足两个条件：一是攻击者无法从失真数据中恢复原始数据；二是失真数据仍然保持某些性质不变，利用失真数据获得的某些信息等同于从原始数据上获得的信息，以保证基于失真数据的某些应用的可行性。

基于数据加密的技术采用加密来隐藏敏感数据，这类方法多用于分布式的应用环境中，例如分布式数据挖掘、分布式安全查询、科学计算等。具体的应用通常依赖于数据存储模式、站点的可信度及其行为。

基于限制发布的技术有选择地发布原始数据，不发布或以较低的精度发布敏感数据，以实现对隐私数据的保护。这类技术研究主要集中在数据匿名化方面，即在隐私披露风险和数据精度之间进行折中，有选择地发布敏感数据及可能蕴含敏感数据的信息，但是确保对敏感数据及隐私的披露风险在允许的范围内。

数据匿名化研究主要集中在两个方面：一方面是设计更好的匿名化原则，使遵循该原则发布的数据既能很好地保护隐私，又具有较大的利用价值；另一方面是针对特定的匿名化原则，设计出更"高效"的匿名化算法。随着数据匿名化研究的深入，如何实现匿名化技术的实际应用，这是研究者当前关注的焦点。例如，采用怎样的匿名化技术，既可以有效地实现对数据库的安全查询，又能保证敏感信息不被泄露。

针对边缘计算中的隐私保护问题，研究人员提出了在相互协作的移动设备之间迁移代码和数据时的隐私策略。通过观察移动边缘计算应用的服务迁移，窃听者可将用户定位到一个相当小的移动边缘计算覆盖范围内。实际上，移动边缘计算本身可用来加强某些服务的隐私特征，当前的大多数隐私保护方案不需要集中的基础设施，只需要可信平台模块，因此可以在边缘计算平台上实现。对于一些特定的隐私保护机制，例如数据加密、安全数据共享，它们通常不需要较高的计算代价。

9.1.6 移动互联网的安全威胁

移动互联网面临的安全威胁需要从两个角度的角度去认识：一个是从接入安全、网络安全、应用安全的角度，分析移动互联网的安全问题；另一个是分析具体的接入、网络与应用安全问题时，特别要注意研究 5G 应用给移动互联网带来的新的安全问题。

1. 接入安全

对于移动互联网的接入安全问题，需要从以下三个方面来认识：

1）4G 与 5G 在接入上的主要区别是：4G 是针对同构网络的接入控制，即通过统一的硬件 USIM 卡来实现接入认证，而 5G 支持各种异构网络（3G/4G/5G 与 Wi-Fi）和异构设备的接入。5G 时代的移动互联网的接入安全面临巨大的挑战，需要解决跨越底层异构无线网络的统一认证框架，实现对不同网络系统的用户或设备的认证，以及对不同类型的基站（如宏基站、小基站与家庭基站）接入的管理。

2）通过 3G/4G 与 Wi-Fi 网络的 DDoS 攻击会波及 5G 网络，针对 5G 网络的 DDoS 攻击同样会殃及 3G/4G 与 Wi-Fi 网络。

3）针对 Wi-Fi 网络的嗅探是一种常见的攻击手段，很容易利用这种方式获取用户终端设备与 AP 之间传输的未加密数据。很多移动终端设备的蓝牙信道是开放的，该信道容易被用于传输间谍软件、钓鱼软件、恶意软件，成为攻击移动互联网的入口。很多手机信息泄露事件就是攻击者通过手机近场通信（NFC）获取信息而导致的。

2. 网络安全

对于移动互联网的网络安全问题，需要从以下两个方面认识：

1）5G 网络采用了很多新技术，例如 SDN/NFV、移动云计算、移动边缘计算等，而新技术本身仍处于发展过程中，技术自身的安全问题仍在研究过程中。由于大量使用软件技术，软件技术的弱点也为 5G 网络引入了新的安全问题。

2）5G 网络虚拟化带来网络切片安全问题。网络切片是一组网络功能、运行这些网络功能的资源，以及它们的特定配置的集合。根据网络切片实现的功能，5G 网络可划分为功能型切片，例如接入网切片和核心网切片。网络切片体现出 5G 网络的灵活性，但是应该为其提供持续的安全隔离机制，为用户与基础设施运营商提供有效的隔离措施。如果某个切片在实现的软硬件技术上存在缺陷，它就有可能成为网络攻击的入口。因此，网络功能在不同切片之间的共享，以及基础网络功能与第三方提供的网络功能在切片内的共存都会对 5G 网络安全提出新的挑战。

3. 应用安全

对于移动互联网的网络安全问题，需要从以下三个方面来认识：

1）为了优化用户体验、提供新的商业模式，5G 网络将向大量的第三方应用开放接口，以便提供移动性以及会话、QoS 和计费等功能。第三方应用程序存在的安全缺陷和漏洞很容易被黑客用来攻击移动互联网。

2）5G 接入网包括已有的 4G LTE 与 Wi-Fi 网络，攻击者有可能诱导用户通过 LTE 或 Wi-Fi 接入，进而发起网络攻击，导致隐私泄露。

3）5G 时代的移动互联网应用场景丰富，密钥种类多样，包括用于控制平面和用户平

面的密钥、保护无线信令和消息传输的密钥、保证网络切片通信安全的密钥，以及支持与
LTE 系统后向兼容的密钥。这些密钥既要保持整体的统一性，又要具备一定的独立性，以
保证每个部分的安全性互不影响。5G 网络用户和移动终端设备类型多样，可根据应用需
求提供非对称密钥、生物信息等身份识别技术。因此，5G 网络的密钥管理与公钥基础设
施（Public Key Infrastructure，PKI）远比 4G 网络复杂，并且它们在移动互联网中实现的
难度更大。

9.2 移动终端的硬件安全

随着移动互联网应用的发展，移动终端的功能越来越强、数量越来越多，网络应用的
类型快速增长，如何提供移动终端的安全性越来越重要。移动终端的安全问题涉及硬件、
软件、应用等方面，本节以手机的硬件安全为切入点讨论移动终端的安全问题。

9.2.1 硬件安全的基本概念

手机的性能与安全很大程度上取决于所用芯片，手机硬件安全的核心是芯片的安
全性。

手机需要的芯片类型主要包括：主芯片（应用处理器与基带芯片），无线接入芯片（Wi-
Fi、GPS、BLE、FM、NFC 等），内存、显示屏、天线、摄像头、耳机 / 话筒、电源管理、
各种传感器等外设芯片，以及 USB、SD 卡、SIM 等接口芯片（如图 9-2 所示）。

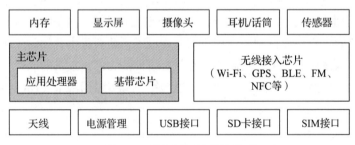

图 9-2 手机需要的芯片类型

主芯片的应用处理器芯片由 CPU、GPU、DSP 等单元组成，提供计算、视频编码与图
像处理等核心功能。它可以采用系统级芯片 SoC，也可以由多芯片组成。基带芯片与天线
芯片配合提供手机信号发射与接收的功能。无线接入芯片包括 Wi-Fi、GPS、蓝牙（BLE）、
调频（FM）、近场通信（NFC）等。应用处理器芯片、基带芯片与无线接入芯片属于手机
的系统级芯片，它们决定着手机的核心功能。

目前，手机等移动终端设备的更新速度很快，这就要求设备开发周期要相应缩短。因

此，高集成度的 SoC 芯片成为手机厂商青睐的主芯片方案，这就要求手机芯片厂商提供单芯片的 SoC 解决方案，将应用处理器、基带芯片与无线接入芯片集成起来，这样不仅能够加快手机的研发速度，还能节省手机内部空间，使手机能做得更轻更薄，并且能提升用户体验。

　　由于主芯片提供了手机的全部通信与信息处理的能力，因此，手机终端的安全就需要从主芯片的安全做起。如果手机的主芯片中被植入后门，那么无论操作系统与应用层的安全措施如何到位，都难以防止针对手机的威胁和攻击。因此，自主研发手机芯片是我国信息技术与产业发展的战略性课题。

9.2.2　应用处理器芯片安全

1. TrustZone 硬件架构

　　移动终端的硬件系统是一个包含应用处理器、调制解调器、内存、屏幕、摄像头、传感器、电池、天线等组件的复杂集成系统。在硬件设计层面考虑系统的安全问题，能显著提高移动终端的安全性。手机的硬件设计应充分考虑硬件架构的安全性，采用具有良好安全性的应用处理器，以及各种专业芯片、加密芯片，从而增强移动终端硬件的安全性。

　　在主芯片研发层面，ARM 公司近几年在大力推广 TrustZone 安全架构，通过在芯片层中引入一个小型安全系统，为手机制造商、操作系统厂商与应用软件开发商提供一个可共用的硬件平台。

　　TrustZone 硬件架构通过改进系统、处理器内核与调试的安全性来保证智能终端设备的整体安全性。TrustZone 在芯片层引入一个小型的安全系统，实现了应用层和关键数据的隔离和安全管理，并提供了一套主芯片安全解决方案；在安全启动的角度，芯片和手机制造商从硬件层面入手提供安全启动解决方案。图 9-3 给出了 TrustZone 硬件架构。

　　（1）系统安全性

　　TrustZone 通过先进可扩展接口（Advanced Extensible Interface，AXI）、先进外设总线（APB）与 AXI-to-APB 桥隔离了系统级芯片 SoC 的硬件与软件资源。

　　TrustZone 技术的核心是实现外部资源和内存资源的硬件隔离。这些硬件隔离主要包括：中断隔离、片上 RAM 和 ROM 的隔离、片外 RAM 和 ROM 的隔离、外围设备的硬件隔离、外部 RAM 和 ROM 的隔离。

　　AXI-to-APB 桥能够保护外设（例如中断控制、时钟、I/O 设备）的安全；能够主动拒绝异常的安全设置事务请求，不响应和转发异常请求，保证普通区域的组件无法访问安全区域的资源。这样，就可以将敏感数据存储在安全区域，将安全软件运行在安全处理器内核，确保敏感数据存储与访问免受攻击，即使通过键盘或触摸屏输入密码也难以攻击。

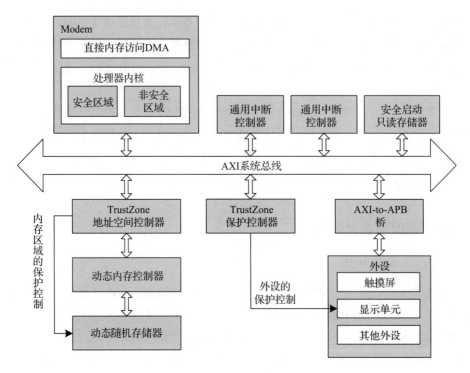

图 9-3　TrustZone 硬件架构

（2）处理器内核的安全性

为了实现硬件层面的各种隔离，需要对整个系统的硬件和处理器进行相应扩展。这些扩展将 AMR 核的运行状态分为安全世界（secure world）与非安全世界（non-secure world），也称为安全区域与非安全区域。

目前，主流的 ARM 芯片产品（例如 ARM Cortex-A5、ARM Cortex-A7、ARM Cortex-A9 等）都支持对处理器内核的安全扩展。

在处理器架构上，每个带 TrustZone 安全扩展的处理器核都提供两个虚拟核：安全核与非安全核。其中，安全核是用于安全子系统的安全区域，非安全核是存储其他内容的普通区域。另外，处理器引入了一个特殊的机制，即监控模式。监控模式负责执行两个区域之间的切换。非安全核仅能访问非安全区域的资源，而安全核可以访问所有资源。图 9-4 给出了实现安全扩展的内核运行模式。

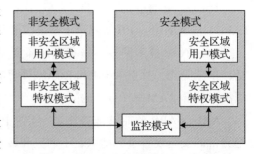

图 9-4　实现安全扩展的内核运行模式

2. ARM 安全软件架构

ARM 将安全扩展应用于 CPU 硬件之上，提供了一个安全软件架构（如图 9-5 所示）。

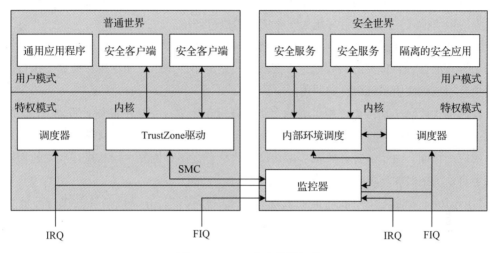

图 9-5　ARM 安全软件架构

针对智能终端设备的使用模式，TrustZone 软件架构包括三方面：安全启动、监控模式和 TrustZone API。

（1）安全启动

图 9-6 给出了 TrustZone 软件的安全启动过程。当系统初始化时，在安全特权模式下从片内安全引导代码区启动。采用这种方式可避免操作系统被攻击。引导代码完成系统安全状态设置，然后引导操作系统启动。在操作系统启动的每个阶段，功能模块均需通过验证才能够加载。通过检查保存在安全区域内的签名，确保操作系统引导代码的完整性，避免非法对硬件重新编程。

（2）监控模式

TrustZone 监控器实现软件系统在安全世界和普通世界之间的切换管理。普通世界中的应用程序可在监测到不同异常的情况下进入监控模式，执行安全监视调用系统管理控制器（SMC）指令。这里的异常主要有 3 种：外部中止、IRQ 与 FIQ。其中，IRQ 是 ARM 处理器的中断模式，FIQ 是快速中断模式。

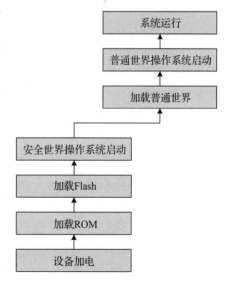

图 9-6　TrustZone 软件的安全启动过程

当普通世界的应用要切换到安全世界时，首先切换到普通世界的特权模式，然后调用系统管理中断（System Management Interrupt，SMI），处理器就切换到监控模式。这时，首先备份普通世界的运行时环境和上下文，然后进入安全世界的特权模式，最后转换为安全世界的用户模式，这时运行环境为安全世界的执行环境。

上述过程包括普通世界和安全世界的切换，以及用户模式和特权模式的切换。执行环境的切换只能在各自世界的特权模式下实现，但是应用的调用只能在用户模式下执行，从而避免应用越权使用系统级别的调用。

监控模式代码实现两个虚拟世界的上下文备份与恢复。系统控制协处理器CP15的安全状态寄存器（SCR）的NS位标志着当前处理器所处的安全状态，该寄存器不允许普通世界的应用访问。由于监控器负责环境切换时的状态存储和恢复，因此执行环境的切换无须在各自系统中增加环境切换代码。

TrustZone通过优化中断向量表来避免恶意中断攻击，并满足必要的执行环境切换需求。TrustZone将中断向量表分成两部分：安全的中断向量表置于安全存储器，并且指向安全的中断处理程序；非安全的中断向量表和处理程序置于普通存储器，以避免某些恶意程序修改安全的中断向量表和处理程序，以及通过其他非法手段进入安全世界。

当处理器执行完安全任务之后，TrustZone监视器最后还要执行一遍SMI指令，目的是清除CP15的NS位。监视器将之前的内容重新存回原寄存器，将处理器恢复到之前的非安全状态。通过这种恢复机制，安全世界中的所有指令还原，确保了安全世界的安全性。

（3）TrustZone API

TrustZone API定义了运行在普通世界的客户端与安全世界之间交互的接口，应用程序必须调用TrustZone API才能进入安全世界。应用程序使用TrustZone API就能够与一个独立于实际系统的安全部件进行通信，使开发者可以专注于应用程序本身的功能和性能，有利于缩短开发周期，保证应用的安全性。但是，对于依靠TrustZone提供安全保护的应用程序，需要根据它们运行的安全平台进行重写，这将制约应用程序与服务之间的生态环境的形成。图9-7给出了TrustZone API的基本结构。

客户端包括应用程序和服务抽象层（service stub）。应用程序可以调用普通世界中的TrustZone API，将服务需求传送给安全世界中的服务管理器。

大部分API函数是客户端程序与安全服务之间的沟通桥梁，通过结构消息（structured message）与共享内存（shared memory）形成通信渠道。当传递的信息量较小时，可以通过结构消息来传送；当传递的信息量较大时，可以将客户端内存直接映射到安全服务区，并将共享内存作为两者之间直接存取信息的缓冲区。

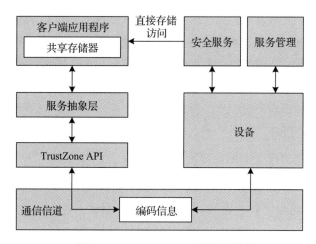

图 9-7　TrustZone API 的基本结构

9.2.3　加密芯片

在 U 盾、智能卡、读卡器、加密卡等设备中，以及网上银行、移动支付、数据安全、保密通信、版权控制等应用领域中，加密芯片都是一个重要的基础硬件。

加密芯片是一个具备独立生成密钥与数据加解密能力的集成电路芯片，能够实现多种密码算法，并使用密码技术保存密钥和敏感信息。加密芯片内部有自己的 CPU 和存储器，用于加解密计算、存储密钥和敏感数据，为设备或应用提供数据加解密与认证服务。由于密钥和加密数据被存储在加密芯片中，难以从外部窃取和解密，因此它是移动终端设备保护数据安全的重要手段。

根据我国密码管理局商用密码检测中心发布的"安全芯片密码检测准则"，加密芯片被划分为 3 个安全等级。其中，安全等级 1（最低等级）要求芯片能应用在可保证物理安全和输入 / 输出信息安全的场景；安全等级 2 和安全等级 3（最高等级）要求芯片能够应用在无法保证物理安全和输入 / 输出信息安全的场景，这就要求芯片必须具备相应的逻辑和物理保护措施以保护敏感数据。但无论是哪一级的加密芯片，都应具备生成真随机数的能力，这就要求安全芯片能根据电压、温度、频率等物理随机源直接生成随机数，或者具备直接生成随机扩展算法初始输入的能力。

在具备真随机数生成能力的基础上，加密芯片也必须具备实现密码算法的能力，对于安全等级 2 和安全等级 3 的加密芯片，要求密码算法必须在专用硬件模块上实现。由于可能工作在无法保证物理安全和输入 / 输出信息安全的场合，因此这两类芯片需要具备防护各种攻击的能力，包括计时攻击、能量分析攻击、电磁分析攻击、故障攻击等，也需要具备密钥和敏感信息的自毁能力，以保证信息不被泄露。

对于具有一定安全级别要求的保密场景，手机可用加密芯片对终端的应用数据进行加密存储和传输。例如，对于用户通信使用的电话、短信等基础业务，可以通过加密芯片以及终端的必要改造实现通信数据的加密传输，运营商可以为有需求的用户提供加密通信业务，从而保证用户通信的安全。

9.2.4 SIM 卡安全技术

在移动通信系统中，SIM、USIM 与 UICC 是容易混淆的术语。在 2G 网络 GSM 系统中，用户识别模块（Subscriber Identity Module，SIM）称为 SIM 卡，它用于存储手机用户的数据、鉴权方法与密钥。在 3G 网络系统中，SIM 卡的升级版是全球用户识别卡（Universal Subscriber Identity Module，USIM），也称为 USIM 卡，它提供了不同于 SIM 的一组参数，用于 3G 的 WCDMA 网络；2G 的 SIM 卡已不能用于 3G 网络，因此，当用户从 2G 升级到 3G 时，需要到移动运营商的营业厅更换为 USIM 卡。

到 4G 网络阶段，SIM 与 USIM 都是一个应用的概念。一张通用集成电路卡（Universal Integrated Circuit Card，UICC）包括了 SIM、USIM 及电子钱包等应用。移动终端可通过 UICC 卡上的 SIM 应用或 USIM 应用以用户身份登录到 4G 网络。因此，UICC 是一种物理实体卡，而 SIM 与 USIM 都是卡上的应用。

USIM 是用户在运营商网络中的身份标识，并且携带鉴权使用的加密算法。因此，USIM 作为移动终端上一个低成本的安全硬件来使用，通过运营商为用户提供的可信身份标识为终端上的其他应用提供安全认证的服务。另外，USIM 在存储容量、访问速度方面的扩展使 USIM 可以为终端提供一些敏感数据的安全存储服务。

目前，USIM 身份标识仅用于用户接入运营商网络时的鉴权，而并没有为其他业务提供任何用户身份识别能力。在移动互联网时代，USIM 可通过开发身份认证应用扩展为用户的信息应用枢纽和融合身份鉴权中心，为用户终端的各种应用提供统一的身份认证，发挥用户身份管理、应用安全访问的作用。图 9-8 给出了 USIM 统一认证服务的架构。

运营商通过基于 USIM 的统一身份认证平台，为各种移动互联网应用提供用户身份验证服务，同时在 USIM 上建立用户身份认证应用，为手机终端提供相应的安全访问 API。手机上的应用可调用安全访问 API 从 USIM 上读取用户身份信息，使用 USIM 身份信息登录到应用服务器，服务端使用 USIM 身份信息向运营商的统一认证平台请求验证身份。在身份验证通过之后，统一认证平台向客户端发送应用授权请求，同时向应用服务器发送验证以通过响应。这样，应用服务器完成对客户端的身份验证，保护了应用访问的安全性。同时，移动运营商尝试推出大容量 USIM 产品，通过 IC-USB 技术来解决 USIM 卡的大容量数据存储和机卡接口速率瓶颈问题，构建高效的 USIM 应用运行环境，为 USIM 支持多种创新应用（如移动支付、云存储等）提供技术解决方案。

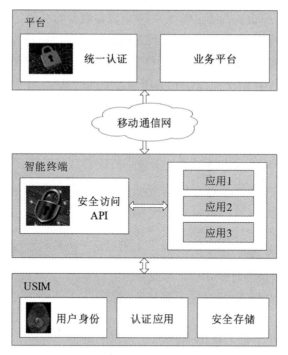

图 9-8 USIM 统一认证服务的架构

9.2.5 NFC 安全技术

近场通信（Near Field Communication，NFC）是一种近距离、非接触式的无线通信技术。NFC 使用 13.56MHz 频段，有效传输距离为 10cm 以内。NFC 兼容现有的非接触智能卡，比其他近距离通信技术的传输距离更近，数据传输更安全，响应时间也更短。NFC 技术适用于电子钱包、电子票据、公交卡等应用场景。

NFC 终端技术实现方案主要包括：全终端、单线协议（Single Wire Protocol，SWP）等。目前，产业界广泛采用的是 SWP 方案，它将 NFC 的安全模块（Security Element，SE）置于智能 USIM 中。NFC 的业务逻辑、用户交互功能使用 USIM 的可信服务管理（Trusted Service Management，TSM）功能。NFC 终端与安全模块之间通过 SWP、人机交互协议（Human-Computer Interaction，HCI）来通信，以保证数据传输的安全性。

在当前普遍应用的 NFC 系统架构中，TSM 在业务提供方（如银行提供的安全发卡渠道）和用户卡之间提供安全可控的应用和数据下载机制。用户手机终端中需要插入支持 SWP 的 USIM 卡，其中的安全模块存储应用、密钥及敏感数据，用于支付、身份认证等安全性要求高的应用。

由于 NFC 通信的有效距离在 10cm 以内，因此可有效防止通信数据被其他接收器劫持、恶意读取或篡改，在很大程度上保证了 NFC 通信数据的安全。USIM 卡的安全模块支持 RSA、DES 等加密算法，并可以根据需要对通信数据进行加密，进一步保护数据安全。移动终端进行近场支付时，在 POS 机和手机之间传输的交易信息都是经过加密运算后转换成的密文，从而保证用户账户、交易信息等敏感数据的安全。

9.2.6　手机硬件安全架构

手机硬件安全架构是在普通手机硬件架构的基础上，增加了一些安全性方面的加固设计（如图 9-9 所示）。例如，在主芯片中使用 TrustZone 技术，可以为特定的安全应用提供安全的运行环境；在操作系统中可以使用 SecureBoot 技术；对系统软件采用签名认证方式，可以实现从芯片到系统软件的一系列校验过程。

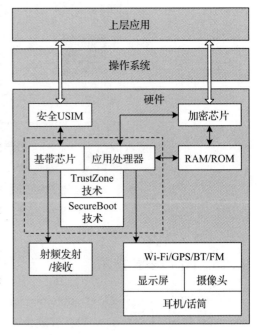

有些手机生产商在手机上使用加密芯片，为应用处理器的数据处理、存储器的数据存储，以及无线信道的数据传输提供加密服务。有些手机生产商利用智能 USIM 卡为一些应用提供统一身份认证，或者通过 NFC 安全技术提升一些应用的安全能力。

手机终端可根据不同的安全场景和需求，独立或组合使用这些硬件安全技术，以便实现手机安全的最终目标。对于一些高端的安全场

图 9-9　手机硬件安全架构

景和需求，例如外事或机要场合，应使用具有冗余硬件设计的硬件隔离机制，采用双硬件平台、双系统的设计方法，将安全需求高的应用和数据与普通应用和数据完全隔离。

总之，硬件安全是智能终端安全的基础，安全硬件与安全硬件架构的引入能有效提高以手机为代表的移动终端设备的安全性。

9.3　移动终端的软件安全

9.3.1　移动终端操作系统的安全威胁

操作系统是管理和控制终端硬件与软件资源的系统软件。移动终端操作系统的功能包

括管理移动终端的硬件、软件及数据资源，控制程序运行，提供人机交互功能，为第三方应用软件提供编程接口与运行环境。

移动终端操作系统作为一个软件系统，不可避免地存在着各种漏洞。有些漏洞可能导致终端无法正常运行、终端管理权限被非法获取，或安全措施被轻易绕过，造成移动终端设备的安全性降低，甚至导致严重的安全问题。我们以常用的 Android 操作系统为例来说明这个问题。

图 9-10 给出了 Android 操作系统的安全漏洞数据以及利用这些漏洞的恶意软件数据（来自 WeLiveSecurity 公司的统计数据）。其中，每个年份对应的方框表示当年发现的安全漏洞数量，白色部分表示允许执行恶意代码的严重漏洞。

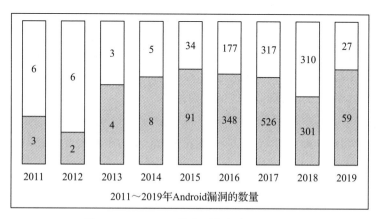

图 9-10　Android 操作系统安全漏洞统计

可以看出，从 2011 年到 2019 年，报告漏洞数量最多的是 2017 年，共计 843 个漏洞，其中 317 个漏洞属于严重漏洞。2016 年至 2018 年是漏洞高发期。2019 年，漏洞数量明显下降。

除了软件漏洞之外，移动终端操作系统的后门程序也是一个敏感问题。后门程序一般是指那些绕过程序或系统已有的安全措施，从而获取对程序或系统访问权限的程序。后门程序是由程序员自主设计的，有些后门是为后期修改程序提供便利，而有些后门是为了便于以后实施信息采集、远程控制等非法行为。后门程序的隐蔽性更强，通过技术手段检测难度很大，对网络安全威胁极大。

除了操作系统自身技术限制带来的安全风险之外，不正确地使用操作系统也会引入更多的未知风险。例如，在系统更新时使用未经官方认证的第三方软件，就会增加系统被植入恶意代码的风险。

移动终端操作系统的安全目标是限制和监控对系统资源的调用行为，确保无论是在使用者可见还是不可见的情况下，操作行为总是在安全可控的状态下进行，不会在使用者不知情或无法控制的情况下出现安全性问题。从国家安全的角度来看，自主研发移动终端操作系统是一项重要的战略性任务。

9.3.2 移动终端操作系统的内核安全

1. 操作系统内核的概念

操作系统内核负责操作系统的任务调度、用户管理、内存管理、多线程支持、多 CPU 支持等功能，并且包含必要的网络协议、驱动程序等。由于内核是所有软件的基础，因此内核安全是操作系统安全的基础。

当前主流操作系统的内核都属于 UNIX 或类 UNIX 系统。UNIX 是一个分时、多用户、多任务的操作系统，并支持多种处理器架构。UNIX 是 AT&T 于 1989 年开发的系统软件，目前在移动终端操作系统中获得广泛的应用。例如，iOS 操作系统基于 UNIX BSD，Android 操作系统基于 UNIX 的开源版本 Linux。除了 iOS 操作系统是封闭系统之外，其他移动终端操作系统均采用开源版本 Linux 内核。

2000 年 12 月，美国国家安全局（NSA）发布了 Linux 安全增强版本（Security-Enhanced Linux，SELinux）。随着对移动终端安全需求的不断提升，SELinux 开始在相应产品和系统中得到应用。

2. SELinux 整体架构

在本质上，SELinux 是一个 Linux 内核安全模块，可以在 Linux 系统中配置工作状态。SELinux 的工作状态主要分为 3 种：

- 不可用（disabled）：Linux 系统未启用 SELinux 模块。
- 许可（permissive）：Linux 系统以 Debug 模式启用 SELinux 模块。如果操作违反策略，将记录违规内容，但是不影响后续操作。
- 增强（enforcing）：Linux 系统以正常模式启用 SELinux 模块。如果操作违反策略，将记录违规内容，并且无法执行后续操作。

SELinux 涉及以下几个重要概念。

1）主体：主体是指用户或代表用户意图的进程，它是系统中信息流的启动者。主体通常是访问的发起者，有时也会成为被访问或受控的对象。一个主体可以向另一个主体授权，一个进程可以控制几个子进程，这时受控的主体或子进程就是客体。

2）客体：客体通常是信息的载体，或从其他主体或客体接收信息的实体，即访问对象。客体不受所依赖系统的限制。客体可以是数据库表、存储段、文件、目录、消息、程序等，也可以是比特、字节、字段、处理器、通信信道、时钟、网络节点等。

3）访问控制：访问控制方式是由管理方式决定的。访问控制方式分为两种类型：自主访问控制（Discretionary Access Control，DAC）与强制访问控制（Mandatory Access Control，MAC）。

4）域：域决定系统中的进程访问，所有进程都要在域中运行。域是一个进程允许的操作列表，它决定进程可以执行哪些操作。SELinux 中的域相当于标准 Linux 中的 UID。

5）类型：类型与域的概念类似。域是相对于进程主体的概念，类型是相对于目录、文件等客体的概念。类型分配给一个客体，并决定哪些主体可访问该客体。

6）角色：角色决定其可以使用哪些域。哪些角色可使用哪些域要预先在策略配置文件中定义。

7）身份：身份属于安全上下文的一部分，它决定自己可以执行哪个域。

8）安全上下文：安全上下文是对操作涉及的所有部分的属性描述，包括域、类型、角色、身份等。

9）策略：策略是可以设置的规则集合。它决定一个角色可以访问什么，哪个角色可以进入哪个域，哪个域可以访问哪些类型等。

3. SELinux 内核架构

早期的 SELinux 是 Linux 的一个增强安全补丁集。Linux 安全框架（Linux Security Modules，LSM）的提出，使 SELinux 可以作为可加载的安全模块运行。LSM 是一个底层的安全策略框架，Linux 系统利用 LSM 管理所有系统调用，SELinux 通过 LSM 框架整合到 Linux 内核。图 9-11 给出了 SELinux 的架构。

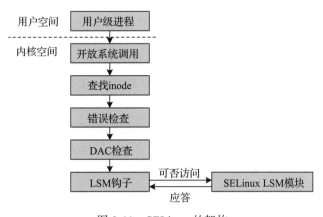

图 9-11　SELinux 的架构

当一个用户进程执行某个系统调用时，首先遍历 Linux 内核现有逻辑并分配资源，进行一些常规的错误检查，然后进行 DAC 自动访问控制。进程仅在内核访问内部对象之前，由 LSM 的钩子来询问 LSM 模块，由 LSM 模块处理该策略问题，并回答可以访问或拒绝访问。LSM 框架结构主要包括安全服务器、客体管理器、访问向量缓存等。图 9-12 给出了 LSM 模块的架构。

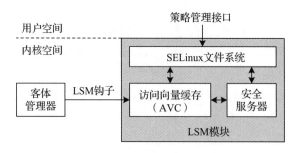

图 9-12　LSM 模块的架构

其中，安全服务器负责决定策略，使用的策略通过策略管理接口载入。客体管理器按照安全服务器的策略决定，强制执行其管理的资源集。客体管理器可被理解为一个内核子系统，负责创建并管理内核级的客体，包括文件系统、进程管理和 System V 进程间通信（Inter-Process Communication，IPC）。访问向量缓存（Access Vector Cache，AVC）提升了访问确认的速度，并为 LSM 钩子和客体管理器提供 SELinux 接口。

4. SELinux 策略语言

在 SELinux 架构中，策略通过策略管理接口载入 LSM 模块的安全服务器，从而决定对内核资源的访问控制。SELinux 的优点是其策略不是静态的，用户必须按照安全目标的要求自行编写策略。实际上，使用 SELinux 就是编写和执行策略的过程。

策略在策略源文件中描述。策略源文件名为 policy.conf，其文件结构主要包括 4 个部分。

1）类别许可：类别许可是指安全服务器的客体类别。对于内核来说，类别直接关系到内核源文件，通过许可决定每个客体类别是否可访问。通常，SELinux 策略编写者不会修改客体的类别和许可定义。

2）类型强制声明：类型强制声明包括类型声明与类型强制（Type Enforcement，TE）规则，它是 SELinux 策略中的重要组成部分。

3）约束：约束是指 TE 规则许可范围之外的规则，为 TE 规则提供必要的限制。多级安全（MLS）就是一种约束规则。

4）资源标记说明：资源标记说明是对所有客体添加的一个安全上下文标记，它是 SELinux 实施访问控制的前提。SELinux 根据资源标记说明处理文件系统的标记，以及标记运行时创建的临时客体规则。

SELinux 策略由多个小的策略模块构成。策略模块的生成一般采用源模块法。源模块法支持单策略开发，并通过一组 Shell 脚本、M4 宏与 Makefile 合并。多个策略模块集合构成策略源文件，即 policy.conf。策略源文件是文本文件，通过策略编译器编译为二进制文件 policy.×× （×× 为版本号），并通过策略装载函数加载到内核，以便实施访问控制。
图 9-13 给出了 SELinux 策略的载入过程。

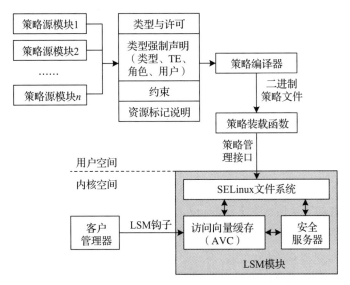

图 9-13　SELinux 策略的载入过程

SELinux 策略的载入过程大致分为三步：

1）通过源模块法生成多个单策略模块，并将它们聚合成一个大的策略源文件 policy.conf。

2）通过策略编译器 checkpolicy 将策略源文件 policy.conf 生成为内核可读取的二进制
文件 policy.××。

3）通过策略装载函数 security_load_policy 将 policy.×× 加载到内核空间，开始实施
访问控制。

5. SELinux 的关键技术

SELinux 采用的是基于域类型（domain-type）的访问控制策略。它对用户权限和进程
权限进行最小化控制，这样在系统受到攻击后，即使用户或进程权限被窃取，也不会对整
个系统造成重大影响，保证了系统的安全性。

SELinux 主要有以下四项关键技术：

1）强制访问控制（MAC）：强制访问控制是指基于策略实施对所有客体的访问。这些
策略由网络管理员统一定制，一般用户没有更改策略的权限。

2）类型强制（TE）：类型强制是对每个进程都赋予最小权限，为所有进程赋予一个域
标签，并对所有文件都赋予一个类型标签。域标签能够执行的操作在策略中设定。

3）域迁移：域迁移机制可以防止权限升级。例如，SELinux 中的所有进程都在域中运
行。假设进程 A 在域 A 中运行，进程 B 在域 B 中运行。如果进程 B 要在域 A 中运行，则

需要执行域迁移，否则在运行进程 B 时，默认它仍在域 B 中运行。

4）基于角色的访问控制（RBAC）：基于角色的访问控制仅为用户赋予最小权限。在 SELinux 中，用户被划分为不同的角色，策略决定哪些角色可在哪些域中执行。角色可以迁移，但是只能按照策略的规定进行迁移。

9.3.3　SELinux 的应用

安全增强型 Android（Security-Enhanced Android，SEAndroid）是在 Android 源码版的基础上，添加了一系列 SELinux 安全策略，它在架构和机制上与 SELinux 基本相同。

1. SEAndroid 增强的功能

- 增加 MMAC 策略：增强 MAC（MMAC）策略可以保证所有进程的域被定义，并且 SELinux 系统的默认模式为 Enforcing。
- 支持 Install MMAC 策略：Install MMAC 策略支持通过 <scinfo> 标签指定应用的上下文，但是它仅对预装的应用有效。所有的第三方应用均无法通过该策略指定，仅能由 <scinfo> 标签匹配，并且修改标签值为 default。
- 支持 Intent MMAC 策略：Intent MMAC 策略决定是否支持 Intent 分发给其他几种组件，它自动屏蔽所有没有被定义为允许的 Intent 分发。
- 支持 Content Provider MMAC 策略：Content Provider MMAC 策略决定是否支持 Content Provider 访问请求，它自动屏蔽所有没有被定义为允许的访问请求。
- 支持 Revoke Permission MMAC 策略：Revoke Permission MMAC 策略决定权限在运行过程中是否被检查。如果权限被撤销，它就会变成 Denied 状态。除了指定的权限被变成 Denied，其他权限仍然是允许的。

2. SEAndroid 的用户空间功能

在为 Android 内核增加 SELinux 功能的同时，SEAndroid 在用户空间实现了以下几个功能：

- 提供一种集中、可分析的策略。
- 使应用在安装和运行过程中的权限可控。
- 构造沙箱，使应用与应用、应用与系统之间相互隔离。
- 防止应用提高权限。
- 定义所有特权守护进程，防止权限滥用，并将破坏程序降到最低。

为了达成上述目标，SEAndroid 采用以下几种实现方式：

- 针对 Android 重新编写 TE 策略。
- 为所有系统服务和应用定义域。

- 利用 MLS 类别隔离应用。
- 为应用及数据文件提供灵活、可配置的标注功能。
- 最小化 SELinux 用户空间的可用端口。
- 为 Android Properties 的使用提供用户空间级别的权限检查。
- 提供 JNI 方式的 SELinux 接口。
- 为 Yaffs2 文件系统提供标注功能。
- 为 Recovery Console 和程序更新器提供标注功能。
- 为 Init 进程产生的服务端套接字（Service Socket）和本地套接字文件（Socket File）提供标注功能。
- 为 Ueventd 进程产生的设备节点（Device Node）提供标注功能。

目前，SELinux 安全机制在 Android 的新版本与多个自主研发的移动终端操作系统中已获得广泛的应用。

9.4　移动互联网应用软件的安全

9.4.1　移动应用程序的发展

根据 2022 年 6 月发布的《中国移动互联网发展报告（2022）》，我国移动互联网有关移动 App 的发展趋势如下：

- 移动 App 总量下降。截至 2021 年 12 月，国内市场上监测到的 App 数量为 252 万款，较 2020 年 12 月减少 93 万款。其中，游戏应用程序以 70.9 万款的数量位列第一。
- 游戏、日常工具、音乐视频应用的下载量位居前三。截至 2021 年底，我国第三方应用商店在架应用下载总量达到 21072 亿次，同比增长 31%。游戏类移动应用的下载量居首位，达 3314 亿次；其次为日常工具类、音乐视频类、社交通信类。
- 5G 行业应用进一步拓展。截至 2021 年 11 月，5G 行业应用创新案例超过 10 000 个，覆盖工业、医疗、车联网、教育等 20 多个国民经济行业，近五成的 5G 应用实现了商业落地。

丰富的 App 是移动互联网活力的体现，但也隐藏着严重的安全问题。App 的安全管理贯穿于内容、分发与使用的全过程，关键在于对各种移动 App 商店的管理。

9.4.2　App 商店的管理机制

App 商店体系由以下几个部分组成：应用下载平台、终端客户、App 开发商、开发者社区等。常见的 App 商店有 App Store、Google Player、华为应用市场、小米应用商店、百度手机助手、应用宝等。有些 App 商店由手机操作系统开发商或手机制造商运营，也有一些 App 商店属于第三方应用系统。

App 商店是保障应用内容和分发安全的重要手段。App 商店需要对上架应用进行审核，保证应用在内容保护、版权、收费、功能、安全性等方面没有安全问题。这种应用审核机制主要涉及以下几个方面：

- 签名审查：支持证书签名的商店会对开发者的应用签名进行审查，保证应用来源的合法性。
- 内容审查：检查应用内容是否涉嫌侵权，保证应用不违反当前法律、法规的各项要求。
- 收费审查：检查应用的收费点、价格、收费方式等，保障用户的消费安全。
- 功能检查：根据开发者的说明书对应用进行测试，验证应用的功能是否达到设计要求。
- 安全性检查：检查应用软件中是否有木马、病毒等安全风险。

审核方式通常采用自动扫描和人工测试相结合方式。严格的应用软件审核与分发过程管理共同构成了 App 商店的安全管理机制。

9.4.3 App 分发机制与安全性分析

我们通过对苹果公司 App 商店的体系结构进行分析，说明 App 商店的应用分发机制与安全性保障方法。苹果公司管理全球唯一的 iOS 应用分发市场 App Store，在应用软件的审核、上架、下载等方面的管理中都设置了相应的安全措施。图 9-14 给出了 App Store 的应用发布流程。

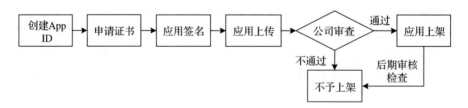

图 9-14　App Store 的应用发布流程

App 开发者完成应用的开发和测试后，需要为这个应用创建唯一的 App ID，向苹果的全球开发者关系（WWDR）的认证中心（CA）申请颁发一个数字证书，并且将该证书作为自己的应用签名，然后将 App 上传到 App Store 进行审查与安全测试。苹果的数字证书采用通用的 X.509 格式，以 PKCS#12 格式存储，包含用户公钥、个人信息、颁发机构信息、证书有效期及证书签名等方面的信息。图 9-15 给出了苹果数字证书的格式。

图 9-15　苹果数字证书格式

证书的数字签名是通过对证书内容使用散列算法获得一个信息摘要，然后使用自己的私钥对该摘要加密而生成的。图 9-16 给出了证书数字签名的过程。

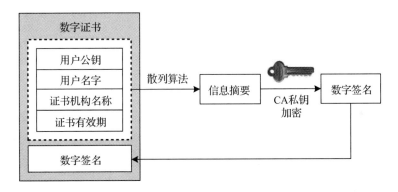

图 9-16　证书数字签名的过程

App Store 系统持有 WWDR 的 CA 颁发的公钥，首先对证书内容使用特定的散列算法计算出一个信息摘要，然后使用公钥对证书中包含的数字签名进行解密，从而获得经过 WWDR 私钥加密过的信息摘要。最后，对这两个信息摘要进行比较，如果内容相同就说明该证书可信。图 9-17 给出了证书的验证过程。

App Store 系统在验证证书可信之后，就可以获取证书中包含的开发者公钥。App Store 使用公钥来验证开发者用对应的私钥签名后的代码，如果验证文件没有被更改或破坏，就可确定开发者的合法身份。

App Store 有对应用内容进行检查的规则，通过一系列测试来验证提交的应用内容是否违反相关规定。App Store 对应用的审核内容包括功能、元数据、位置信息收集、推送通知、游戏信息管理、广告、商标与商品外观、内容、用户界面、支付机制、设备保护、隐私保护等。通过审核的应用在 App Store 上架，供用户检索与下载。对于通过审核上架的 App，也会有后期的检查和举报机制，违规的应用将会做下架处理，并且对开发者也有相应的处罚措施。

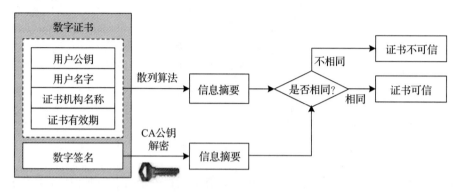

图 9-17　证书的验证过程

由于苹果对 iOS 生态的掌控度很高，因此 App Store 是当前安全程度很高的 App 分发平台，它的安全体系也被其他应用商店所借鉴。

9.4.4　终端应用管理机制

终端应用管理是应用安全的主要组成部分。终端应用管理通过应用签名检查、功能权限检查、应用调用管理等机制来提高使用应用的安全性。

1. 应用签名检查

应用商店中发布的应用都经过应用商店和开发者的签名，可以确保应用来源的安全性。终端的应用安装管理器会查询应用的签名，以便验证应用的合法性。

iOS 开发者在应用商店注册时会获取一个开发者证书，iOS 系统强制将应用开发和分发都限定在苹果公司的体系内（即 iOS、App Store 与 iTunes，三者形成闭环），以增强应用的安全性。

Android 系统未严格限定签名证书的来源，但是会对应用的来源进行检查。在实际的使用中，很多 Android 用户会打开未知来源的应用安装许可选项，以便安装其他来源的应用。一部分 iOS 用户会通过"越狱"方式获取开放的应用安装权限，在应用安装更加便利的同时，破坏了系统的应用签名检查措施，这就为移动终端带来了安全风险。

2. 应用权限申请

根据用户的使用体验，Android 涉及的权限分为 3 类：手机所有者权限、ROOT 权限与 Android 应用程序权限。

- 手机所有者权限是指 Android 手机用户无须输入任何密码，就具有安装一般应用软件并使用应用的权限。
- ROOT 权限是 Android 系统的最高权限，可以对系统中的所有文件、数据进行任意操作。
- Android 应用程序权限是指应用程序对 Android 系统资源进行访问的权限，该权限在应用程序设计时设定，在 Android 系统初次安装时生效。

Android 系统对其框架中的各种对象和操作（如终端设备上的各类数据、传感器、拨打电话、发送信息、控制其他程序等）的访问权限进行详细划分。在安装和运行应用程序之前，必须向 Android 系统声明希望获得权限，否则 Android 将拒绝该程序的超权限操作。应用程序的权限不能大于手机所有者的权限，并且需要在开发过程中申请并获得授权。Android 系统定义了 100 多种许可（permission）供开发人员使用。

我国政府高度重视移动互联网应用的安全问题。2014 年 2 月，我国工业和信息化部发布了《关于加强移动智能终端管理的通知》；2016 年 12 月，发布了《移动智能终端应用软件预置和分发管理暂行规定》。这些规定对保护用户个人信息安全和合法权益，保障网络与信息安全，以及促进行业健康发展，起到了重要的指导与引领作用。

9.5　IEEE 802.11 安全协议

9.5.1　WEP 加密机制

在 1999 年版的 IEEE 802.11 协议中，规定了有线等价加密（Wired Equivalent Privacy，WEP）安全机制。WEP 机制提供了 3 方面的安全保护：数据机密性、完整性与访问控制。

1. WEP 的基本概念

WEP 机制的核心是 RC4 密码算法，该算法是密码学专家 Ron Rivest 在 1987 年设计的。RC4 是一种对称加密算法。与传统的对称加密算法 DES 相比，RC4 加密算法具有以下特点：

- RC4 是一种对称加密的流密码体系，发送方与接收方使用相同的密钥。
- 流密码通常先选择一个较短的密钥，然后展开成与加密数据等长的伪随机数密钥流（keystream）。
- 发送方将明文与密钥流进行异或（XOR）运算，得到待传输的密文序列。
- 接收方用相同的流密码与密文进行异或（XOR）运算，得到解密后的明文。
- RC4 算法简单，运算速度可达到 DES 算法的 10 倍。

图 9-18 给出了 RC4 的工作原理。

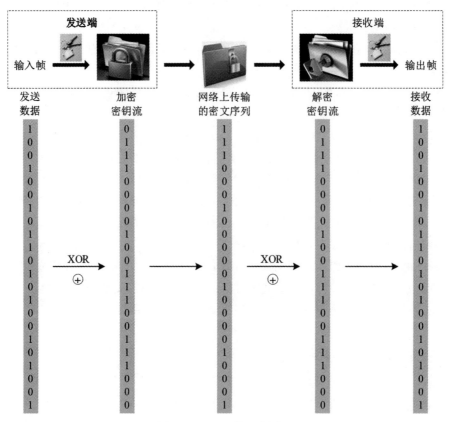

图 9-18　RC4 的工作原理

　　RC4 算法经常被用在无线通信中。但是，RC4 算法采用的流密码也存在一定的问题。流密码的安全性完全取决于流密钥的随机程度。一个完全随机的密钥流通常被称为"一次性密码"（one-time pad）或"一次一密"，它是经过数学证明的当前已知的唯一可防范任何攻击的加密方法。一次性密码很少被使用，因为流密码不仅必须完全随机并与受保护的数据等长，而且不能重复使用。有人估算过，在速率为 54Mbit/s 的传输网中，如果考虑网络管理占用带宽等因素，真正能用于传输用户数据的带宽约为 25Mbit/s。那么，一天按 8h 计算，传输网总共能传输 9GB 数据。为了传输如此大量的数据，每次产生一个完全随机、不重复的密码流的成本巨大。

　　从安全性的角度来看，一次性密码非常诱人。但是，在无线网络应用中，用完全不重复的密码流是很难保证的，一旦出现重复使用的情况，数据传输的安全性就会受到威胁。因此，WEP 使用的 RC4 算法是考虑了安全与成本因素之后的折中产物。虽然 RC4 算法的流密码随机性较低，但是可用于大多数无线网络应用。

2. WEP 的工作原理

图 9-19 给出了 WEP 的工作原理。

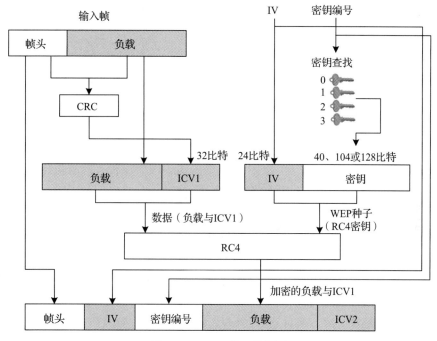

图 9-19　WEP 的工作原理

理解 WEP 的工作原理时，需要注意以下几个问题：

1）IEEE 802.11 帧由帧头和有效载荷组成，WEP 仅加密 IEEE 802.11 帧中的载荷数据，不改变载荷内部的高层数据结构及帧头内容。

2）WEP 需要 3 个输入项：

- 载荷：需要保护的 IEEE 802.11 帧有效载荷（payload），其中封装的是高层数据。
- 密钥：密钥（Secret Key，SK）用来加密帧。根据实现方法的不同，可选择用密钥编号（key number）或密钥位字符串（string of key bits）指定密钥。WEP 允许同时存储 4 种密钥。
- 初始向量：初始向量（Initialization Vector，IV）与密钥用于载荷数据的加密。

3）RC4 算法包括两个部分：初始化算法和伪随机子密码生成算法。

3. WEP 数据加密传输过程

WEP 数据加密传输过程主要涉及初始化算法、加密密钥的组装、RC4 密钥和组装待发送的加密帧几个部分。

（1）初始化算法

为了保证有效载荷的数据完整性，WEP 采用 32 位循环冗余校验（Cyclic Redundancy Check，CRC）算法，对帧头与有效载荷进行计算，并产生一个长度为 32 位 CRC 校验码作为完整性校验码（Integrity Check Value，ICV），有效载荷与 ICV 共同作为数据字段的内容，一起提交给 RC4 加密算法。

（2）加密密钥的组装

加密密钥由两部分组成：SK 与 IV。为了避免使用相同的密钥流，源节点将 IV 添加在 SK 之前。IEEE 802.11 协议没有限制 IV 选择算法，有些产品使用流水号作为 IV 值，有些则使用伪随机散列算法。如何选择 IV 具有重要的意义，选得不好有可能危及密钥的安全。

（3）RC4 密钥

加密密钥（也称为 WEP 种子）作为 RC4 的密钥，用于加密有效载荷与 ICV。整个加密过程通常由无线网卡的 RC4 专用电路协助完成。

（4）组装待发送的加密帧

将有效载荷加密之后，网卡开始组装待发送的加密帧。IEEE 802.11 帧头部分不变，之后插入 IV、密钥编号、加密的有效载荷与 ICV2。

需要注意的是，WEP 机制在 IEEE 802.11 帧加密的过程中，两次通过 32 位 CRC 校验码进行数据完整性验证的计算。

第一次是在初始化阶段，通过 CRC 对输入帧的帧头与有效载荷进行异或（XOR）运算后获得 ICV1，将有效载荷与 ICV1 作为数据传送到 RC4 进行加密。

第二次是在组装加密帧的"IEEE 802.11 帧头、IV、密钥编号、加密的有效载荷"之后，通过 CRC 进行异或（XOR）运算获得加密帧的 ICV_2，将其添加在加密帧的有效载荷之后，组成完整的待发送加密帧。

图 9-20 给出了经过加密的 WEP 帧结构。经过 WEP 加密之后，IEEE 802.11 帧长度增加了 8B，其中有 4B 的 IV 头与 4B 的 ICV1。在正常的帧尾中，用于数据完整性校验的 FCS 字段（CRC）为 4B。这个 4B 的 FCS 仍然存在，只是它计算的数据包括帧头、IV、有效载荷、ICV1 在内的比特序列。

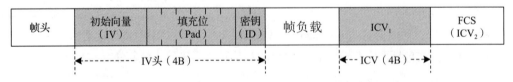

图 9-20　经过加密的 WEP 帧结构

WEP 的解密过程正好相反。首先，对接收的加密帧进行 CRC 计算，确定加密帧在传输过程中没有出错。然后，根据 IV 与密钥编号产生密钥流，对加密帧的有效载荷进行解密，对帧头、解密后的有效载荷进行 CRC 计算，在确定没有传输错误后，将帧头与有效载荷传送给高层协议。

4. WEP 密钥的长度

WEP 在理论上可以搭配任意长度的密钥，这是因为 RC4 未要求必须使用特定长度的密钥。大多数产品支持一种或两种长度的密钥。WEP 标准中给出的一种密钥是 64 位的 WEP 种子（seed），其中包括 24 位的 IV 与 40 位的 SK。另一种密钥是 128 位的 WEP 种子，其中包括 24 位的 IV 与 104 位的 SK。

在设计比较完善的密码系统时，应用较长密钥可获得较高的安全性。每增加一位，生成的密钥数量加倍，理论上破解密钥花费的时间也随之加倍。但是，WEP 并不是一种设计很完善的密码体系，因此密钥中多几位并不能带来太多好处。

5. WEP 密钥的类型

WEP 密钥可分为两种类型：映射密钥（mapped key）与默认密钥（default key）。

映射密钥也称为单播密钥（unicast key）或工作站密钥（station key），适用于单播帧的加密。在 IEEE 802.11 无线网络中，基础结构型（Infrastructure）采用一跳传输模式，主要在工作站与 AP 之间传输数据，可使用单一的映射密钥进行加密。

默认密钥也称为广播密钥（broadcast key），适用于广播帧或多播帧的加密。在 IEEE 802.11 无线网络中，如果两个工作站之间没有映射关系，为了在它们之间传输数据，就必须改用默认密码。

6. 静态与动态 WEP

WEP 密钥分配有两种方法：静态分配与动态分配。IEEE 802.11 并没有规定 WEP 必须采用哪种密钥分配机制。

早期的 WEP 实现必须手动分配密钥。网管人员负责为整个网络中的每个工作站分配一个默认密钥，这个过程通常是手动完成的，而密钥更新通常也是手动完成的。对于网管人员来说，为这么多工作站分配密钥是相当困难的事，更新密钥也是很大的负担，这就必然造成无线网络的节点在很长时间内使用相同密钥。一旦密钥被破译，后果将不堪设想。

一种较好的解决方案是动态分配密钥。每个工作站会使用两个密钥。一个密钥是经过映射的密钥，由 AP 与所有工作站共享，用来保护单播帧；另一个密钥是默认密钥，为同一服务集中的所有工作站共享，用来保护广播帧与组播帧。工作站使用的加密密钥通过密钥加密密钥（key encryption key）来分配。每个密钥都有范围上的限制，这有利于减少密钥的使用次数，使其不再频繁使用，相应地减小密钥被破解的可能性。同时，动态密钥随着时间而改变。AP 每隔一段时间就更换密钥，大幅减少密钥受到攻击的可能。

7. WEP 密钥编号与存储

WEP 密钥有对应的编号，IEEE 802.11 工作站最多可指定 4 个密钥。在动态密钥方案中，密钥编号扮演着不一样的角色。每个工作站从 AP 获得两个密钥：映射密钥与默认密码。映射密钥通常存储为 0 号密钥，默认密钥存储为 1 号密钥。网卡驱动程序用 0 号密钥来加密单播帧，用 1 号密钥来加密广播帧。

在 IEEE 802.11 协议刚问世时，有些无线网卡并不支持 WEP，或者只能借助主机 CPU 以软件方式进行 RC4 加密运算，这对无线网络的性能造成了很大影响。以硬件方式实现 RC4 相对容易。从 1999 年开始，无线网卡都内置了 RC4 硬件加密功能。很多 IEEE 802.11 芯片内含一种称为密钥缓存（key cache）的数据结构。从密钥缓存中获取的密钥由目的地址、密钥编号、密钥本身的对应关系组成。

多数工作站的网卡芯片有 4 个密钥槽。静态 WEP 使用其中一个密钥槽，动态 WEP 使用两个密钥槽。当数据帧在队列中等待发送时，首先在密钥缓存中查询目的地址是 AP 地址或单播地址，还是多播地址或广播地址，然后通过对应的密钥来加密帧。

网卡的芯片与 AP 的芯片相比，不同之处在于 AP 的芯片有较大的密钥缓存，通常可容纳 256 个或更多密钥。每个工作站可按需使用两个密钥，每个 AP 可处理 100 个以上工作站的密钥。

根据 UCLB 的互联网安全、应用、认证与加密（ISAAC）小组的 WEP 标准分析报告，研究人员总结出 WEP 系统的六大缺陷：
- 手动管理密钥存在人为的安全隐患。
- 静态 WEP 仅提供 40 位的密钥，安全性差。
- 重复使用密钥流，被识别的后果严重。
- 不能经常更换密钥，容易被破译。
- CRC 不具备密码学的安全性。
- AP 具有解读帧的权利，容易被攻击者利用。

针对这些问题，2004 年 IEEE 发布了 802.11i 标准，同时增加了网络层的 IPSec、传输层的 SSL 与应用层的 SSH，与底层的 WEP 构成了分层式安全协议体系，增强了无线网络系统的安全性。

9.5.2　IEEE 802.11x 用户认证机制

1. IEEE 802.11 用户认证技术的发展

无线网络安全一直是决定其能否大规模应用的关键。WEP 安全机制主要解决两个问题：一是限定拥有特定密钥访问网络，从而确定用户的合法身份；二是通过对称加密算法来提高数据传输的机密性。从上述分析可以看出，WEP 安全机制在这两个方面都存在明显瑕疵。无线网络技术研究人员在进一步改善 WEP 安全机制同时，加紧开展用户身份认证机制与相关协议的研究。

1998 年，IETF 在 RFC 2284 中提出可扩展身份认证协议（Extensible Authentication Protocol，EAP）。在后续的 RFC 3748 文档中，进一步对 EAP 进行了修订和完善。IEEE 802.11x 用户认证协议是在 EAP 的基础上制定的。由于 EAP 自身就是一种框架，它并没有规范如何识别用户身份，而是允许协议设计者自定义 EAP 认证方式，因此 IEEE 802.11x 也只是一个框架协议。最新的 IEEE 802.11x 协议采用基于端口的网络访问控制。

2. IEEE 802.11x 身份认证系统

IEEE 802.11x 身份认证系统包括三个组件：申请身份认证的用户（Supplicant）、身份验证器（Authenticator）与认证服务器（Radius Server），一般也将它们分别称为请求方、认证方和鉴权方。

在 IEEE 802.11x 基于端口的认证中，申请认证的用户仅负责在链路层交换认证信息，不需要维护任何用户信息。所有的认证请求都要传送到认证服务器来处理，身份验证器仅扮演一个中间人的角色。申请认证的用户与认证服务器之间通信使用的是 IEEE 802.11x 制定的 EAPOL（EAPOL over LAN）协议。

图 9-21 给出了 IEEE 802.11x 身份认证系统的结构。在这个例子中，一台位于企业网中的用户主机接入 ISP，通过执行 IEEE 802.11x 协议来完成身份认证。

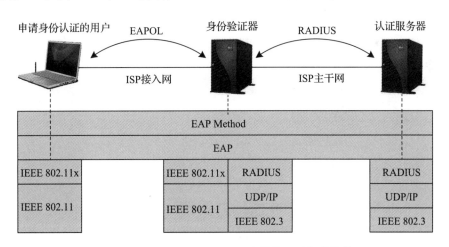

图 9-21　IEEE 802.11x 身份认证系统的结构

3. IEEE 802.11x 的认证过程

IEEE 802.11x 协议为各类局域网（如 IEEE 802.3 的 Ethernet、IEEE 802.11 的无线网络）提供了一个基于端口的用户认证框架。对于 IEEE 802.11 无线网络，"端口"对应用户移动接入设备与接入点（AP）的"关联"，而 AP 对应身份验证器的角色。图 9-22 给出了 IEEE 802.11 网络中 IEEE 802.11x 的认证过程。

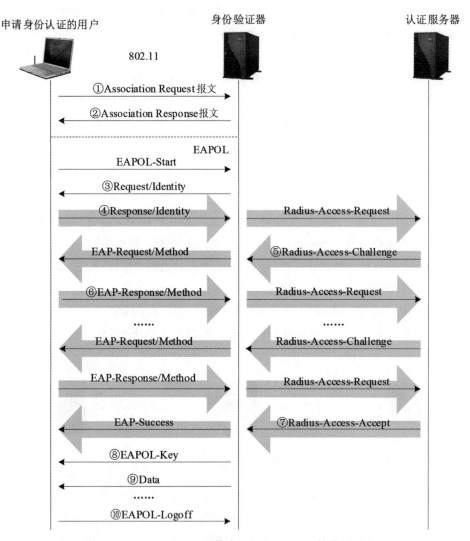

图 9-22　IEEE 802.11 网络中 IEEE 802.11x 的认证过程

IEEE 802.11x 认证过程是从用户端与接入点（AP）关联开始。整个过程大致分成两个阶段。

第一阶段是用户端与 AP 建立关联的过程。

①用户端向 AP 发出 Association Request 报文。

② AP 向用户端返回 Association Response 报文。

在用户端与 AP 建立关联之后，双方使用 EAPOL 协议进入 IEEE 802.11x 身份认证的信息交互过程。

第二阶段是 IEEE 802.11x 身份认证的信息交互过程。

- 发起 IEEE X802.11x 信息交互过程分成两种情况。第一种情况是用户端主动向 AP 发送一个 EAPOL-Start 报文，自己请求进行身份认证。第二种情况是 AP 向用户端发送一个 EAP-Request/Identity 报文（③），要求用户端进行身份认证。
- 无论哪种情况，用户端接收到报文③之后，向 AP 发送一个包含用户名的 EAP-Response/Identity 报文（④）。AP 将该报文封装成 RADIUS-Access-Request 报文转发给认证服务器。
- 认证服务器接收到 RADIUS-Access-Request 报文之后，产生一个 RADIUS-Access-Challenge 报文（⑤），并将它通过 AP 转发给用户端，其中包含 EAP-Request、MD5-Challenge 等内容。
- 用户端接收到报文⑤之后，它向 AP 发送一个 EAP-Response/Method 报文（⑥）。其中，"Method"表示使用 EAP 认证方式。报文⑥中包含用户端对密码与 Challenge 进行 MD5 运算产生的 Challenged-Password。AP 将该报文封装成 RADIUS-Access-Request 报文转发给认证服务器。
- 认证服务器接收到 RADIUS-Access-Request 报文之后，对 Challenged-Password 应用 MD5 算法，判断用户身份的合法性。如果用户身份合法，则产生一个允许用户访问网络的 RADIUS-Access-Accept 报文（⑦）。AP 将该报文封装成 EAP-Success 报文转发给用户端，通知用户端可以使用该端口，并且获得必要的访问权限。
- AP 接收到 RADIUS-Access-Accept 报文之后，向用户端发送一个 EAPOL-Key 报文（⑧），将密钥分配给用户端。
- 用户端设置好密钥之后，就可以访问网络，并传输 Data 报文（⑨）。
- 如果用户端不需要访问网络，它向 AP 发送一个 EAPOL-Logoff 报文（⑩），将该端口恢复为未授权状态。

理解 IEEE 802.11x 认证过程时，需要注意以下两点：

1）IEEE 802.11x 认证过程可以随时进行。如果会话超时，则必须通过 IEEE 802.11x 认证过程来更新密钥。

2）报文⑤与报文⑥的交互可能反复执行，这取决于"Method"表示的 EAP 认证方式。如果使用 EAP 交换证书方式，则报文⑤与报文⑥的交互可能执行多次，直至认证完成为止。

9.6　5G 通信系统的安全与挑战

没有安全就没有 5G 的可持续发展。5G 的安全问题是客观存在的，它将随着技术的不断发展而持续演进。5G 通信系统的安全与挑战是当前研究的热点问题。

9.6.1 5G 的安全需求与安全框架

1. 5G 安全需求

作为 5G 研究的一个重要组成部分，安全需求研究工作也在同时进行。目前，一些知名的国际通信组织，例如 3GPP、5GPPP、NGMN、ITU-2020 推进组，以及爱立信、诺基亚、华为等电信设备生成商发布了各自的 5G 安全需求白皮书，表达了对 5G 安全需求的理解与展望。从当前众多的安全需求来看，尽管不同的安全需求白皮书的侧重点有差异，但是核心问题仍然集中于 4G 安全需求的演进，以及新技术、新服务带来的新安全需求。

作为 4G 系统的延续，5G 至少应提供与 4G 同等的安全性，这些基本的安全需求包括：

- 用户和网络的双向认证。
- 基于 USIM 卡的密钥管理。
- 信令消息的机密性和完整性保护。
- 用户数据的机密性保护。
- 安全的可视性和可配置性。

其次，在 5G 部署过程中重新考虑了一些曾经讨论过但是没有被采纳的安全问题，主要包括：

- IMSI 的保护。
- 用户数据的完整性保护。
- 服务请求的不可否认性。

IMSI 是两种识别码的英文缩写。一是国际移动用户识别码（International Mobile Subscriber Identity，IMSI），它是国际上为唯一识别一个移动用户所分配的号码，可支持移动终端设备的国际漫游。二是国际移动台标识码（International Mobile Station Identity，IMSI）。与互联网中的 IP 地址类似，攻击者会窃取 IMSI，为网络攻击创造条件。因此，保护 IMSI 是 5G 安全技术必须解决的一个问题。

实际上，预测 5G 的需求并不是一件容易的事。预测 5G 需求的难度，需要从以下几个方面去认识。

1）由于 5G 必须支持 3G、4G 与 Wi-Fi 等异构的接入网，以及智能手机、可穿戴计算设备、机器人、无人驾驶汽车、无人机等各种移动终端的正常使用，因此 5G 必须建立更全面、高效、节能的网络和通信模型，处理多方面增强的安全需求。云计算也将应用于 5G 网络中，实现按需的网络控制和定制化的客户服务。因此，5G 需要统一的安全管理机制，保证各种移动终端跨异构网络接入的安全。

2）5G 需要差异化的安全机制来为不同的个人业务及垂直行业服务。5G 基于云架构的端到端网络切片形式，被公认为实现差异化服务的最有效方案。因此，在网络切片中实现差异化的安全机制也是 5G 必须考虑的一个问题。同时，5G 需要更全面的隐私信息保护措施。5G 接入设备不再只是传统的通信设备，包括大量面向具体应用的移动终端，这些设备可能收集用户大量隐私信息，包括健康状况、个人爱好、经济状况、位置信息等。随着垂直服务行业的兴起，个人隐私和关键数据的安全问题日益严重。因此，如何在大数据时代的开放系统中全方位保护用户隐私，这是 5G 面临的一大安全挑战。

3）新技术驱动的安全需求。除了传统通信系统的基本功能之外，5G 还提供三大应用场景（增强移动宽带通信、大规模机器通信与超可靠低延时通信），以及一系列基于丰富场景和特殊需求的服务。为了有效实现各种不同需求的服务，5G 需要全新的网络架构进行网络资源的管理和控制。NFV 与 SDN 被认为是最有可能实现自动化网络管理，以及网络资源虚拟化和网络控制集中化的技术。NFV 摆脱了网络功能对特定硬件供应商的依赖关系，实现了软件和硬件的独立，并能根据需要实现网络功能的灵活部署。SDN 将网络架构分离成应用、控制和转发的三层架构，实现了网络的集中管控和网络应用的可编程性。云计算提供的分布式计算和虚拟化等特性能实现网络的高效计算和灵活部署。为了更好地支持差异化服务，5G 需要基于 NFV 和 SDN 将网络分割成多个虚拟的端到端网络（即网络切片），在不同网络切片内实现从设备到接入网甚至核心网在逻辑上的独立。每个切片按照业务场景的需要来定制、剪裁网络功能，编排、管理网络资源，为特定类型的业务提供最佳使用体验。传统网络中依赖物理设备隔离来提供安全保障的方式，在 5G 网络中不再适用。因此，5G 必须考虑由 NFV、SDN 等新技术带来的基础设施安全问题。

4）垂直行业服务驱动的安全需求。垂直行业应用将是 5G 发展的一个重要方向，不同垂直行业对安全的需求差异极大，它们之间的安全配置应保证一定的隔离，防止服务资源在不同服务之间被非授权访问。有些服务选择基于 5G 网络本身提供的安全保障，有些服务则希望保留自身系统对安全的控制。在 5G 网络环境下，有必要采用安全即服务（Security-as-a-Service，SECaaS）架构，以提供更加灵活的安全配置，支持网络运营商或服务提供商在 5G 系统之外寻求独立的安全保障。

5G 需要在传统的接入安全、传输安全的基础上，考虑新技术驱动和垂直服务产业下灵活多变与个性化的服务安全，实现不同群体在不同应用场景下的多级别安全保障。因此，5G 安全是一个复杂的系统工程。目前，很多电信企业、通信联盟、网络安全公司已经认识到 5G 安全对整个系统演进的重要性，并通过一系列会议、白皮书和标准草案讨论了其中关键性的安全问题，旨在探索和寻求相应问题的具体解决方案。

2. 5G 安全框架

目前，4G 安全框架已无法完全符合 5G 的安全需求，主要表现在以下几个方面：

- 5G 的产业链结构不同于 4G，已有的 4G 信任模型不适用于 5G。
- 5G 网络大量采用 NFV/SDN 技术，这些新技术带来的安全需求并没有包括在 4G 安全框架中。

- 5G 垂直服务行业提供了个性化服务的丰富场景，这些场景的安全需求并没有包括在 4G 安全框架中。

结合 RFC 7426 的 4G 安全框架与 5G PPP 最新的安全白皮书，冯登国等学者在 2018 年发表的论文《5G 移动通信网络安全研究》中提出了 5G 安全框架。这个框架描述了 5G 系统的 6 个域的安全问题。

（1）接入安全域

接入安全域关注设备接入网络的安全性，以及用户数据在该环节的信令、数据传输安全问题。接入安全域通过运行一系列认证协议，防止非法网络接入，并提供完整性和加密措施，保护无线信道免受恶意攻击。5G 网络由底层的公共服务节点和独立的网络切片组成，设备接入安全包括设备与公共服务节点的信令交互安全，以及设备与网络切片的信令和数据交互安全。

（2）网络安全域

网络安全域关注接入网内部、核心网内部、接入网与核心网之间，以及服务网络和归属环境，主要目标是保证网络之间的信令和数据传输安全。

（3）用户安全域

用户安全域关注设备与身份标识模块之间的双向认证安全，在用户接入网络之前保证设备及用户身份标识模块的合法性，以及用户身份的隐私保护问题等。

（4）应用安全域

应用安全域关注用户设备上的应用与服务提供方之间的通信安全，并保证所提供的服务无法恶意获取用户的其他隐私信息。

（5）可信安全域

可信安全域关注用户、移动网络运营商和基础设施提供商之间的信任问题，也包括用户根据不同的信任强度选择符合服务条款的安全措施，即安全机制可配置性的安全和垂直服务将信任关系授权给第三方实体等。

（6）安全管理域

5G 系统的安全需求繁多且复杂，需要应对多种不同层级的安全诉求。为了保证 5G 系统的整体安全，安全管理域在监测和分析的基础上，为系统维护者提供全局的安全视角，如密钥管理和安全编排等。其中，密钥管理关注密钥派生、更新的安全性，而安全编排关注由网络切片带来的安全需求。

在未来的 5G 通信系统中，攻击目标包括移动终端、5G 接入网、5G 核心传输网，以及与传输网互联的外部 IP 网络。Johethan Rodriguez 在 *Fundamental of 5G Mobile Network* 一书中，结合 5G 通信平台的特征与当前暴露的问题，分析了已存在的网络攻击案例，提出了未来可能存在的安全威胁及解决方案。

9.6.2　5G 终端安全

在 5G 时代，移动终端设备（如智能电话与平板电脑）的数量越来越多，功能越来越强，开源操作系统的应用范围越来越大，第三方提供的应用软件类型也越来越复杂。这些变化使得移动互联网应用越来越丰富，使用越来越便捷，但是带来的安全问题也越来越多。这些网络安全问题表现在以下几个方面。

1. 移动恶意软件攻击

研究人员警告：由于移动 App 使用上的便捷性，导致用户通常会忽略个人隐私信息的安全性。2018 年，全球移动终端全年下载 App 超过 2050 亿次，75% 的移动 App 存在数据存储不安全的漏洞，其中 89% 的漏洞可被恶意软件利用。

2019 年，针对手机的网络攻击呈现剧增的趋势。移动恶意软件主要包括有针对性的勒索软件、复杂的网络钓鱼攻击等。黑客攻击趋向于针对特定的企业、地方政府和医疗机构，攻击者会花时间去了解攻击目标，以造成更大的破坏或获得更高的非法收益。网络钓鱼攻击开始使用比传统的电子邮件攻击更复杂的策略。攻击者向攻击目标发送一条短信，告诉他有一个陌生人试图破坏其电子邮件，并通过附加的恶意链接要求攻击目标验证。有些恶意软件试图模仿信誉良好的 App 来欺骗用户。攻击者还会通过植入攻击目标手机的恶意软件，窃取手机中的信息、照片、GPS 位置等数据。

5G 时代的移动终端是一个存储大量信息的个人设备，包括通话记录、短信息、语音与视频文件、电子邮件、GPS 位置信息、银行信用证书等，并且移动终端会随着用户到任何地方，这很自然会成为黑客的新攻击目标。研究人员预测：在 5G 移动终端应用普及之后，移动恶意软件、勒索软件、网络钓鱼等安全威胁将随之升级。

2. 5G 移动 DDoS 攻击

在互联网中，分布式拒绝服务（Distributed Denial of Service，DDoS）是典型的网络攻击形式。

从计算机网络的角度来看，一个自然和友好的网络协议执行过程也有可能被攻击者利用。在互联网中，Web 应用的数据是通过传输层 TCP 来实现的。为了保证网络中数据报文传输的可靠性和有序性，TCP 首先在通信双方之间建立连接，这个过程中需要经过"三次握手"。在 TCP 连接建立之后，Web 应用的客户端与服务器在已建立的 TCP 连接上传输命令和数据。如果攻击者想给一个 Web 服务器制造麻烦，可以用一个假的 IP 地址向 Web 服务器发出一个看起来正常的 TCP 连接请求，Web 服务器就会向该客户端发送一个同意建立连接的应答报文。由于这个 IP 地址是伪造的，因此 Web 服务器不可能得到第三次握手的确认报文，那么按照 TCP 的规定，Web 服务器要等待这个确认报文到来。如果攻击者向服务器发出大量的虚假请求，并且 Web 服务器没有发现这是攻击，那么 Web 服务器将不得不一直处理应答并处于无限制等待的状态，最终导致 Web 服务器不能正常提供服务，甚至出现系统崩溃。这就是一种简单和常见的拒绝服务攻击（DoS）。

DDoS 攻击并不是直接闯入被攻击服务器，而是通过选择一些容易感染病毒的计算机（俗称"僵尸"），预先将能实行 DoS 攻击的病毒悄悄植入大量"僵尸"中，然后在某个时刻向"僵尸"发出攻击命令，使大量"僵尸"在不知情的情况下，同时向被攻击的服务器连续发出大量的 TCP 连接请求，使得被攻击的服务器无法应对这些看似正常的连接请求，造成服务器无法正常提供服务，甚至系统崩溃。攻击者在发出攻击命令之后就悄悄逃离，使网络安全人员无法追查到攻击者。因此，DDoS 攻击又被称为僵尸网络（Botnet）攻击。

实施僵尸网络攻击必须具备三个条件：一是操作系统采用 TCP/IP；二是应用程序按照 C/S 模式开发；三是网络中存在大量有漏洞的计算机，或者是各种具有通信与计算功能的终端设备，它们可以被植入僵尸病毒软件。只要具备这几个条件，互联网环境中的僵尸网络出现在移动互联网环境中也是必然的。图 9-23 给出了移动僵尸网络（mobile botnet）的攻击过程。

实际上，早在 2004 年就发现了 Symbian 操作系统上的蠕虫病毒。2010 年，已出现十余种手机僵尸病毒及其变种。2012 年，Symantec 安全响应中心通报过一个感染了多达数十万部手机的病毒 Android.Bmaster（又名 Rootstrap），这是当时最大的移动僵尸网络。此后发现的 MDK 僵尸网络的感染规模超过 Bmaster。

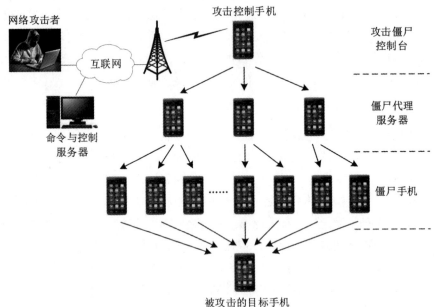

图 9-23　移动僵尸网络的攻击过程

移动僵尸网络与传统僵尸网络的区别主要有两点：一是移动僵尸网络通常借助移动

社交网络进行传播，出现了 Koobface、Stegobot、Twitterbot 等多种移动僵尸网络；二是在僵尸网络中，高层僵尸对低层僵尸的控制与命令信道不仅依赖 IP 网络，还有多种其他方式，例如基于短信（Short Messaging Service，SMS）、基于短信与超文本传输（Short Messaging Service and Hyper Transfer Protocol，SMSHTTP）、基于云推送（Google Cloud Messaging for Android，GCM），以及利用手机蓝牙信道等。基于 Wi-Fi 的移动僵尸网络的隐蔽性与攻击性更强，但是受 Wi-Fi 网络覆盖范围的限制，这类僵尸网络的感染后果也受到一定的制约。

在 5G 通信环境中，由于手机之间具有更多的交互与社交方式、更大的传输带宽、更短的传输延时，因此移动僵尸网络在 5G 环境中会被越来越多攻击者利用。研究 5G 移动僵尸网络是网络安全中的一个重要课题。

9.6.3 接入网安全

在 5G 通信中，接入网将是高度异构和复杂的，其中包括多种无线接入技术（如 2G/3G/4G/5G），以及其他接入方案（如家庭小区基站），以保障为用户提供持续通信服务的能力。当用户移动到 5G 网络的覆盖范围之外时，则可能与 4G、3G 或 2G 网络建立连接。5G 通信系统在支持多种接入网技术的同时，也将它们的安全问题引入 5G 网络。

电信运营商的小小区建设支持多种标准，在 4G 网络中引入了异构网络 HetNet 的概念。当前，4G 接入网与 HetNet 家庭小区存在的网络攻击都有可能变成 5G 接入网的安全问题。因此，有必要研究 4G 接入网与 HetNet 家庭小区的网络攻击问题。

1. 对 4G 接入网的攻击

4G 接入网可能存在的安全攻击主要包括以下方面。

（1）用户位置跟踪

在特定小区或多个小区范围内跟踪用户位置是 4G 网络中的一个重要问题，会严重影响用户的隐私安全。4G 网络中的用户位置跟踪主要有两种方法：基于小区随机网络临时标识符（C-RNTI）和基于传输包序号。

C-RNTI 是小区分配的用户唯一临时标识（UEID）。当用户与小区进行连接时，C-RNTI 由 4G 网络通过无线资源控制协议（Radio Resource Control，RRC）控制信令来分配。由于 C-RNTI 是以文本方式包含在控制信令中传输，因此攻击者可以确定正在使用 C-RNTI 的用户是否仍在同一小区中。解决这个问题的办法是：为长时间驻留在一个小区的手机周期性地重新分配 C-RNTI，使攻击者无法判断手机位置。另一种情况是攻击者同时监测 C-RNTI 与切换指令，这样攻击者可以将新的 C-RNTI 和切换指令相关联。解决这个问题的办法是：对 C-RNTI 和切换指令进行加密传输，使攻击者无法识别 C-RNTI 与切换指令。

基于包序号的方法是利用手机在不同基站的切换过程，或者从空闲状态转换到激活状态过程中的 C-RNTI 变化来实现对用户位置的跟踪。当手机在基站切换时，用户发送的数据包或控制包采用连续的包序号，攻击者可根据截获的数据包序号与新的 C-RNTI 相关联，判断用户手机已经切换到新的基站。解决这个问题的思路是：在切换过程中或在空闲与激活状态的转换过程中采用不连续的包序号，在基站采用一个新的密钥来产生随机的包序号，从而实现非连续包序号的传输。

（2）基于错误缓存状态报告的攻击

在 4G 网络中，缓存状态报告是网络进行调度、负载均衡和接入控制的重要参考信息，攻击者可以利用缓存状态报告达到其恶意目的。攻击者可假借合法用户的身份向网络发送错误的缓存状态报告，影响基站的决策和合法用户的服务。

攻击者可利用其他合法用户的 C-RNTI 向网络发送错误的缓存状态报告，使基站误认为其他用户没有数据需要传输，于是将更多的带宽分配给攻击者，使攻击者可以获取更多带宽资源，而为那些误认为没有数据传输的用户分配更少的带宽，甚至不分配带宽，导致用户的服务遭到拒绝。如果攻击影响基站的负载均衡和接入控制，则小区新到达的用户有可能遭遇拒绝服务。攻击者可利用多个用户发送错误的缓存状态报告，告诉基站用户有大量数据等待传输，让基站误以为小区有很重负载，因而拒绝新到达用户的接入请求。

解决这个问题的思路是：MAC 层缓存状态报告采用令牌访问控制方案，用户必须向基站出示令牌之后才能获得访问权限。在非连续接收时间段内，发送的每个缓存状态报告对应的令牌都不相同。

（3）消息插入攻击

4G 网络采用不连续接收（Discontinuous Reception，DRX）技术。DRX 功能控制实体位于 MAC 层，主要是控制向物理层发送指令，通知物理层在特定时间监听下行信道的控制信息，仅在激活时开启接收天线，以节约能耗。在一个长的 DRX 周期中，仍然允许用户发送数据。但是，这个特性存在安全漏洞。

消息插入攻击是针对 4G 网络的一种攻击方式。攻击者可在 DRX 周期中插入发送控制协议数据单元（C-PDU），导致新到达的用户遭遇拒绝服务。解决这个问题的思路是：通过在上行缓存状态报告中请求网络能力，以避免此类攻击。

2. 对家庭基站的攻击

家庭基站（HeNB）比宏基站更容易受到攻击。针对 HeNB 的攻击主要有以下几种类型。

（1）物理攻击

物理攻击是指攻击者修改或替换 HeNB 组件的攻击方式，这种攻击对终端用户和网络都可能造成影响。例如，对 HeNB 进行射频组件修改，将对家庭无线医疗监控系统的无线设备造成干扰，并可能导致医疗设备功能异常，对病患的生命安全造成威胁。在支持用户使用代码更新技术的 HeNB 中，可利用被恶意修改的软件启动 HeNB。如果网络侧的一个射频组件被修改，可能对周围的宏小区造成不良影响。解决这个问题的思路是：注意 HeNB 的物理安全，利用加密工具（如 TPM 模块）来保护 HeNB 的启动过程。

（2）证书攻击

证书攻击是指攻击者非法获取和恶意利用 HeNB 授权证书的攻击方式。攻击者从目标 HeNB 中获取一份授权证书副本，这样恶意设备可利用该证书冒充这个 HeNB，并对终端用户和网络发起假冒攻击。解决这个问题的思路是：HeNB 授权证书应存储在一个受保护的区域（如 TPM 模块）里，避免被窃取利用。

（3）配置攻击

配置攻击是指对攻击者非法修改 HeNB 接入控制链表（ACL）的攻击方式。攻击者可以通过修改 ACL 使非法用户接入 HeNB，或禁止合法用户接入 HeNB。攻击者也可以改变不同设备的接入等级。因此，保障 ACL 的建立、维护和存储安全至关重要。

（4）协议攻击

协议攻击包括第一次访问 HeNB 网络的中间人攻击，这会对用户产生不良影响。如果 HeNB 没有唯一资格认证，通常难以抵御此类攻击。当 HeNB 第一次与核心网建立连接时，网管机构无法鉴别 HeNB 是否受到攻击。于是，攻击者可窃听来自 HeNB 网络的所有流量，并获取敏感信息以备进一步利用。

为了避免中间人攻击，HeNB 第一次与核心网建立连接时需要进行认证，采用通用集成电路卡（UICC）或证书是避免此类攻击的方法。在基于 UICC 的解决方案中，HeNB 的所有者在其设备中插入 UICC，用户归属服务器（HSS）与 UICC 互相认证。解决这个问题的思路是：在 HeNB 的生产环节中存储相关证书，在 HeNB 与核心网的第一个连接点（即安全网关）通信时进行相互认证。

（5）核心网攻击

攻击者可以通过已攻陷的 HeNB 产生恶意流量，进而向核心网发起 DoS 攻击。有两种直接向核心网发起的 DoS 攻击：

- 互联网密钥交换协议版本 2（IKEv2）攻击：这种攻击可能出现在 IKE_SA_INIT 流攻击或 IKE_AUTH 攻击中。
- 传输层与应用层流量攻击与 IKEv2 攻击：这类攻击是指向核心网发起大量信令流量，或通过建立 IKEv2 隧道产生大流量的攻击。

核心网攻击还包括针对 HeNB 的位置攻击，例如改变 HeNB 的位置，但是不上报给核心网。攻击者可以通过重新设定 HeNB 的位置，使此前已提供的位置信息失效。这种攻击可能导致 HeNB 发出的紧急通话不能被正确定位，或者不能被路由到正确的紧急处理中心。采用位置锁定机制可避免此类攻击。

（6）用户数据和身份隐私攻击

4G 网络的接入网部分被称为 e-UTRAN（evolved Universal Terrestrial Radio Access

Network）。窃听 e-UTRAN 用户数据是对用户隐私的严重侵犯。攻击者可以自己建立一个 HeNB，并将其设置为开放接入模式，用户就会在不知情的情况下，通过恶意的 HeNB 连接到核心网。这样，攻击者就可以窃听用户和网络之间传输的数据。因此，为了避免窃听攻击，未获保护的用户数据不能脱离 HeNB 中的安全组件。用户应注意自己接入的是一个封闭型 HeNB，还是一个有伪造嫌疑的开放型 HeNB。

（7）无线资源管理攻击

为了攻击 4G 网络的无线资源，攻击者可以接入一个 HeNB，并修改资源管理的相关部分。这样，攻击者至少能修改 HeNB 的功率控制部分，后果是会增加网络之间的切换。因此，保护 HeNB 配置接口的安全是很重要的。

9.6.4　核心网安全

由于核心网采用基于 IP 的开放式架构，因此 5G 通信系统容易受到 IP 攻击。一方面，DDoS 攻击作为对核心网的主要攻击方式，在 5G 通信系统中会继续存在。另一方面，当其他网络遭到 DDoS 攻击时，5G 核心网也会受到影响。对核心网的潜在攻击包括以下几种类型。

1. 针对核心网的 DDoS 攻击

由于有大量用户使用 5G 网络，因此对 5G 核心网的 DDoS 攻击会造成非常严重的后果。在 5G 通信环境中，DDoS 攻击由大量受感染的移动网络设备或移动终端设备组成的僵尸网络发起。对 4G 核心网的 DDoS 攻击也会扩展到 5G 核心网。

（1）信令放大攻击

信令放大攻击由同一小区中包含多个移动终端设备的僵尸网络发起，目的是耗尽网络资源，导致服务质量下降。这类攻击利用 4G 网络建立或释放专用无线承载时的信令开销，在同时初始化大量专用承载请求时，各个网络实体被迫进入繁重的承载信令传输过程。当接收到专用承载时，僵尸设备不会使用它，而是等待承载失效后进入激活流程，这又给网络带来繁重的负载。僵尸设备通过持续这样的步骤，不断放大网络攻击的力度。

解决这个问题的思路是：基于一些特征，如承载建立时间间隔、每分钟承载的激活次数等对此类攻击进行检测。承载建立时间间隔的最低阈值决定检测性能。如果数值设置较高，则可能导致大量误报；如果数值设置较低，则可能导致大量漏报。另外，每分钟承载的激活次数也可以描述恶意的攻击行为。

（2）HSS 饱和攻击

HSS 饱和攻击是针对 4G 网络的一种 DDoS 攻击，目的是造成用户归属服务器（Home Subscriber Server，HSS）饱和。HSS 包含用户的主数据库和支持网管会话的设备相关信息，以及用户认证和网络接入授权信息的功能实体。根据移动终端数量、网络容量与结构，一个家庭网络可能包含一个或多个 HSS，对这个关键节点发起 DDoS 攻击会严重降低核心网的可用性。

研究人员分析了利用移动僵尸网络对归属位置寄存器（HLR）进行过量加载的可能性，研究结果表明，网络吞吐率降低的程度取决于僵尸网络的大小。值得注意的是，僵尸网络中受病毒感染的移动终端的合法用户不太可能感知到这种攻击的存在，如何防御 HSS 饱和攻击仍然是一个有挑战性的课题。

2. 针对核心网连接其他实体的 DDoS 攻击

5G 核心网可能成为向与其连接的其他网络（如企业网）发起 DDoS 攻击的一个渠道。在这种场景下，基于移动终端的僵尸网络产生大量流量，并通过核心网发送给位于其他网络的被攻击者。虽然这类攻击的直接目标不是核心网，但是向核心网注入的巨大流量会影响核心网的性能。

9.6.5　外部 IP 网安全

在 5G 通信系统中，外部 IP 网也是 DDoS 攻击的目标。随着智能手机等大量移动终端的使用，很多公司员工将个人手机带进工作环境中，用于访问具有严格访问控制措施的企业网中的信息，这种现象在 5G 时代将会延续并加剧。

智能手机不仅支持移动通信技术（3G/4G/5G），而且支持其他通信技术（如 Wi-Fi、蓝牙、NFC 等），这些技术都可能成为移动恶意软件的传播通道。

攻击者可以利用智能手机的潜在弱点，通过各种通信技术，以下载和安装有恶意代码的 App 软件的方式攻陷智能手机。如果员工使用这样的智能手机访问企业网，一定会带来大量的网络安全问题，严重时会直接攻陷企业网。

为了避免员工用自己的智能手机访问企业网所带来的安全隐患，一个常规的策略是利用反恶意软件周期性地扫描员工的手机。但是，这种方法涉及员工隐私，也会消耗很多精力。因此，需要一个在安全响应和成本效率上折中的解决方案。解决这个问题的思路是采用策略性抽样机制，即对手机进行鉴别和周期性抽样，并对抽样的手机进行恶意代码检测。

9.6.6　5G 网络安全风险评估

2016 年 9 月，欧盟委员会启动了"5G 行动计划"，该计划为欧盟的 5G 技术基础设施建设制定了路线图。

在获得欧洲理事会的支持后，2019 年 3 月，欧盟委员会通过了"5G 网络安全建议"，呼吁各成员国完成国家风险评估并审查国家安全措施，在欧盟层面上开展统一风险评估工作，并协商找到一个通用的缓解措施工具箱。在国家层面上，每个成员国完成了 5G 网络基础设施的国家风险评估，并将评估结果汇总到欧洲国家网络安全委员会（ENISA）。国家风险评估特别审查了影响 5G 网络、敏感 5G 资产及相关漏洞的主要威胁和行为者，这些漏洞包括技术漏洞和其他漏洞，例如 5G 供应链中的漏洞。

"5G 网络安全建议"倡导欧盟各国采取协调一致方法，确保欧洲 5G 网络的安全可靠。这个过程分为四个阶段：

- 欧盟成员国开展国家风险评估，确定影响 5G 网络安全的主要漏洞。
- 针对风险评估，欧盟委员会发布"欧盟对 5G 网络的安全风险评估"报告。
- 在 2019 年 12 月 31 日之前，各成员国就报告提出的风险缓解措施达成协议。
- 在 2020 年 10 月 1 日之前，欧盟委员会评估建议的实施情况，并确定是否需要采取进一步行动。

2019 年 10 月 1 日，在欧盟委员会和欧洲网络安全局的支持下，欧盟成员国发布了一份欧盟对 5G 网络安全风险的评估报告。这个重大举措是执行欧盟委员会于 2019 年 3 月通过的安全建议的一部分，该建议旨在确保欧盟 5G 网络的安全。

"欧盟对 5G 网络的安全风险评估"报告列出了一些重要的安全挑战，与现有网络相比，这些挑战在 5G 网络中更突出。这些安全挑战主要表现在以下方面：一是 5G 技术的关键创新带来很多特定的安全性改进，尤其是网络软件及 5G 支持的广泛服务和应用程序方面；二是供应商在建设和运营 5G 网络中的作用，以及对单个供应商的依赖程度。

具体来说，5G 网络将产生以下影响：

- 5G 网络遭受攻击的风险增加，攻击者有更多的切入点。由于 5G 网络越来越基于软件，与重大安全缺陷相关的风险更突出，例如供应商内部的软件开发流程。攻击者更容易利用产品中的后门实施攻击，并且更难被发现。
- 出于 5G 网络架构的新特性和功能，某些网络设备或功能变得更敏感，例如基站和网络的关键技术管理功能。
- 移动网络运营商对供应商的依赖风险增加，导致更多攻击路径可能被攻击者利用，此类攻击影响的严重性也会增加。
- 在供应商导致的攻击风险增加的情况下，单个供应商的风险状况变得更加重要。对单个供应商的重度依赖增加了潜在的服务中断风险，例如企业破产及其后续影响导致的供应中断。
- 对网络可用性和完整性的威胁成为主要的安全问题。除了机密性和隐私方面的威胁之外，5G 网络将成为许多关键 IT 应用的骨干，这些网络的完整性和可用性将影响国家安全。

所有的挑战创造了一个新的安全范式。因此，有必要重新评估适合该领域及其生态系统的政策和安全框架，这对于欧盟成员国采取必要的缓解措施至关重要。

欧洲网络安全局正在研究 5G 网络相关的威胁分布，详细地分析了安全风险评估报告涉及的技术问题。到 2019 年 12 月，合作小组提出一个缓解措施工具箱，以解决国家和整个欧盟层面已确定的安全风险。到 2020 年 10 月，欧盟成员国与欧盟委员会合作评估安全建议的效果，从而确定是否需要采取进一步行动。

9.7　移动云计算安全

9.7.1　移动云计算的基本概念

2013 年，云安全联盟（Cloud Security Alliance，CSA）在一份名为"The Notorious Nine Cloud Computing Top Threats in 2013"的报告中，列举了云计算的九大安全威胁：云计算的滥用与恶意使用、不安全的接口与 API、内部人员的恶意行为、共享技术、数据丢失或泄露、账号泄露或服务劫持，以及未知风险在移动云计算中以不同形式存在。随着移动云计算应用的快速发展，更多的移动 App 将一些敏感数据与应用迁移到云端。当数据与应用被迁移到公有云、混合云后，企业对这些敏感数据将不再拥有绝对的控制权，数据的保密性、完整性、可用性与隐私保护受到严峻挑战。

对于云服务提供商来说，注册和使用云服务的方式越简单越好，但是这给攻击者带来了更多的机会。早期针对 PaaS 的攻击比较普遍，近年针对 IaaS 的攻击呈增长趋势。云服务提供商能防范攻击者窃取数据并防御其发动的 DDoS 攻击。虽然防范攻击主要由云服务提供商负责，但是云服务用户也必须配合，才有可能快速检测与发现攻击行为。这个问题的解决方案主要包括：严格执行用户注册与身份认证，监控用户所用的地址、流量与行为，及时发现异常与提供报警能力。

移动云服务提供商需要为用户提供一组 API，以便移动用户与云服务提供商进行接入、管理和交互。移动云服务的安全性和可用性取决于这些 API 的安全性。从用户身份鉴别、访问控制、数据加密到网络行为监控，必须防止绕过云服务提供商的安全策略的恶意行为。这个问题的解决方案主要包括：分析服务接口的安全模型与 API 可能存在的漏洞，严格执行数据加密操作，并保证密钥的安全性。

在移动云计算应用模式下，用户给予云服务提供商高度的信任，云服务提供商拥有很大的安全控制权。在这种情况下，云服务提供商应高度警惕有恶意的内部人员行为。这个问题的解决方案主要包括：严格执行工作人员的入职审查，规范个人行为，明确法律责任；监控内部人员的网络操作行为，及时发现异常并预警。

在云服务提供商提供的 PaaS 和 SaaS 服务中，组成基础设施的底层组件（如 CPU、GPU 与缓存）并不具备为多用户的不同应用提供隔离的能力。云服务提供商必须保证用户的不同应用之间相互隔离，虚拟机是解决这个问题的基本方法。但是，并不是所有的资源都可以被虚拟化，也不是所有的虚拟化环境都没有漏洞。错误的虚拟化机制可能导致用户访问云计算基础设施中的敏感元素，或者访问其他用户的数据。对于移动云计算系统来说，无论威胁来自外部还是内部，虚拟机方法都存在脆弱性。这个问题的解决方案主要包括：对虚拟机的访问、操作进行审计；对虚拟机运行环境进行监控；对系统脆弱性进行扫描、配置与审计；提高补丁与脆弱性修复的服务等级。

在移动云计算应用中，数字证书被盗会导致账号泄露或服务劫持。攻击者使用被盗用的数字证书，就能够轻易访问云端的敏感数据与应用，破坏数据与服务的保密性、完整性和可用性。针对这个问题的解决方案主要包括：禁止不同的用户或应用之间的账号、数字证书共享；及时发现与制止非授权访问云端资源与应用。

由于移动云计算服务正处于开始大规模应用阶段，因此会出现很多预料不到的安全问题，这是移动云计算安全研究中必须密切注意的。

9.7.2 移动云计算的安全级别

移动云计算可以分为3个安全级别：移动终端设备级、移动网络级和云基础设施级（如表9-1所示）。

表 9-1　移动云计算的安全级别

安全级别	安全问题
云基础设施级	云计算的滥用和恶意使用、不安全的接口与API、内部人员的恶意行为、数字版权保护、数据丢失或泄露、账号泄露或服务劫持、DDoS攻击、隐私数据保护等
移动网络级	访问控制攻击，数据机密性、完整性攻击，身份认证攻击，可用性攻击等
移动终端设备级	移动终端设备丢失，终端设备硬件、操作系统与应用软件漏洞，Wi-Fi或蓝牙信道被攻击，恶意软件、网络钓鱼、病毒软件、蠕虫攻击、垃圾邮件，无线信道被占用等

1. 移动终端设备级

移动终端设备级重点关注与移动终端相关的物理层安全问题。由于移动终端通常使用开源操作系统和第三方App，可以在任何时间、任何地方，通过移动通信网（3G/4G/5G）或Wi-Fi网络接入互联网，访问移动云计算平台，因此移动云计算面临的安全问题首先是移动终端的安全问题，例如移动终端丢失或被盗，终端设备硬件、操作系统与应用软件漏洞，Wi-Fi或蓝牙信道被攻击，恶意软件、网络钓鱼、病毒软件、蠕虫攻击、垃圾邮件，以及无线信道被占用等。

2. 移动网络级

移动网络级重点关注移动通信网（3G/4G/5G）或Wi-Fi网络的安全问题，主要包括访问控制攻击，数据机密性、完整性攻击，身份认证攻击，可用性攻击等。

3. 云基础设施级

云基础设施级重点关注云计算中心的安全问题，主要包括云计算的滥用和恶意使用、不安全的接口与 API、内部人员的恶意行为、数字版权保护、数据丢失或泄露、账号泄露或服务劫持、DDoS 攻击、隐私数据保护等。

9.7.3　移动云计算安全技术

移动云服务的很多应用是用户自行开发或从第三方 App 商店下载的。这类软件主要存在两个问题：一是不可避免地存在漏洞，二是很难保证不包含恶意软件。应用软件安全是移动云计算安全研究中的一个重要问题。

1. 云端应用管理

为了解决移动云计算的应用软件安全问题，研究人员提出了一种针对 Android 特定应用的 WallDroid 架构（如图 9-24 所示）。

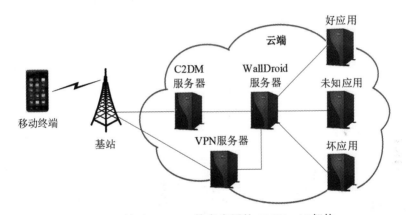

图 9-24　针对 Android 特定应用的 WallDroid 架构

WallDroid 体系结构中有两个关键的组件：一个是 WallDroid 服务器，它起到了防火墙的作用，负责控制是否允许用户访问应用软件；另一个是 C2DM（Cloud-to-Device Messaging）服务器，负责管理云端的所有应用服务器及应用软件。C2DM 服务器将应用软件分为三类：好应用、坏应用与未知应用。其中，好应用可直接通过基站发送给用户；坏应用不能够发送给用户；未知应用在经过检测确认不存在恶意代码之后，才能够通过 VPN 服务器发送给用户。

云安全应用、安全 Web 推荐服务与安全搜索引擎一直是移动云服务安全性研究中的热点问题。

2. 安全及隐私保护

个人与企业数据迁移到云端会引发安全和隐私问题。为了确保只有合法用户才能访问这些敏感数据，需要在云端使用身份认证方法。

通过用户的生物特征进行身份认证是当前研究的重要方向。在网络环境中，用户的身份认证需要使用人的"所知""所有"与"个人特征"。其中，"所知"是指密码、口令等；"所有"包括身份证、护照、信用卡、钥匙或手机；"个人特征"是指个人的指纹、掌纹、声纹、人脸、虹膜、笔迹、血型、DNA，以及个人动作等特征。个人特征识别技术属于生物识别技术的研究范畴。目前，常用的生物特征识别技术包括：指纹识别、人脸识别、声纹识别、掌纹识别、虹膜识别等。

与人脸识别（又称为刷脸）相比，虹膜识别要求被测者与检测设备距离很近，指纹识别要求被测者必须将手指按压在指定的区域，而人脸识别没有这些限制，并且容易实现。目前，人脸识别技术相对成熟，可用于移动云计算中的用户身份认证。

通过人脸实现用户身份认证的过程如下：用户注册时进行人脸图像采集、特征提取，基于用户脸部特征数据库进行人脸检测，用户登录系统时进行脸部特征数据匹配。

人脸检测根据人的肤色等特征来定位人的面部区域，通过特征提取算法获取人的面部特征数据，并保存在认证服务器的人脸特征数据库中。人脸识别可以确定某个人的具体身份。当用户需要登录云计算系统时，与通过手机或其他人脸扫描设备采集用户的面部图像、提取特征值，然后与人脸特征数据库中的数据进行特征匹配。如果匹配成功，说明该用户身份合法。图9-25给出了基于人脸识别的用户身份认证过程。

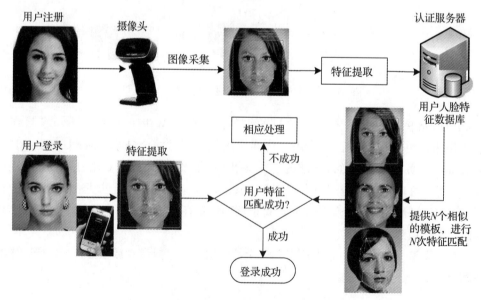

图9-25 基于人脸识别的用户身份认证过程

针对移动终端与消费类电子设备，研究者提出了用于身份认证的零知识证明（Zero Knowledge Proof，ZKP）方法。实现 ZKP 的技术方案又称为 SeDiCi，这个系统包括 3 种实体（客户端、服务器和认证服务器），它们通信使用公钥密码算法进行通信。认证服务器需要为客户端创建一个账户，并为客户端分配一个加密用的密钥。图 9-26 给出了 SeDiCi 2.0 系统的认证过程。

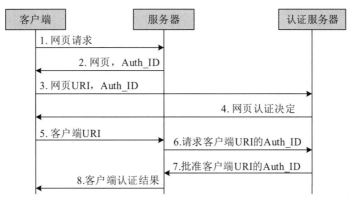

图 9-26　SeDiCi 2.0 系统的认证过程

1）客户端向服务器发送一个网页请求，启动注册过程。服务器使用公钥来验证客户端用私钥加密的请求报文。如果验证通过，服务器返回一个网页应答，其中包括为客户端分配的认证号（Auth_ID）与公钥。

2）客户端向认证服务器发送一个认证请求，其中包括希望访问的网页 URI 以及服务器分配的 Auth_ID 与公钥。认证服务器使用公钥来验证客户端用私钥加密的请求报文。如果验证通过，认证服务器向客户端返回一个认证应答。

3）为了向服务器证实用户身份，客户端再次访问服务器，服务器将客户端请求的网页 URI、Auth_ID 与公钥发送给认证服务器，认证服务器验证对应于 Auth_ID 的 URI。如果验证通过，认证服务器将允许跨域的 URI 与 Auth_ID 发送给服务器，服务器使用 Auth_ID 来验证客户端。如果验证成功，则客户端的认证过程完成。

SeDiCi 2.0 方案具备反网络钓鱼功能，不会将用户密码泄露给访问的网站。在完成登录后，用户不会被重定向到其他网页。

9.8　移动边缘计算安全

9.8.1　移动边缘计算安全架构

移动边缘计算是 5G 时代移动互联网应用的关键技术，其安全性关系到移动互联网应用系统的安全性。因此，学术界与产业界都非常关注移动边缘计算安全研究。

移动边缘计算安全主要涉及物理安全、网络安全、数据安全、应用安全。施巍松等在《边缘计算》一书中提出了移动边缘计算威胁与安全架构（如图 9-27 所示）。

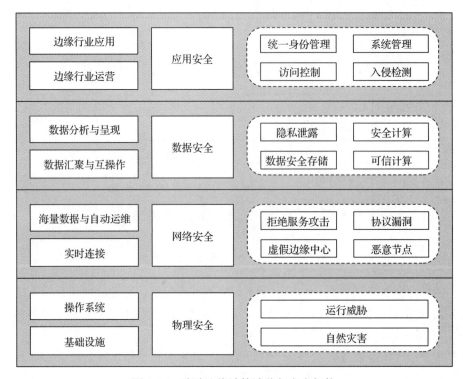

图 9-27　移动边缘计算威胁与安全架构

9.8.2　移动边缘计算安全技术

移动边缘计算安全技术的研究内容主要涉及物理安全、网络安全、数据安全和应用安全。

1. 物理安全

接近用户的现场级边缘计算设备一般部署在无人值守的机房或用户的现场，它们处于不受电信运营商控制的开放环境中，容易受到各种物理攻击。同时，需要考虑它们遭受突发事件、自然灾害影响时的维护与抢修问题。在选择现场级边缘计算节点的位置与设备，以及网络、电力、空调等基础设施时，必须重视防盗与防破坏，防止攻击者侵入系统，修改操作系统与基础设施硬件、软件配置，以及防止信息泄露。

2. 网络安全

网络安全的保障措施主要包括：加密、认证与物理隔离，以及安装防火墙、入侵检测、入侵防护等网络安全设备。同时，应该注意边缘计算原理与结构的特殊性。边缘计算平台是基于云基础设施而部署的，需要考虑以下几方面的安全：虚拟化软件、虚拟机与容器的安全；管理软件与核心云、核心云与边缘云之间通信的安全；运营商的网元 UPF 等设备自身、数据与访问控制的安全，防止攻击者利用协议漏洞通过 UPF 攻击核心云；边缘计算节点与用户应用的隔离，避免用户数据丢失与数据泄露；及时检测与发现恶意节点、虚假边缘中心。

在移动边缘计算应用中，DDoS 攻击的表现形式有所不同：一种是针对边缘计算中心的攻击，另一种是针对移动终端的攻击。

针对边缘计算中心的攻击和传统互联网中的 DDoS 攻击类似，但有一种比较特殊的 DDoS 攻击是针对移动用户的。由于移动边缘计算设备的计算资源有限，如果攻击者采用伪造用户请求的方式，边缘计算服务器会在一个时间段内接收到大量服务请求但来不及处理，这时会出现应答延迟的情况。另外，如果攻击者采用篡改服务请求数据包的方式，使希望及时获得边缘计算服务的用户认为收到了应答，并将数据与计算任务迁移到虚假的边缘服务器，就会造成数据泄露，导致服务器拒绝服务。如果用户收到的应答中隐藏着恶意代码或病毒，有可能使接收应答的用户终端成为新的攻击源，导致被攻击的边缘计算服务器瘫痪。图 9-28 给出了针对移动终端的 DDoS 攻击过程。

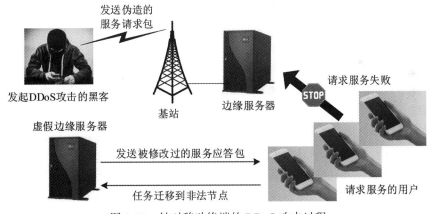

图 9-28　针对移动终端的 DDoS 攻击过程

攻击者可能利用移动通信网（2G/3G/4G）的协议漏洞制造伪基站，通过伪基站向移动用户发送信号，诱使用户手机选择信号最强的伪基站建立连接。攻击者可以通过伪基站向用户手机发送垃圾邮件、网络钓鱼链接、虚假优惠信息，或者传播病毒、蠕虫与恶意软件。

3. 数据安全

在移动边缘计算应用中，除了需要关注传统信息系统的数据加密存储和传输安全问题，还需要考虑边缘计算带来的数据安全风险问题。

用户将数据上传到边缘计算设备后，边缘设备需要对部分数据进行存储和分析，数据存储与计算从统一的云端分散到多个边缘设备。在这样的环境中，边缘计算的应用属于不同的应用服务商，接入网络属于不同的网络运营商，可能导致边缘计算中多安全域、多格式数据并存。如何保证数据的安全存储和处理成为影响边缘计算安全的重要因素。

移动边缘计算应用中的用户数据被外包，用户对数据的控制权被移交给边缘设备。由于数据源在物理上不再拥有数据，因此传统的密码算法不适用于边缘计算，因为这些算法都需要对本地数据进行完整性校验。同时，数据在传输或存储过程中可能被删除、修改或伪造。如果在边缘设备上对数据完整性进行校验，攻击者可能会非法获取用户数据存放的设备、位置等敏感信息。移动边缘计算中的数据存储是动态变化的，传统的数据完整性校验方法不适用于这种环境。由于边缘设备中需要存储多用户的数据，而目前混合存储及数据隔离技术尚不成熟，因此攻击者有可能通过程序漏洞实现非授权访问。边缘设备的计算能力有限，节点数量较多，需要支持实时交互。综上，设计一种适用于边缘计算系统的低延迟、动态操作的安全存储系统存在挑战。

移动边缘计算系统是一个典型的分布式系统，在具体实现中需要将其落地到一个计算单元平台上，各个边缘平台之间需要相互协作以提高效率。当一个边缘设备有大量计算任务需要处理时，边缘设备可以将部分计算任务外包给其他设备，从而实现资源利用率的最大化。但是，如何实现安全的外包并保持可靠的结果，这是对移动边缘计算安全研究的严峻考验。

4. 应用安全

在多种接入网共存的移动边缘计算环境中，必须解决用户身份管理、访问控制、入侵检测等问题。

用户身份管理包括身份认证、授权管理、责任认定、用户代理与访问权限的管理。设计应用安全体系需要解决以下几个问题：

- 在多安全域共存的情况下，用户和边缘节点之间相互认证的有效性问题。
- 移动终端设备在不同边缘节点之间切换时的身份认证问题。
- 大量的分布式边缘节点与云计算中心之间的统一身份认证和密钥管理问题。
- 移动边缘计算服务提供商在多用户环境中的访问权限控制问题。

参考文献

[1] 达尔齐尔，施罗德，区文浩，等.悄无声息的战场：无线网络威胁和移动安全隐私 [M].陈子越，李巍，沈卢斌，译.北京：清华大学出版社，2019.

[2] 科特，王，厄巴彻.网络空间安全防御与态势感知 [M].黄晟，译.北京：机械工业出版社，2019.

[3]　DE D. 移动云计算：架构、算法与应用 [M]. 郎为民，张锋军，姚晋芳，等译 . 北京：人民邮电出版社，2017.

[4]　ELENKOV N. Android 安全架构深究 [M]. 刘惠明，刘跃，译 . 北京：电子工业出版社，2016.

[5]　克雷布斯 . 裸奔的隐私：你的资金、个人隐私甚至生命安全正在被侵犯 [M]. 曹烨，房小然，译 . 广州：广东人民出版社，2016.

[6]　金海 . 中国网络空间安全前沿科技发展报告（2018）[M]. 北京：人民邮电出版社，2019.

[7]　李征仁 . 移动互联网环境下的用户隐私问题研究 [M]. 北京：北京邮电大学出版社，2019.

[8]　杜嘉薇，周颖，郭荣华，等 . 网络安全态势感知：提取、理解和预测 [M]. 北京：机械工业出版社，2018.

[9]　邹德清，代炜琦，金海 . 云服务安全 [M]. 北京：机械工业出版社，2018.

[10]　施巍松 . 边缘计算 [M]. 北京：科学出版社，2018.

[11]　冯登国，等 . 大数据安全与隐私保护 [M]. 北京：清华大学出版社，2018.

[12]　齐向东 . 漏洞 [M]. 上海：同济大学出版社，2018.

[13]　姜维 . Android 应用安全防护和逆向分析 [M]. 北京：机械工业出版社，2017.

[14]　李兴新，侯玉华，周晓龙，等 . 移动互联网时代的智能终端安全 [M]. 北京：人民邮电出版社，2016.

[15]　冯登国，徐静，兰晓 . 5G 移动通信网络安全研究 [J]. 软件学报，2018，29(6)：1813-1825.

[16]　ABOBA B，BLUNK L, VOLLBRECHT J, et al. Extensible Authentication Protocol (EAP)[EB/OL]. (2004-06-01)[2023-03-10]. https://www.rfc-editor.org/rfc/rfc3748.

[17]　KENT S, SEO K. Security architecture for the Internet protocol[EB/OL]. (2005-12-01)[2023-03-10]. https://www.rfc-editor.org/rfc/rfc4301.

[18]　KENT S. IP authentication header[EB/OL]. (2005-12-01)[2023-03-10]. https://www.rfc-editor.org/rfc/rfc4302.

[19]　KENT S. IP Encapsulating Security Payload (ESP)[EB/OL]. (2005-12-01)[2023-03-10]. https://www.rfc-editor.org/rfc/rfc4303.

[20]　KAUFMAN C. Internet Key Exchange (IKEv2) protocol[EB/OL]. (2005-12-01)[2023-03-10]. https://www.rfc-editor.org/rfc/rfc4306.

[21]　RESCORLA E. Transport Layer Security (TLS) protocol version 1.3[EB/OL]. (2018-08-01)[2023-03-10]. https://www.rfc-editor.org/rfc/rfc8446.

[22]　XIAO Y H, JIA Y Z, LIU C C, et al. Edge computing security: state of the art and challenges[J]. Proceedings of the IEEE, 2019, 107(8): 1608-1631.

[23]　FANG D F, OIAN Y, HU Q Y. Security for 5G mobile wireless networks[J]. IEEE Access, 2018, 6: 4850-4874.

[24]　LU Z, WANG W Y, WANG C. On the evolution and impact of mobile botnets in wireless networks[J]. IEEE Transactions on Mobile Computing, 2016, 15(9): 2304-2316.

[25]　POLLA M L, MARTINELLI F, SGANDURRA D. A survey on security for mobile devices[J]. IEEE Communications Surveys & Tutorials, 2013, 15(1): 446-471.

物联网接入技术与应用

作者：吴功宜 吴英 书号：978-7-111-72800-9

本书特色

◎ 接入层是智能物联网层次结构中的重要层次。本书力图体现物联网接入技术在物联网中的重要作用。

◎ 内容全面，案例生动。本书对物联网中常用接入技术的研究背景、形成与发展过程、基本概念、技术特点、具体实现和应用领域等做了详细介绍，涵盖面广，辅以大量我国IT企业有关物联网的技术、标准与案例。

◎ 循序渐进，层次分明。本书首先介绍物联网和计算机网络的相关概念，能够帮助读者补充相关的基础知识；接下来介绍各种物联网接入技术，力求突出重点，帮助读者掌握不同的物联网接入技术。

边缘计算技术与应用

作者：吴英 编著 书号：978-7-111-70955-8

边缘计算已成为物联网的关键技术之一，随着5G网络建设的加速，边缘计算的研究与应用速度也不断加快。边缘计算已成为5G"网-云"融合的最佳切入点，推动"端-边-云"的分布式协作格局的形成。本书基于作者的教学和科研经验，系统地介绍了边缘计算的概念、5G边缘计算技术、计算迁移技术、移动边缘计算系统、边缘计算安全、物联网边缘计算应用，以及边缘计算开源平台与软件等内容，帮助读者建立对边缘计算的初步认识。

深入理解互联网

作者：吴功宜 吴英 书号：978-7-111-65832-0

　　本书是作者的"深入理解网络三部曲"的第一部，基于作者30余年的计算机网络科研和教学经验编写而成，力求反映互联网出现至今的发展历程，从继承和发展的视角审视互联网的技术变迁。无论是计算机相关专业的本科生、研究生，还是从事计算机网络研究、教学的教师与技术开发人员都能从本书中获益。

本书特点

◎ 充分反映计算机发展与计算模式的演变，从系统观的视角审视计算机网络技术的发展过程，凝练计算机网络中的"变"与"不变"，深刻诠释互联网"开放""互联""共享"的特点。

◎ 在云计算、大数据、智能与5G的大趋势下分析计算机网络技术的演变，关注软件定义网络、网络功能虚拟化、移动边缘计算、网络质量与网络体验质量等新技术的出现与发展。

◎ 从分析网络安全中的五大关系出发，总结网络空间安全体系与网络安全技术的发展，讨论云安全、SDN安全、NFV安全、软件定义安全等新的网络安全问题。

◎ 图文并茂，通过300余幅插图清晰展示各种计算机网络技术的工作原理和发展脉络，助力读者更好地理解技术的本质和未来趋势。

推荐阅读

物联网工程导论（第2版）

作者：吴功宜 吴英 书号：978-7-111-58294-6

本书特色

◎ 视角独特，兼具高度。本书从信息技术、信息产业以及信息化和工业化融合的角度认识物联网，并从物联网工程专业的高度组织全书内容体系，使读者不仅了解物联网本身，更能清楚地了解物联网与相关学科的关系。

◎ 体系清晰，内容全面。本书不仅阐述了物联网出现的社会背景、技术背景，而且以物联网的体系结构为主线，清晰地描述了物联网涉及的各项关键技术，为读者勾勒出物联网的全景。

◎ 案例生动，信息丰富。本书给出了大量物联网及关键技术的应用案例，同时指出物联网关键技术中有待解决的前沿问题，使读者在了解物联网的同时，找到专业研究的方向。

智能物联网导论

作者：吴英 编著 书号：978-7-111-71217-6

本书特色

◎ 作者在编写本书时深入学习国家战略性新兴产业的发展思路，深入理解物联网技术与产业发展规划，使本书能够服务于国家发展战略。同时，本书贴近智能物联网技术与产业发展前沿，尽可能服务于我国物联网产业创新型人才的培养。

◎ 在保证科学性与前瞻性的前提下，按照背景与发展、关键技术、应用案例的思路编写内容，以深入浅出、通俗易懂的语言，帮助初学者建立智能物联网的知识体系。无论是理工科还是文、经、管、法、医、农等学科的读者均能通过学习本书了解智能物联网。

◎ 本书内容不仅反映了智能物联网的技术架构和应用前景，还体现了当前智能物联网研究中的热点。